Kohlhammer

Fabian Müller

Unwetterlagen effizient bewältigen

Organisatorische und taktische Hinweise für Feuerwehren

2., erweiterte und aktualisierte Auflage

Verlag W. Kohlhammer

Dieses Werk einschließlich aller seiner Teile ist urheberrechtlich geschützt. Jede Verwendung außerhalb der engen Grenzen des Urheberrechts ist ohne Zustimmung des Verlags unzulässig und strafbar. Das gilt insbesondere für Vervielfältigungen, Übersetzungen, Mikroverfilmungen und für die Einspeicherung und Verarbeitung in elektronischen Systemen.

Die Wiedergabe von Warenbezeichnungen, Handelsnamen und sonstigen Kennzeichen in diesem Buch berechtigt nicht zu der Annahme, dass diese von jedermann frei benutzt werden dürfen. Vielmehr kann es sich auch dann um eingetragene Warenzeichen oder sonstige geschützte Kennzeichen handeln, wenn sie nicht eigens als solche gekennzeichnet sind.

Die Abbildungen stammen – soweit nicht anders angegeben – vom Autor.

Umschlagbild: © Maximilian Ziegler (www.maxiblick.de)

2. Auflage 2025

Alle Rechte vorbehalten
© W. Kohlhammer GmbH, Stuttgart
Gesamtherstellung: W. Kohlhammer GmbH, Heßbrühlstr. 69, 70565 Stuttgart
produktsicherheit@kohlhammer.de

Print:
ISBN 978-3-17-042960-4

E-Book-Formate:
pdf: ISBN 978-3-17-042962-8
epub: ISBN 978-3-17-042963-5

Für den Inhalt abgedruckter oder verlinkter Websites ist ausschließlich der jeweilige Betreiber verantwortlich. Die W. Kohlhammer GmbH hat keinen Einfluss auf die verknüpften Seiten und übernimmt hierfür keinerlei Haftung.

Inhaltsverzeichnis

	Vorwort	11
1	**Einleitung**	**15**
2	**Grundlagen zur Organisation und Führung von Unwetterlagen**	**18**
2.1	Unterscheidungsmerkmale flächendeckender und punktueller Einsatzlagen	18
2.1.1	Alltägliche Schadenslagen	18
2.1.2	Großschadenslagen	21
2.1.2.1	Punktuelle Großschadenslagen	21
2.1.2.2	Flächige Großschadenslagen	22
2.2	Das Führungssystem nach FwDV 100 und daraus ableitbare Aspekte zur Führung von Unwetterlagen	25
2.2.1	Führungsorganisation	26
2.2.1.1	Einsatzleitung	27
2.2.1.2	Führungsebenen	29
2.2.1.3	Operativ-taktische Führungseinheiten der Feuerwehr	31
2.2.1.4	Administrativ-organisatorische Führungseinheiten der Verwaltung	37
2.2.1.5	Gemeinsame Stäbe	43
2.2.1.6	Führungseinrichtungen	44
2.2.2	Führungsvorgang	62
2.2.3	Führungsmittel	63
2.3	Die Verlagerung von Kernprozessen der Leitstelle auf Abschnittsführungsstellen bei Unwetterlagen	65
2.3.1	Notrufannahme	65
2.3.2	Disposition und Alarmierung	65
2.3.3	Einsatzbegleitung	66
2.3.3.1	Abwicklung Funkverkehr	66
2.3.3.2	Führungsunterstützung	67
2.3.3.3	Dokumentation von Maßnahmen und Entscheidungen	67
2.3.3.4	Führen einer Einsatzmittelübersicht und Erstellen eines Lagebildes	68
2.3.4	Einsatzabschluss	68
2.3.5	Zusammenfassende Betrachtung	69
2.4	Vor- und Nachteile der Einbindung einer Einsatzführungssoftware	70

Inhaltsverzeichnis

2.5	Die Vorhersehbarkeit von Unwetterereignissen – Möglichkeiten und Chancen für vorbereitende Maßnahmen	73
2.6	Merkmale einer »effizienten Einsatzbewältigung«	80
2.7	Die Flutkatastrophe im »Ahrtal« – ein neuer Planungsmaßstab?	83
2.8	Resultierende Erkenntnisse für die Führung und Organisation von Unwetterlagen auf Gemeindeebene	86
3	**Konzept zur effizienten Bewältigung von Unwetterlagen auf Gemeindeebene**	**89**
3.1	Die Organisation des Führungshauses	89
3.1.1	Benennung eines zentralen Führungshauses innerhalb der Gemeinde	89
3.1.2	Kommunikationseinrichtungen und Räumlichkeiten	91
3.1.3	Inbetriebnahme, Alarmierungsstufen und Auflösung	93
3.1.3.1	Inbetriebnahme und Besetzung des Führungshauses	93
3.1.3.2	Unwetterstufen und personelle Besetzung	95
3.1.3.3	Stufenreduzierung und Auflösung des Führungshauses	108
3.1.4	Aufstellung und personelle Zusammensetzung der Führungsgruppe	108
3.1.5	Strukturen und Abläufe	111
3.1.5.1	Interne Meldewege	111
3.1.5.2	Externe Kommunikation	113
3.1.6	Erforderliche Funktionen und wahrzunehmende Aufgaben	119
3.1.6.1	Einsatzzentrale	120
3.1.6.2	Anrufannahme	123
3.1.6.3	Führungsraum	125
3.1.6.4	Fahrzeughalle	133
3.1.7	Umsetzung bei Feuerwehren kleiner Gemeinden	134
3.2	Die Erstellung einer unwetterspezifischen Führungsstruktur auf Gemeindeebene	136
3.2.1	Führungsstruktur mit Führungsgruppe (Stufe 2 und 3)	137
3.2.2	Führungsstruktur mit Führungsstab (Stufe 4)	139
3.3	Einsatztaktische Aspekte und Hinweise für eine effiziente Bewältigung von Unwetterlagen	140
3.3.1	Priorisierung von Einsätzen	140
3.3.2	Disposition von Einheiten	142
3.3.3	Bildung von Einsatzabschnitten	148
3.3.3.1	Einsatzabschnitt Unwettereinsätze	149

Inhaltsverzeichnis

3.3.3.2	Einsatzabschnitt Zeitkritische Einsätze/Grundschutz	150
3.3.3.3	Einsatzabschnitt »Schwerpunkt« (nach Bedarf)	150
3.3.3.4	Einsatzabschnitt Bereitstellungsraum (nach Bedarf)	151
3.3.3.5	Zusammenfassende Hinweise zur Abschnittsbildung	151
3.3.4	Festlegung zentraler Orte im Gemeindegebiet	152
3.3.4.1	Bereitstellungsräume für überörtliche Einsatzkräfte	152
3.3.4.2	Anlaufstellen für die Bevölkerung	156
3.3.5	Definition von »Leistungseinheiten« und unwetterspezifische Regelungen zur AAO	161
3.3.6	Erkundung von Einsatzstellen	165
3.3.7	Sicherstellung des Grundschutzes	167
3.3.7.1	Vorhaltung einer Grundschutzeinheit	167
3.3.7.2	Umsetzung in Feuerwehren kleiner Gemeinden	169
3.3.8	Sicherer Umgang mit elektrischen Gefahren an Einsatzstellen	170
3.3.8.1	Gefahr der Elektrizität bei Unwettereinsätzen	170
3.3.8.2	Grundsätzliche Nutzung von Stromerzeugern der Feuerwehr	173
3.3.8.3	Nutzung des stationären Stromnetzes als Sonderfall	174
3.3.8.4	Ausbildung von elektrotechnischem Fachpersonal	176
3.3.9	Sicheres Vorgehen bei Sturmschadeneinsätzen	178
3.3.10	Sicherer Einsatz in überfluteten Straßen und schnell fließenden Gewässern	182
3.3.11	Entsendung von Führungskräften zur Besetzung eines Führungsstabes auf Kreisebene	185
3.3.12	Erstellung von Gefahrenabwehrplänen	186
3.3.13	Sensibilisierung der Einwohner zur Ergreifung von Vorsorgemaßnahmen	187
3.3.14	Informationsmanagement	188
3.4	Organisatorische Aspekte und Hinweise für die operativ eingesetzten Einheiten	190
3.4.1	Einteilung der Fahrzeugfunktionen	191
3.4.2	Vorgaben für die Abarbeitung von Einsätzen	191
3.4.3	Prüfung der Notwendigkeit eines Feuerwehreinsatzes	192
3.4.4	Kostenpflicht bei Hilfeleistungen durch die Feuerwehr	193
3.4.4.1	Allgemeine Regelungen zur Kostenpflicht bei Unwettereinsätzen	193
3.4.4.2	Kostenregelung bei Unwettereinsätzen am Beispiel Baden-Württemberg	194
3.4.4.3	Kostenregelung bei Unwettereinsätzen am Beispiel Nordrhein-Westfalen	196

Inhaltsverzeichnis

3.4.4.4	Zusammenfassende Betrachtung zur Kostenregelung bei Unwettereinsätzen	197
3.4.5	Gefahren bei Wasser- und Sturmschadeneinsätzen	197
3.5	Die Anfertigung und Anwendung geeigneter Führungsmittel	198
3.5.1	Einsatzstreifen	198
3.5.2	Lagedarstellung	203
3.5.3	Erkundungsstreifen	205
3.5.4	Funktionsübersicht	209
3.5.5	Notizzettel	211
3.5.6	Fahrzeugrapport	213
3.5.7	Sonstige Arbeitsmittel	214
3.5.8	Checklisten und Arbeitsmappen	216
3.6	Die Vorhaltung unwetterspezifischer Einsatzmittel	217
3.6.1	Rollwagenmodul »Unwetter«	217
3.6.2	Abrollbehältermodul »Pumpen«	221
3.6.3	Rollwagenmodul »Energie/Beleuchtung«	223
3.6.4	Sandsäcke	225
3.6.5	Feuerlöschkreiselpumpen und Tragkraftspritzen	233
3.7	Der Bedarf einer Verwaltungsgruppe auf Gemeindebene	237
3.7.1	Aufgaben der Verwaltungsgruppe	237
3.7.2	Zusammensetzung der Verwaltungsgruppe	241
3.7.3	Alarmierung und Einberufung der Verwaltungsgruppe	243
3.7.4	Sitz der Verwaltungsgruppe	244
4	**Ausbildung und Umsetzung des Konzeptes**	**246**
4.1	Ausbildung der Feuerwehrangehörigen	246
4.1.1	Führungsgruppe	247
4.1.1.1	Einrichtung	247
4.1.1.2	Ausbildung	247
4.1.2	Sonstige Feuerwehrangehörige	250
4.2	Einbindung der Gemeindeverwaltung	256
4.3	Umsetzung in die Praxis	258

Inhaltsverzeichnis

5 Fazit **260**
10-Punkte-Plan zur effizienten Bewältigung von Unwetterlagen auf
Gemeindeebene 262

Abkürzungsverzeichnis **264**

Literatur- und Quellenverzeichnis **266**

Inhaltsverzeichnis

Aus Gründen der Lesbarkeit wurde meist die männliche Sprechform gewählt. Alle personen- und funktionsbezogenen Angaben gelten jedoch ausdrücklich für Frauen und Männer gleichermaßen.

Zusatzmaterial zum Download:

Auf https://dl.kohlhammer.de/978-3-17-042960-4 sind folgende Downloadvorlagen bereitgestellt:

- Checklisten für alle Führungshausfunktionen
- Formular »Einsatznummer-Vergabe« (nummeriert und blanko)
- Formular »Dokumentation von Unwettereinsätzen«
- Formular »Funktions- und Fahrzeugeinteilung«
- Formular »Einsatzstreifen«
- Formular »Erkundungsstreifen«
- Formular »Sammelauftrag für Erkundungseinheit«
- Formular »Fahrzeugrapport«
- Formular »Notiz«
- Formular »Einsatzaufnahme durch Feuerwehrabteilung«
- Formular zur »Notrufaufnahme« für Notfallmeldestelle bzw. Notfalltreffpunkt
- Merkblatt »Organisatorische Regelungen bei Unwettereinsätzen«
- Merkblatt »Hinweise zur Disposition von Erkundungseinheiten«
- Merkblatt »Hinweise für Erkundungseinheiten«
- Merkblatt »Hilfestellung für Bürger«
- Mustervorlagen für eine »Planübung Unwetterlage«
- Mustervorlage »Vereinbarung für Arbeitsleitungen/Kostenübernahmeerklärung«

Bestellen von Formularen:

Den Einsatzstreifen als 3-fachen Durchschreibeblock können Sie auch über den Formularbereich von Kohlhammer beziehen. Die Bestellübersicht sowie weitere Informationen finden Sie unter nachfolgendem Link oder direkt bei unserem Vertriebsinnendienst (dgv@kohlhammer.de, 0711 7863-7355), Artikel Nr. 00/740/5454/19.
https://blog.kohlhammer.de/wp-content/uploads/00_740_Bestelluebersicht.pdf

Vorwort

Mit »Extremwetter« wird ein Phänomen beschrieben, das außerordentliche Wetterereignisse umfasst. Sintflutartige Regenfälle, extreme Trockenheit/Dürre, Wirbelstürme oder Blitzeis nehmen nicht nur gefühlt zu. Ob dieser Umstand dem Klimawandel geschuldet ist, bleibt für die Ereignisbewältigung unerheblich.

Was hat aber nun die Feuerwehr mit Unwettern zu tun? Warum ein Fachbuch, das den Feuerwehren organisatorische und taktische Hinweise zur effizienten Bewältigung von Unwetterlagen gibt?

In den landesspezifischen Spezialgesetzen enden die Pflichtaufgaben der Feuerwehr regelmäßig mit der Befreiung von Menschen und Tieren aus lebensbedrohlichen Zwangslagen. Hinzu kommen öffentlicher Notstand oder gar die Katastrophe, die eine verpflichtende Mitarbeit der Feuerwehr bei der Ereignisbewältigung vorsehen. Auch unterhalb dieser Schwellen und außerhalb der Pflichtaufgaben der Feuerwehr bietet die Mitwirkung bei der effizienten Bewältigung von Unwetterlagen eine bedeutende Chance für die Feuerwehr. Denn die Feuerwehr ist eine Einrichtung der Gemeinde, die über eine Integrierte Leitstelle als hochverfügbare Schnittstelle zwischen Bevölkerung und Staat verfügt. Ebenfalls ist die Feuerwehr als Einrichtung des sozialen und gesellschaftlichen Zusammenhaltes anzusehen und ist nicht zuletzt Trägerin besonderer Kompetenzen.

Was heißt das konkret?

Die Feuerwehr fühlt sich nicht zuletzt aus der historischen Entwicklung und Verantwortung heraus im besonderen Maße den in Not geratenen Mitmenschen verpflichtet. Dies führt unter anderem zu einer Erwartungshaltung, die sich auch in der organisatorischen Zugehörigkeit der Feuerwehr zur Gemeinde wiederfindet. Ist es doch die Gemeinde, die in den unterschiedlichsten Rollen für die Bewältigung von derartigen Lagen (mit)verantwortlich ist.

Unabhängig von einer Bewertung, ob die Selbsthilfefähigkeit der Bevölkerung auch in derartigen Szenarien angemessen vorhanden ist, kommt in jedem Fall dem Staat – und hier vor allem der Gemeinde – bei Unwetterereignissen mit derartigen Dimensionen eine zentrale Bedeutung zu. Die Gemeinde Braunsbach im Landkreis Schwäbisch Hall musste dies in besonderer Art und Weise Ende Mai 2016 erfahren.

Vorwort

Bei Lagen dieser Art kann die Feuerwehr als gemeindliche Einrichtung, neben den allgemeinen Fähigkeiten der schnellen Verfügbarkeit zahlreicher Feuerwehrangehöriger, vor allem ihre besonderen Kompetenzen unter Beweis stellen. Besonders in den Bereichen:
- Struktur- und Organisationsfähigkeit,
- Führungsfähigkeit,
- Durchhaltefähigkeit,
- Autarkie,
- Verantwortungsbewusstsein sowie
- Ergebnis- und Zielorientierung (um nur einige Beispiele zu nennen).

Zufällig sind es gerade diese Kompetenzen, die für die Bewältigung komplexer und zeitintensiver Lagen und Szenarien dringend benötigt werden. Somit hat die Feuerwehr bei einer Mitwirkung in der Bewältigung von Unwetterereignissen die Chance, auf ihre besonderen Kompetenzen aufmerksam zu machen. Dies kann bestenfalls zu einer besonderen Wertschätzung beitragen und hat Auswirkungen auf die gesellschaftliche Rolle und den Stellenwert der Feuerwehr in der Gemeinde.

Die Feuerwehr als tragende und nicht wegzudenkende Säule in der Gefahrenabwehr, als kritische Infrastruktur, die es jederzeit zu stärken und zu härten gilt.

Von besonderer Wichtigkeit bleibt es, bei derartigen Lagen aber stets die Abgrenzung zwischen Unterstützung und fachlicher Zuständigkeit zu wahren. Die Feuerwehr darf dabei nicht allein durch ihre Mitwirkung automatisch auch fachlich verantwortlich gemacht werden. Hier sind nach wie vor die jeweils gültigen Zuständigkeiten zu beachten.

Zuständigkeiten, die sich nicht nur repressiv mit den Auswirkungen und der Bewältigung von eingetretenen Ereignissen auseinandersetzen, sondern auch eine angemessene Prävention berücksichtigen. Eine Prävention, die vorbeugende – bauliche, organisatorische oder/und technische – Maßnahmen umfasst und in Abhängigkeit von Ortsrisiko und Gefahrenanalyse kontinuierlich bewertet und gegebenenfalls angepasst wird.

Von der Stadtplanung über private und öffentliche Investitionen in die Vorsorge bis hin zur Warnung der Bevölkerung und der strukturellen Vorbereitung zur Krisenbewältigung. Eine derartige strukturelle Vorbereitung ist vor allem in der Führungsfähigkeit dringend erforderlich und bereits durch die entsprechenden Stabsmodelle in den größeren Gebietskörperschaften fest etabliert. Aber auch in kleineren Gemeinden können bereits vorbereitend durchhalte- und leistungsfähige Strukturen geschaffen werden. Hilfestellungen geben hier zum Beispiel die »Empfehlungen zur Umsetzung der VwV Stabsarbeit in der Gefahrenabwehr und zur

Vorwort

Krisenbewältigung in kleineren Gemeinden« vom Ministerium für Inneres, Digitalisierung und Migration Baden-Württemberg vom 1. Februar 2017.

Als ergänzende feuerwehrspezifische Fachempfehlung ist dieses Buch zu verstehen. Ein Fachbuch, das sich mit einer ereignisspezifischen Organisationsstruktur der Feuerwehr beschäftigt. Eine Organisationsstruktur, die eine effiziente Bewältigung von Unwetterlagen ermöglicht. Dabei wurde durch den Autor ein hohes Maß an Praxisorientierung und Strukturtreue eingebracht.

Gewinnen Sie mit der Lektüre dieses Fachbuches viele Erkenntnisse, die Ihnen bei einer erfolgreichen Umsetzung der Hinweise helfen.

Dr. Karsten Homrighausen
Landesbranddirektor

1 Einleitung

War im Sommer 2021 noch Deutschland von der extremen Flutkatastrophe im Ahrtal betroffen, so waren es im Sommer 2023 Griechenland, Österreich und Slowenien, die von schweren Unwetterlagen mit zahlreichen Toten heimgesucht wurden.

Mögen diese Flutkatastrophen auch seltene Extremereignisse darstellen, so lässt ein Blick auf die zurückliegenden Jahre erkennen, dass Unwetterereignisse keine Ausnahme darstellen, sondern eher zur Regel werden: Die Frühjahres- und Sommermonate sind geprägt von Unwetterwarnungen, denen oft punktuell und örtlich begrenzt extreme Unwetterereignisse mit heftigen Gewittern und Starkniederschlägen, Hagel und Sturmböen folgen. Gleichzeitig bringen jährlich auftretende Sturmtiefs im Herbst oder Winter regelmäßig hohe Sachschäden mit sich und sorgen oftmals bundesweit für ein Erliegen vieler Bereiche des öffentlichen Lebens.

Obgleich Ursache und Ausmaß von Unwetterlagen variieren können, so haben sie eines gemeinsam: Sie betreffen Gemeinden und müssen auf Gemeindeebene bewältigt werden – ggf. mit Unterstützung des Kreises, der Länder, des Bundes oder des europäischen Auslandes. Daher sind auch örtliche Feuerwehren als kommunale Gefahrenabwehreinrichtungen in der Erstphase nach einem Unwetterereignis unmittelbar betroffen, wenn potenziell in Not geratene Menschen oder Tiere gerettet sowie Gefahrenlagen gesichert oder beseitigt werden müssen. Dabei liegt die Herausforderung weniger in der handwerklich-technischen Bewältigung der überwiegend nicht zeitkritischen Bagatelleinsätze, sondern vielmehr in der Organisation und der Führung der Flächenlage – mit dem Ziel, den Einsatzerfolg bei zeitkritischen Einsätzen und an Einsatzschwerpunkten sicherzustellen.

Die Koordination einer solchen Flächenlage stellt vor allem in der anfänglichen »Chaosphase« keine leichte Aufgabe dar, wenn Feuerwehren bei eintretenden Unwetterereignissen von einer hohen Anzahl an Meldungen mit teils zeitkritischem Hintergrund geradezu »überrollt« werden. Zunehmend wird dabei deutlich, dass extreme Unwetterlagen und das damit verbundene Einsatzaufkommen nicht beherrscht, sondern höchstens strukturiert bewältigt werden können. Dies setzt jedoch Strukturen voraus, die im Vorfeld geschaffen und im Ereignisfall konsequent umgesetzt werden. Daher sollte jede Feuerwehr auf Gemeindeebene ein umfassendes Konzept mit vordefinierten Strukturen erstellen, um für Unwetterlagen gerüstet zu sein!

Obgleich Flächenlagen durch verschiedene Naturereignisse wie beispielsweise Sturmtiefs, Hochwasserlagen, Waldbrände oder durch vorsätzlich verursachte Hand-

1 Einleitung

lungen wie terroristische Akte entstehen können, richtet sich der Fokus der nachfolgenden Betrachtungen auf flächige Unwetterlagen, die im Wesentlichen durch Starkniederschläge mit Hagel und Sturmböen oder orkanartige Sturmtiefs gekennzeichnet sind. Solche Ereignisse können unabhängig von der regionalen Lage jede Gemeinde betreffen und es können nahezu keine stationären Schutzmaßnahmen im Vorfeld ergriffen werden, wie dies beispielsweise bei Hochwasserschutzmaßnahmen in überflutungsgefährdeten Gebieten möglich ist. Erschwerend kommt hinzu, dass insbesondere bei Sommergewittern die Vorwarnzeit häufig kurz ist und der Eintritt sowie das Ausmaß eines Unwetters lokal sehr unterschiedlich ausfallen können.

Das vorliegende Fachbuch veranschaulicht anhand von praktischen Umsetzungsvorschlägen, wie eine effiziente Bewältigung von flächigen Unwetterlagen erfolgen kann. Basis hierfür bildet ein vierstufiges Unwetterkonzept, das sich in jeder Gemeindefeuerwehr unabhängig ihrer Größe umsetzen lässt. Im Mittelpunkt steht dabei die Organisation des sogenannten »Führungshauses« als Befehlsstelle mit Sitz der Einsatzleitung. Neben organisatorischen und einsatztaktischen Aspekten werden verschiedene (unwetter-)spezifische Führungs- und Einsatzmittel vorgestellt, die zu einer effizienten Einsatzbewältigung beitragen.

Da Unwetterlagen schnell Größenordnungen erreichen können, die neben Maßnahmen der operativen Gefahrenabwehr auch verwaltungstypische Entscheidungen erfordern, wird im Rahmen der Ausführungen auch der Bedarf einer »Verwaltungsgruppe« auf Gemeindeebene verdeutlicht und praktische Hinweise zur Arbeit und Aufstellung einer solchen Einheit gegeben. Ferner wird ein Stufenkonzept zur Einrichtung von Anlauf- und Notfallmeldestellen für die Bevölkerung beschrieben, da hier örtliche Feuerwehren sowohl bei Unwetterlagen als auch bei Notruf- oder Stromausfällen eine wichtige Rolle einnehmen. Als Ergebnis werden die für die Einsatzpraxis wesentlichen Erkenntnisse in Form von fünf Kernbotschaften in Verbindung mit einem »Zehn-Punkte-Plan« zusammengefasst.

Grundlegend ist es ein Anliegen des Autors, bei Verantwortungsträgern von Feuerwehr und Gemeindeverwaltung ein Bewusstsein dafür zu schaffen, dass der erste Schritt einer effizienten Einsatzbewältigung in einer systematischen Vorbereitung begründet liegt und die Vorbereitung nicht erst bei Ereigniseintritt beginnen darf! Hierzu bedarf es eines ganzheitlichen Konzeptes, welches auf die örtlichen Verhältnisse abgestimmt ist.

Dieses Fachbuch richtet sich sowohl an Feuerwehren und Gemeinden, die bisher noch kein Konzept zur Bewältigung von Unwetterlagen besitzen, als auch an diejenigen, die bereits über individuell entwickelte Systeme verfügen. Letztere können von den dargebotenen Inhalten dahingehend profitieren, dass sie einzelne

1 Einleitung

Aspekte, die bisher in »ihrem System« unberücksichtigt blieben, individuell und bedarfsgerecht in ihr bestehendes System integrieren. Insofern sollen bestehende Konzepte einzelner Feuerwehren und Gemeinden nicht ersetzt, sondern vielmehr ergänzt werden.

Auch wenn das Ziel angestrebt wird, das Thema »Unwetterlagenbewältigung« in der Gesamtheit zu betrachten, ist es nicht möglich, jeden damit zusammenhängenden Aspekt aufzugreifen und allumfassend zu behandeln. Deshalb wird an einzelnen Stellen bewusst auf bereits bestehende Literatur verwiesen, da vorhandene Themenfelder nicht grundlegend von neuem aufgerollt werden sollen.

2 Grundlagen zur Organisation und Führung von Unwetterlagen

In diesem Kapitel sollen zunächst Grundlagen vorgestellt werden, die im Zusammenhang mit der Organisation und Führung von flächigen Unwetterlagen von Bedeutung sind. Hierzu dient als wesentliche Vorlage das in der Feuerwehrdienstvorschrift (FwDV) 100 beschriebene Führungssystem, aus welchem nützliche Aspekte zur Führung und Leitung von Unwetterlagen abgeleitet werden können. Aber auch der Übergang von Leitstellenaufgaben auf die örtlichen Feuerwehren ist, zusammen mit der Vorhersehbarkeit von Unwetterereignissen, Gegenstand dieses Kapitels. Die Merkmale einer effektiven Einsatzbewältigung und wesentliche Lehren aus der Ahrtalkatastrophe für die Unwetterbewältigung auf örtlicher Ebene runden das Kapitel ab. Die resultierenden Erkenntnisse werden in ▶ Kapitel 2.8 zusammengefasst.

2.1 Unterscheidungsmerkmale flächendeckender und punktueller Einsatzlagen

Neben der Unterscheidung nach Kategorie (Brand und Technische Hilfeleistung) und Art (Zimmerbrand, Verkehrsunfall etc.) lassen sich Einsätze u. a. auch in alltägliche und nicht alltägliche Schadenslagen einteilen. Beide Schadenslagen weisen unterschiedliche Charakteristiken auf, die für die weitere Auseinandersetzung mit dem Thema Unwetterlagenbewältigung von zentraler Bedeutung sind und daher nachfolgend gegenübergestellt werden sollen.

2.1.1 Alltägliche Schadenslagen

Als alltägliche Schadenslagen können Einsätze bezeichnet werden, die in jeder Gemeinde täglich auftreten und auf örtlicher Ebene mit einer Einheit in der Größenordnung eines (erweiterten) Zuges bewältigt werden können. Als Beispiel kann ein Zimmerbrand in einem Wohngebäude genannt werden, wie in Bild 1 veranschaulicht. Dies entspricht der Führungsstufe B nach FwDV 100, auf die zu späterem Zeitpunkt in ▶ Kapitel 2.2 noch näher eingegangen wird. Im Regelfall liegt eine Einsatzstelle vor, für die alle erforderlichen Einsatzmittel eingesetzt werden können.

2.1 Unterscheidung flächendeckende/punktuelle Einsatzlagen

Nur selten kommt es innerhalb einer Gemeinde zu einem parallelen Schadensereignis, sodass mehr als eine Einsatzstelle zeitgleich bedient werden muss.

Die Alarmierung der Feuerwehren erfolgt zentral über die zuständige Leitstelle, ebenso die Disposition von Ersteinsatzmitteln und Einheiten der überörtlichen Hilfe. Grundlage hierfür stellen Alarm- und Ausrückeordnungen (AAO) dar, die primär von den Gemeinden selbst festgelegt werden.

Neben der Leitstelle und ggf. einer vor Ort eingerichteten Führungsunterstützung kann auch die Einsatzzentrale im örtlichen Feuerwehrhaus als Führungsunterstützungskomponente dienen. Häufig werden über solche örtliche Einsatzzentralen organisatorische und logistische Aufgaben auf örtlicher Ebene wahrgenommen. Hierunter fallen beispielsweise telefonische Verständigungen von Personen auf Gemeindeebene und die Protokollierung von Einsatz- bzw. Personaldaten. Die Nachforderung von Einheiten der eigenen Feuerwehr findet ebenfalls über die örtliche Einsatzzentrale statt.

Die Funkkommunikation zwischen Einsatzstelle und Leitstelle sowie zwischen Leitstelle und örtlichem Feuerwehrhaus erfolgt über die TMO-Betriebsgruppe des Stadt- bzw. Landkreises[1]. Die örtliche Einsatzzentrale ist dabei im Regelfall mit einem Fernmelder[2] besetzt.

Alltägliche Schadenslagen zeichnen sich zusammengefasst im Wesentlichen durch folgende Punkte aus:

- Es handelt sich um eine einzige Einsatzstelle im Gemeindegebiet.
- Es existiert ein gesamtverantwortlicher Einsatzleiter, der alle Aufgaben der Einsatzleitung nach länderspezifischer Gesetzesregelung wahrnimmt.
- Das Schadensereignis lässt sich mit Einheiten in der Stärke von einem (erweiterten) Zug bewältigen.
- Die Einsatzzentrale im örtlichen Feuerwehrhaus nimmt unterstützende (organisatorische) Aufgaben wahr, es werden dort jedoch keine originären Aufgaben der Leitstelle übernommen.
- Es greift die vorgegebene AAO.
- Im Bedarfsfall stehen Ressourcen benachbarter Feuerwehren im Rahmen der überörtlichen Hilfe jederzeit und zeitnah zur Verfügung.

---

1 Dies entspricht dem ehemaligen Betriebskanal im analogen 4 m-Funk. Die Art der Funktechnik (analog oder digital) hat jedoch keinen Einfluss auf die zu etablierenden Kommunikationsstrukturen.
2 Mit »Fernmelder« ist im Folgenden ein Feuerwehrangehöriger mit Sprechfunkausbildung gemeint.

2　Grundlagen zur Organisation und Führung von Unwetterlagen

Bild 1:　*Ein Zimmerbrand stellt eine alltägliche Schadenslage dar. (Quelle: Feuerwehr Stuttgart)*

2.1 Unterscheidung flächendeckende/punktuelle Einsatzlagen

2.1.2 Großschadenslagen

Großschadenslagen[3] lassen sich generell in punktuelle und flächige Schadensereignisse untergliedern, wobei beide Schadenslagen unterschiedliche Charakteristika aufweisen. Diese werden im Folgenden dargestellt.

2.1.2.1 Punktuelle Großschadenslagen

Bei einer punktuellen Großschadenslage, wie es z. B. ein Großbrand in einem Sonderobjekt darstellt (▶ Bild 2), existiert eine Einsatzstelle und die Koordination und Leitung des Einsatzes finden direkt vor Ort statt – ergänzt durch rückwärtige Führungseinrichtungen, wie die Leitstelle oder das örtliche Feuerwehrhaus, auf die in ▶ Kapitel 2.2.1.6 näher eingegangen wird.

Zusammengefasst sind **punktuelle Großschadenslagen** im Wesentlichen durch folgende Punkte gekennzeichnet:

- Es handelt sich um eine einzige Einsatzstelle im Gemeindegebiet.
- Es existiert ein gesamtverantwortlicher Einsatzleiter, der alle Aufgaben der Einsatzleitung nach länderspezifischer Gesetzesregelung wahrnimmt.
- Zur Bewältigung der Schadenslage sind Einheiten in der Stärke von mindestens zwei Zügen erforderlich, was i. d. R. den Einsatz überörtlicher Einheiten erforderlich macht.
- Die Einsatzzentrale im örtlichen Feuerwehrhaus nimmt unterstützende (organisatorische) Aufgaben wahr, es werden dort jedoch keine originären Aufgaben der Leitstelle übernommen.
- Es greift die vorgegebene AAO.
- Ressourcen umliegender Feuerwehren stehen im Rahmen der überörtlichen Hilfe zeitnah zur Verfügung.

Wie die vorgenommene Charakterisierung deutlich macht, unterscheiden sich punktuelle Großschadenslagen im Hinblick auf die Organisation und die Einsatzstrukturen nicht wesentlich von alltäglichen Einsatzlagen. Lediglich der Umfang des

---

3 Unter »Großschadenslage« wird hier allgemein eine Einsatzlage mit einer großen Anzahl von Betroffenen und/oder erheblichen Sachschäden unterhalb der Schwelle zur Katastrophe verstanden, die über ein alltägliches Schadensszenario hinausgeht (vgl. BBK, 2018). Dies ist zunächst unabhängig von einer einheitlichen Leitung, die z. B. mit einer Großeinsatzlage nach BHKG NRW in § 1 (2) einhergeht, kann jedoch lagebedingt eine solche zur Folge haben.

Einsatzes, also Schadensausmaß und Anzahl eingesetzter Kräfte, ist bei Großschadenslagen größer.

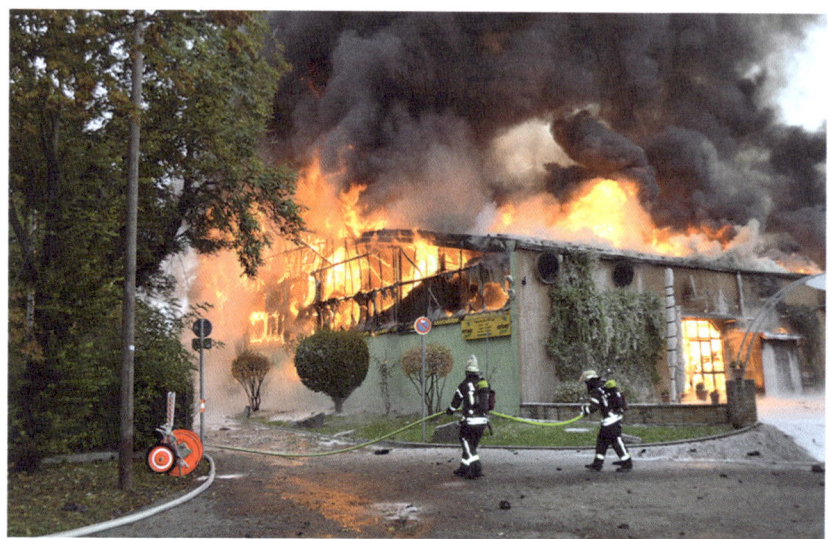

Bild 2: *Großbrände, wie hier der Brand in einem Sportzentrum, zählen zu punktuellen Großschadenslagen. (Quelle: Feuerwehr Stuttgart)*

2.1.2.2 Flächige Großschadenslagen

Bei flächigen Großschadenslagen erstreckt sich die Einsatzstelle auf große Teile einer Gebietskörperschaft. Dies kann eine Gemeinde, ein Stadt- bzw. Landkreis oder ein ganzer Regierungsbezirk sein. Flächige Großschadenslagen können durch Naturereignisse wie Orkantiefs, Gewitterzellen mit Extremniederschlägen, Hagelschlag und orkanartigen Böen, Hochwasserlagen oder Erdbeben entstehen.

Wesentliches Merkmal von flächigen Unwetterlagen im Speziellen sind zahlreich vorliegende Einsatzstellen, die es innerhalb einer Gebietskörperschaft zu priorisieren, koordinieren und bewältigen gilt. Obwohl es sich bei der Mehrzahl der Einsätze nur um Schadenslagen mit niedriger Priorität (»Bagatellschäden«) handelt, wie exemplarisch die Bilder 3 bis 5 veranschaulichen, liegt die besondere Herausforderung darin, die knappen personellen und materiellen Ressourcen effizient zu verwalten und zu koordinieren, damit alle Einsätze entsprechend ihrer Priorität abgearbeitet werden können.

2.1 Unterscheidung flächendeckende/punktuelle Einsatzlagen

Bild 3: *Ein Großteil der Einsätze bei Unwetterlagen stellen Bagatelleinsätze dar. (Quelle: Feuerwehr Neckarsulm)*

Bild 4: *Sturmschaden mit Blockade einer Hauptstraße infolge eines Sturmtiefs. (Quelle: Feuerwehr Stuttgart)*

2 Grundlagen zur Organisation und Führung von Unwetterlagen

Bild 5: *Großflächige Überflutung eines Gewerbegebietes infolge eines Starkregenereignisses. (Quelle: Feuerwehr Stuttgart)*

Oberstes Ziel muss es bei flächigen Unwetterlagen sein, Einsätze mit hoher Priorität aus der Menge der vorliegenden Einsätze herauszufiltern, damit diese vorrangig bearbeitet und möglichst zeitnah mit örtlichen oder überörtlichen Einheiten beschickt werden können. Gleichzeitig muss für zeitkritische Einsätze jederzeit eine Grundschutzeinheit vorgeplant und bereitgehalten werden, um zeitkritische Einsätze schnellstmöglich mit mindestens einer Ersteinheit (Grundschutzeinheit) der eigenen Gemeinde bedienen zu können, welche ggf. lageabhängig durch nachrückende Einheiten ergänzt wird. Dies ist deshalb von Bedeutung, da im Regelfall alle Einheiten der eigenen Feuerwehr an Einsatzstellen gebunden sind.

Zusammenfassend lassen sich **flächendeckende Großschadenslagen** im Wesentlichen durch folgende Punkte charakterisieren:

- Es liegt eine Vielzahl an Einsatzstellen in einer Gebietskörperschaft vor, wobei der Großteil aus nicht-zeitkritischen Einsätzen besteht.
- Es existiert ein gesamtverantwortlicher Einsatzleiter, welchem die Gesamtkoordination und die sich hieraus ergebenden Befugnisse aufgrund der länderspezifischen Gesetzesregelung obliegen. Dieser kann z. B. der Kreisbrandmeister (KBM) innerhalb eines Landkreises sein. Liegt die Ein-

2.2 Das Führungssystem nach FwDV 100

satzleitung nicht beim Kreis, ist der Feuerwehrkommandant oder ein bestellter Einsatzleiter einer jeden Gemeinde der gesamtverantwortliche Einsatzleiter. Darüber hinaus gibt es für jede einzelne Einsatzstelle einen Einsatzleiter, der die Verantwortung für die Einsatzdurchführung der Abwehrmaßnahmen an der Einsatzstelle hat. Dies kann z. B. ein Gruppen- oder Zugführer (sog. »Unterführer«) sein.

- Die Anzahl benötigter Einheiten übersteigt die Zahl der vorhandenen bei weitem, sodass Einsatzstellen zwangsläufig nacheinander abgearbeitet werden müssen.
- Die Einsatzzentralen der Feuerwehren übernehmen als Befehlsstelle mit Sitz der Einsatzleitung wesentliche Aufgaben bei der Schadensbewältigung.
- Die alltägliche AAO greift nicht, sondern es müssen individuell für jede Einsatzstelle die notwendigen Einheiten bestimmt werden.
- Primär kann nicht mit Unterstützung durch benachbarte Feuerwehren gerechnet werden, da diese ggf. selbst von der Flächenlage betroffen sind.

Merke:

Flächendeckende Großschadenslagen unterscheiden sich in ihren Merkmalen erheblich von allen anderen Einsätzen der Feuerwehr. Für eine effiziente Bewältigung flächiger Unwetterlagen muss sich jede Feuerwehr im Vorfeld mit dem Thema auseinandersetzen und Einsatzplanungen entsprechend der örtlichen Verhältnisse durchführen.

2.2 Das Führungssystem nach FwDV 100 und daraus ableitbare Aspekte zur Führung von Unwetterlagen

Nach FwDV 100[4] setzt sich das Führungssystem aus den Komponenten »Führungsorganisation«, »Führungsvorgang« und »Führungsmittel« zusammen. Die Führungsorganisation beschreibt dabei den Aufbau und die Gliederung der Führung, der Führungsvorgang den Ablauf der Führung und die Führungsmittel die tech-

---

4 Zur Anpassung an internationale Standards und im Hinblick auf verbesserte (übergeordnete) Führungs-/Stabsstrukturen bei großen Schadenslagen ist derzeit eine Novellierung der FwDV 100 geplant.

2 Grundlagen zur Organisation und Führung von Unwetterlagen

nischen Mittel und Einrichtungen für die Führungsarbeit. Die nachfolgende Grafik veranschaulicht den Aufbau des Führungssystems.

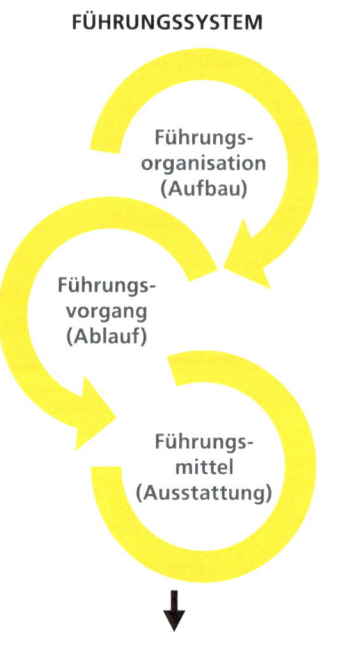

Bild 6: *Das Führungssystem beinhaltet nach FwDV 100 drei Komponenten.*

Da die drei Komponenten die Grundlage für das in ▶ Kapitel 3 vorgestellte Konzept darstellen, sollen diese nachfolgend näher betrachtet werden. Der Fokus wird dabei auf die Teilbereiche gelegt, die zu späterem Zeitpunkt von Relevanz sind.

2.2.1 Führungsorganisation

Die Führungsorganisation legt im Konkreten die Aufgabenbereiche der Führungskräfte fest und gibt Art und Anzahl der Führungsebenen vor. Dabei soll sichergestellt werden, dass ein Einsatz bei jeder Art und Größe von Gefahrenlagen oder Schadensereignissen reibungslos verläuft und der Einsatz erfolgreich bewältigt wird. In diesem Zusammenhang wird vom Einsatzleiter verlangt, dass er frühzeitig den Bedarf an Führungsunterstützung erkennt und entsprechend Führungsassistenten einsetzt.

2.2 Das Führungssystem nach FwDV 100

2.2.1.1 Einsatzleitung

Generell regeln die Feuerwehr- bzw. Brandschutzgesetze der einzelnen Länder, wer örtlicher Einsatzleiter[5] ist. Für alltägliche Einsätze (»Tagesgeschehen«) innerhalb der Gemeinde ist dies der Feuerwehrkommandant des Einsatzortes (vgl. z. B. FwG BW, § 27) oder ein von der Gemeinde bestellter Einsatzleiter (vgl. z. B. BHKG NRW, § 33). Die Übernahme der Einsatzleitung durch bestimmte andere Personen ist ebenfalls möglich und in den einzelnen Ländern gesetzlich geregelt. Dies kann ein feuerwehrtechnischer Beamter (vgl. z. B. FwG BW, § 24) oder ein im Voraus bestellter Einsatzleiter des Kreises und der kreisfreien Städte bei Großeinsatzlagen oder Katastrophen (vgl. z. B. BHKG NRW, § 37) sein. Im Katastrophenfall greifen die Katastrophenschutzgesetze der Länder, welche ebenfalls Regelungen zur Einsatzleitung treffen.

Wie Bild 7 veranschaulicht, setzt sich die Einsatzleitung generell aus den vier Komponenten »Einsatzleiter«, »Führungseinheit«, »Kommunikationseinheit« und »Leitstelle« zusammen. Je nach Größe der Schadenslage und der anfallenden Aufgaben variiert die Größe der Führungseinheit, welcher neben Führungsassistenten und Führungshilfspersonal auch gleichermaßen Fachberater und Verbindungspersonen angehören können. Ferner kann eine örtliche Einsatzzentrale auch als rückwärtige Führungseinrichtung zusätzlich zur Leitstelle fungieren.

In Abhängigkeit der Größe eines Einsatzes können vom Einsatzleiter alle Führungs- und Kommunikationsaufgaben selbst wahrgenommen werden, sodass v. a. bei Einsätzen kleineren Umfangs auf eine unterstützende Führungs- und Kommunikationseinheit verzichtet werden kann. Zu beachten ist, dass alle Führungs- und Kommunikationseinheiten – unabhängig von ihrer Größe und Ausgestaltung – den Einsatzleiter durch die Übernahme von routinemäßig festgelegten oder vorgegebenen Aufgaben zwar unterstützen, die Verantwortung jedoch nach wie vor beim Einsatzleiter selbst liegt. Die Leitstelle nimmt eine Sonderstellung ein, da sie immer als Führungseinrichtung zur Verfügung steht, im Normalfall jedoch räumlich getrennt von der Einsatzleitung im Schadens- oder Gemeindegebiet ist. Daher wurde hier eine grafische Abtrennung vorgenommen.

---

5 Gemeint ist hier der technisch-taktische Einsatzleiter der Gefahrenabwehr (Technischer Einsatzleiter). Die politisch-strategischen Abwehrmaßnahmen (Organisatorische Oberleitung) liegen im Regelfall beim Bürgermeister der Gemeinde (vgl. z. B. FwG BW, § 27 (4)) oder beim Hauptverwaltungsbeamten des Kreises (Oberbürgermeister bzw. Landrat) (vgl. z. B. Schneider 2016, S. 410). Näheres hierzu regeln die jeweiligen Feuerwehr- und Brandschutzgesetze der einzelnen Länder.

2 Grundlagen zur Organisation und Führung von Unwetterlagen

Zusammensetzung der Einsatzleitung

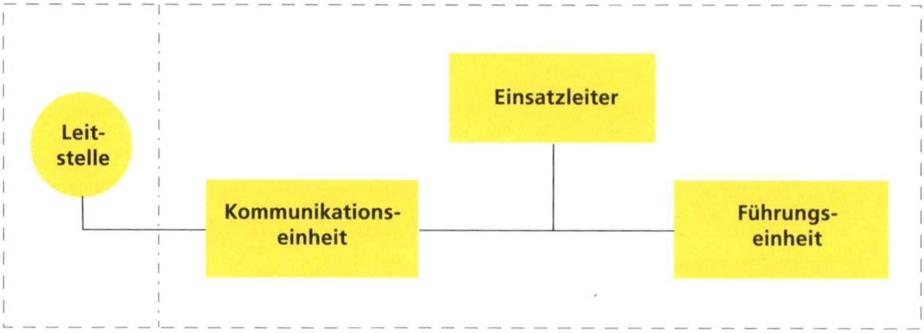

[Diagramm: Einsatzleiter – verbunden mit Leitstelle, Kommunikationseinheit und Führungseinheit]

Bild 7: *Zur Einsatzleitung gehören neben dem verantwortlichen Einsatzleiter auch eine Kommunikations- und Fernmeldeeinheit sowie die Leitstelle.*

Bei weiträumigen und länger andauernden Großschadensereignissen oder in Katastrophenfällen sieht die FwDV 100 vor, dass eine Gesamtleitung durch die politisch-gesamtverantwortliche Instanz erfolgt. Da bei derartigen Ereignissen sowohl Einsatzmaßnahmen zur Gefahrenabwehr als auch Verwaltungsmaßnahmen auf politischer Entscheidungsebene getroffen werden müssen, setzt der politisch Gesamtverantwortliche[6] im Regelfall eine operativ-taktische Komponente zur Erledigung einsatztaktischer Maßnahmen ein. Diese Einheit der Gefahrenabwehr wird länderspezifisch unterschiedlich bezeichnet – beispielsweise als Führungsstab, Einsatzleitung oder Technische Einsatzleitung. Zur Erfüllung der administrativ-organisatorischen Maßnahmen setzt der politische Gesamtverantwortliche eine administrativ-organisatorische Komponente ein. Diese Verwaltungseinheit wird je nach Landesregelung z. B. als Verwaltungsstab, Leitungsstab oder Krisenstab bezeichnet. Beide Einheiten sind gleichrangig auf einer Ebene angesiedelt, wie die Organisationsstruktur nach FwDV 100 für Großschadensereignisse und Katastrophen in Bild 8 veranschaulicht.

Auf die beiden Führungskomponenten wird im weiteren Verlauf noch näher eingegangen.

---

6 In Anlehnung an die Verwaltungsgliederung, die verschiedene Verwaltungsebenen beinhaltet, liegt die politische Gesamtverantwortung beim (Ober-)Bürgermeister auf kommunaler Ebene, beim Hauptverwaltungsbeamten (Landrat oder 1. Landesbeamter) auf Kreisebene, beim Regierungspräsidenten auf Regierungsbezirksebene oder beim entsprechenden Ministerium auf Landesebene. Die nachfolgenden Betrachtungen beziehen sich jedoch primär auf die Gemeinde- und Kreisebene.

2.2 Das Führungssystem nach FwDV 100

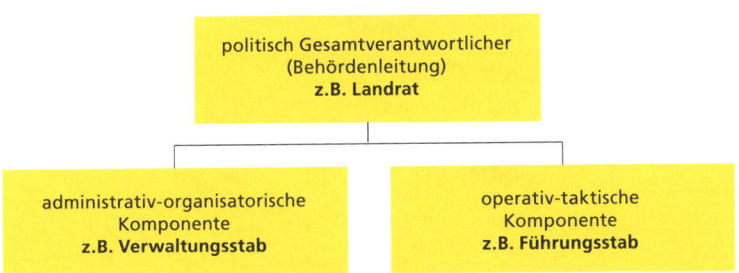

Bild 8: *Bei Großschadensereignissen und Katastrophen fallen einsatzbezogene und verwaltungsbezogene Aufgaben an, wofür es zwei unterschiedliche Stäbe benötigt (eigene Darstellung in Anlehnung an die FwDV 100).*

Merke:
Bei Großschadenslagen mit hohem Koordinierungsaufwand ist neben einer Führungseinheit der Gefahrenabwehr (Führungsstab) auch eine Führungseinheit der Verwaltung (Verwaltungsstab) erforderlich, um verwaltungstypische Entscheidungen treffen zu können. Einsatzleiter ist der politische Gesamtverantwortliche.

2.2.1.2 Führungsebenen

Im Kontext der Führungsorganisation trifft die FwDV 100 auch Aussagen zu »Führungsebenen«. Demnach bilden alle Führungskräfte mit vergleichbarem Zuständigkeits- und Verantwortungsbereich und in gleichem Unterstellungsverhältnis eine Führungsebene. Diese können sich nach FwDV 100 aus der taktischen Gliederung der Kräfte, der taktischen Gliederung des Raumes oder den rechtlichen Vorgaben ergeben.

Die nach FwDV 100 zur Anwendung kommende Führungsorganisation entspricht dabei einer sogenannten »Stablinienorganisation«, die ▶ Bild 9 schematisch veranschaulicht.

Das dargestellte Stabliniensystem stellt eine Art Untersystem zum Einliniensystem dar. Ein Einliniensystem bedeutet in diesem Fall, dass jede nachgeordnete Stelle nur von einer übergeordneten Stelle Aufträge erhält. Umgekehrt ist der Informationsfluss von untergeordneten Einheiten auch nur an eine übergeordnete Stelle gerichtet (vgl. Schulte-Zurhausen, 2005).

2 Grundlagen zur Organisation und Führung von Unwetterlagen

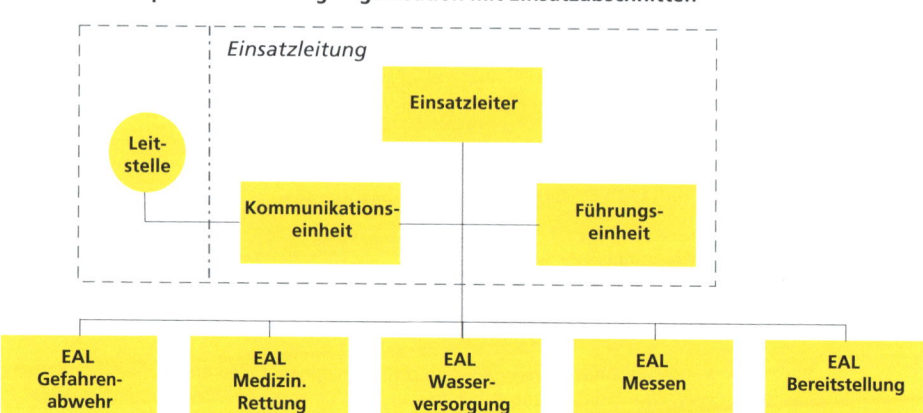

Bild 9: *Ab einer gewissen Größenordnung werden Einsatzstellen in Einsatzabschnitte untergliedert.*

Um eine effektive Führung zu ermöglichen, sollte die Zahl der direkt unterstellten Organisationseinheiten bei maximal fünf liegen. Andernfalls besteht die Gefahr, dass bei komplexen Einsätzen der Überblick verloren geht oder die große Anzahl an unterstellten Ansprechpartnern bei der verantwortlichen Führungskraft ressourcenmäßig nicht mehr verarbeitet werden kann. Bezogen auf eine Einsatzstelle oder ein Schadensgebiet kann somit im Regelfall eine Untergliederung in bis zu fünf Einsatzabschnitte erfolgen.

Bei räumlich großen oder personell umfangreichen Einsatzstellen kann es daher erforderlich sein, dass die Einsatzstelle in Einsatzabschnitte (EA) unterteilt werden muss. Die Einsatzabschnitte werden von benannten Einsatzabschnittsleitern (EAL) geführt, denen die eingesetzten taktischen Einheiten im jeweiligen Einsatzabschnitt unterstellt sind. Die EAL treffen dabei eigenverantwortlich taktische und strategische Entscheidungen (vgl. Melioumis, o. A.). Reicht dies aufgrund der Größe der Schadenslage nicht aus, so muss eine umfassendere Ordnung der Einsatzstelle erfolgen. Hierzu sind weitere Führungsebenen, sogenannte Unterabschnitte, einzuführen und Untereinsatzabschnittsleiter (UEAL) zu benennen, wie nachfolgendes ▶ Bild 10 schematisch veranschaulicht.

Zu solchen umfassenderen Einsätzen zählen insbesondere Flächenlagen, bei denen sich die Einsatzstelle auf das gesamte Gemeindegebiet oder mehrere Ge-

2.2 Das Führungssystem nach FwDV 100

meinden innerhalb eines Kreises[7] erstreckt. Für weiträumige Großschadensereignisse definiert die FwDV 100 das sogenannte »Schadengebiet«, in welchem Einsatzmaßnahmen zur Gefahrenabwehr an mehreren voneinander unabhängigen Einsatzstellen ergriffen werden müssen.

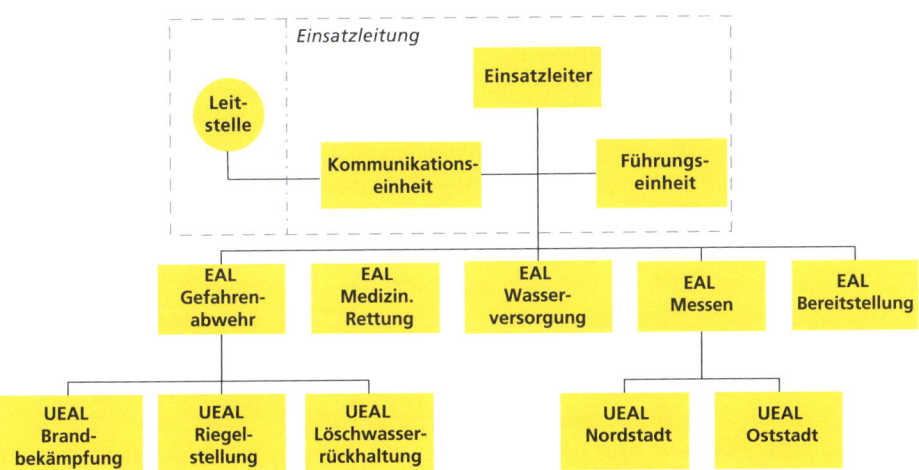

Bild 10: Umfangreiche Einsatzstellen werden in Einsatzabschnitte und Unterabschnitte gegliedert.

Merke:
Für eine effiziente Bewältigung von flächigen Unwetterlagen bedarf es im Vorfeld einer Führungsorganisation auf Gemeindeebene, welche die Bildung von unwetterspezifischen Einsatzabschnitten beinhaltet.

2.2.1.3 Operativ-taktische Führungseinheiten der Feuerwehr

In Abhängigkeit der Größe der Schadenslage resultieren unterschiedlich viele Aufgaben des Einsatzleiters. Mit zunehmendem Umfang des Einsatzes sowie der

---

7 Nachfolgend wird der Begriff »Kreis« stellvertretend sowohl für Landkreis als auch für kreisfreie Stadt (Stadtkreis) gebraucht.

eingesetzten Einheiten steigen der Koordinierungsbedarf und letztlich die Führungsaufgaben des Einsatzleiters, weshalb dieser eine der Lage entsprechende Führungsunterstützung benötigt. Die FwDV 100 sieht hierzu vier Führungsstufen vor, welche in Abhängigkeit der eingesetzten (operativen) Einheiten die Größe der Führungseinheit und die zugehörigen Führungsmittel definieren. Zur grafischen Veranschaulichung dient ▶ Bild 11 in Anlehnung an die FwDV 100.

Melder und Zugtrupp
Wie aus ▶ Bild 11 hervorgeht, ist für alltägliche Einsatzlagen der Führungsstufe A ein Melder und für Einsätze der Führungsstufe B in (erweiterter) Zugstärke ein sogenannter Führungstrupp (»Zugtrupp«) als Führungseinheit vorgesehen. Letzterer besteht aus drei Personen (Führungsassistent, Melder und Fahrer) plus zugehörigem Fahrzeug. In der Regel kommt hierzu ein Kommandowagen (KdoW) oder Einsatzleitwagen der Größe 1 (ELW 1) zum Einsatz. In der Praxis wird der Führungstrupp allerdings häufig auf einen Führungsassistenten mit einem ELW 1 reduziert.

Führungsgruppe
Der Einheitssystematik nach FwDV 100 folgend, stellt eine Führungsstaffel die nächsthöhere Führungseinheit nach einem Führungstrupp dar; der Führungsstaffel folgt wiederum eine Führungsgruppe. Der Begriff Führungsstaffel hat sich im Sprachgebrauch kaum etabliert, vielmehr jedoch die Führungsgruppe, welche als Führungseinheit auf örtlicher Ebene zum Einsatz kommt. Dabei ist anzumerken, dass der Begriff »Gruppe« nicht zwingend die Größe der Einheit widerspiegelt, welche die FwDV 3 als Gruppe mit neun Funktionen definiert. Die Führungsgruppe bezeichnet vielmehr eine Führungseinheit, wenn Einheiten in der Größenordnung eines Verbandes – sprich ab zwei Zügen – geführt werden.

Nachfolgend soll hier der Begriff Führungsgruppe für die auf Gemeindeebene organisierte Führungseinheit verwendet werden. Dies schließt auch potenziell auf Kreisebene organisierte Führungsgruppen mit ein, die als Führungseinheiten bei vorwiegend punktuellen Großschadenslagen insbesondere in kleinen Gemeinden zum Einsatz kommen, deren Feuerwehr aufgrund ihrer geringen Größe keine eigene Führungsgruppe stellen kann.

Die Größe einer solchen Führungsgruppe kann je nach örtlicher oder kreisweiter Konzeption unterschiedlich sein, in der Praxis haben sich jedoch Größenordnungen im Bereich von vier bis sechs Personen etabliert. Beispielsweise besteht die Führungsgruppe in Baden-Württemberg aus mindestens vier Personen (Führer der Führungsgruppe, Lagezeichner und zwei Fernmelder) (vgl. LFS BW, 2021). In anderen Ländern finden sich teilweise andere Bezeichnungen für derartige Unterstützungseinheiten.

2.2 Das Führungssystem nach FwDV 100

Diese nehmen jedoch allesamt definierte Kommunikations- und Lagedarstellungsaufgaben wahr, die vergleichbar zur Führungsgruppe in Baden-Württemberg sind, sodass hier allein in der Begrifflichkeit ein Unterschied besteht.

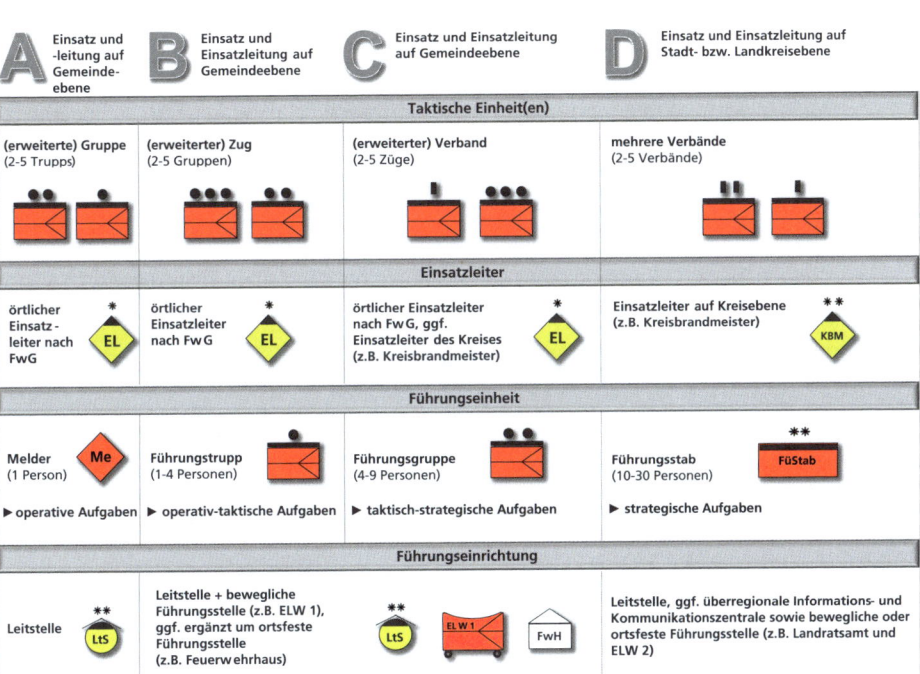

Bild 11: *Die Führungsstufen nach FwDV 100 weisen unterschiedliche Merkmale auf.*

Die Aufgaben einer Führungsgruppe bestehen im Allgemeinen aus folgenden Tätigkeitsbereichen:

- Taktische (ggf. auch strategische) Führungsunterstützung des Einsatzleiters,
- Lagedarstellung und Dokumentation,
- Erstellen und Führen von Übersichten,
- Durchführung von Fernmeldetätigkeiten,
- Übernahme von Versorgungsaufgaben,
- Nachforderung und Heranführung von Einheiten und Ressourcen.

2 Grundlagen zur Organisation und Führung von Unwetterlagen

Führungsstab

Zur Führung von Großschadenslagen ist als Führungseinheit für den operativ-taktischen Bereich, also für Einsatzmaßnahmen, ein Führungsstab vorgesehen. Der Führungsstab nimmt dabei definierte Aufgabenzuweisungen in einer festen Organisationsform wahr. Entsprechend der FwDV 100 ist dieser nach den klassischen Aufgaben der Einsatzleitung in entsprechende Sachgebiete (S-Funktionen) gegliedert, wie nachfolgendes ▶ Bild 12 veranschaulicht.[8]

Neben den Sachgebietsleitern kommen je nach Umfang der anfallenden Aufgaben noch weitere Führungsassistenten (Sichter und unterstützende Sachbearbeiter für die einzelnen Sachgebiete) sowie Führungshilfspersonal für unterstützende Tätigkeiten im Stab (z. B. Lagekartenführung, Botendienst, Einsatztagebuchführung) hinzu. Ferner können lagebedingt Fachberater von weiteren Organisationen und Verbindungspersonen zu anderen Behörden oder Personen mit spezieller Fachkenntnis ein Teil des Führungsstabes sein. Dadurch resultiert schnell eine Größenordnung von 20-30 Personen für einen Führungsstab.

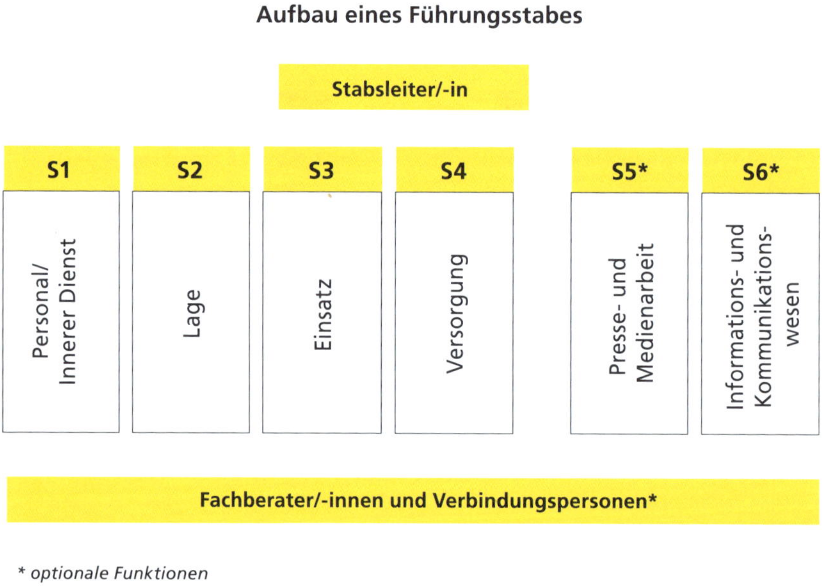

Aufbau eines Führungsstabes

Stabsleiter/-in

S1	S2	S3	S4	S5*	S6*
Personal/ Innerer Dienst	Lage	Einsatz	Versorgung	Presse- und Medienarbeit	Informations- und Kommunikationswesen

Fachberater/-innen und Verbindungspersonen*

* optionale Funktionen

Bild 12: *Ein Führungsstab setzt sich aus verschiedenen Sachgebieten zusammen.*

---

8 Im Zuge der Novellierung der FwDV 100 ist angedacht, den Führungsstab ggf. um weitere feste Sachgebiete zu erweitern.

2.2 Das Führungssystem nach FwDV 100

Aus personeller Sicht kann ein Führungsstab normalerweise nicht auf Gemeindeebene gestellt werden, da hier keine ausreichende Anzahl an ausgebildeten Kräften vorhanden ist, um einen ggf. mehrtägigen Betrieb sicherzustellen. Daher werden Führungsstäbe auf Kreisebene organisiert. Ferner wurden in einigen Ländern sogenannte »Mobile Führungsunterstützungseinheiten« (MoFüst) geschaffen, die als »fliegende Stäbe« agieren. In Nordrhein-Westfalen ist dies z. B. im Rahmen eines Landeskonzeptes geregelt, in Baden-Württemberg existiert eine Vereinbarung zwischen den Leitern der Feuerwehren mit einer Einsatzabteilung der Berufsfeuerwehr zur gegenseitigen Hilfeleistung zur Führungsunterstützung der örtlichen Einsatzleitung in besonderen Einsatzlagen. Ziel solcher Einheiten ist es, dem Einsatzleiter vor Ort eine stabsmäßige Führungsunterstützungseinheit inklusive Führungsmittel zur Verfügung zu stellen. Eine solche Einheit kann dabei zur Ablösung bereits vorhandener Stäbe oder als zusätzlicher Stab zur Abschnittsführung eingesetzt werden (vgl. IdF NRW, 2018).

Abgrenzung der Führungsstufen C und D
Wie aus dem vorherigen ▶ Bild 11 ersichtlich, gibt es neben der Größe der Führungseinheit weitere Unterscheidungsmerkmale zwischen den einzelnen Führungsstufen. Im Hinblick auf das Thema Unwetterlagen soll nachfolgend der Fokus auf die Führungsstufen C und D gerichtet und eine detaillierte Abgrenzung zwischen diesen vorgenommen werden, da es hier immer wieder zu Missverständnissen kommt.

Die **Einsatzleitung** bis zur Führungsstufe C ist auf Gemeindeebene angesiedelt, unabhängig davon, wer der Einsatzleiter ist. Die Einsatzleitung liegt im Regelfall beim örtlichen Feuerwehrkommandanten oder einem bestellten Einsatzleiter, diese kann aber auch vom KBM oder von einem anderen feuerwehrtechnischen Beamten übernommen werden. Maßgebend hierfür sind die jeweiligen Feuerwehr- bzw. Brandschutzgesetze der einzelnen Länder. Bei Führungsstufe D hingegen ist die Einsatzleitung auf Kreisebene angesiedelt. Dieser Fall liegt dann vor, wenn ein Ereignis mehrere Gemeinden betrifft und die Einsatzleitung folglich vom Kreis, d. h. vom KBM, wahrgenommen werden muss. Ein Führungsstab allein hat somit für sich genommen noch keine Führungs- und Weisungskompetenz gegenüber der Leitstelle oder gegenüber Feuerwehren kreisangehöriger Gemeinden[9]. Führungs- und Weisungskompetenzen erlangt ein Führungsstab erst als Bestandteil der Einsatzleitung, innerhalb derer er als Führungseinheit stabsmäßig an den Einsatzleiter angegliedert ist. Dies

---

9 In Stadtkreisen kann sich dies anders verhalten, da hier eine örtliche und sachliche Zuständigkeit sowie ein durchgängiges Weisungsrecht innerhalb der Stadt bestehen.

setzt jedoch zwingend die Übernahme der Einsatzleitung durch den Kreis (KBM) voraus. Die Einrichtung und der Einsatz eines Führungsstabes auf Kreisebene ist also nicht automatisch mit der Führungsstufe D gleichzusetzen (vgl. Melioumis, o. A.).

Des Weiteren lässt sich häufig ein unterschiedliches Verständnis gegenüber der **parallelen Notwendigkeit** von Führungsgruppe und Führungsstab erkennen. Stabsmäßig angegliederte Führungseinrichtungen stehen nicht nur der Einsatzleitung in der obersten Hierarchieebene zur Verfügung, sondern können auch in eigenverantwortlichen Stellen nachgeordneter Hierarchieebenen erforderlich sein (z. B. Einsatzabschnittsleitungen). Konkret bedeutet also die Einrichtung eines Führungsstabes in Führungsstufe D nicht, dass der Einsatz einer Führungseinheit in der Führungsstufe C (Führungsgruppe oder Führungsstab auf örtlicher Ebene) nicht (mehr) erforderlich ist. Vielmehr wird eine Einsatzlage in der Führungsstufe D aufgrund der Dimension und der resultierenden Aufgaben eine Notwendigkeit von Führungseinheiten in nachgeordneten Hierarchieebenen mit sich bringen. Analog gilt dies für die Führungsstufe C: Durch den Einsatz einer Führungsgruppe als Führungseinheit der Einsatzleitung wird die Führungseinheit in einem nachgeordneten Einsatzabschnitt (z. B. Zugtrupp für den Zugführer) nicht automatisch entbehrlich. Mit der Einrichtung einer übergeordneten Führungseinheit kann allerdings eine Reduzierung des personellen Umfanges bei nachgeordneten Stellen möglich werden, weil sich dadurch im Regelfall einzelne Aufgaben auf die übergeordnete Ebene verlagern. Beispielhaft kann hierfür die Pressearbeit genannt werden.

Ein Führungsstab hat grundsätzlich andere **Aufgaben** als eine Führungsgruppe. Die Aufgaben des Führungsstabes sind prinzipiell von übergeordneter Natur und betreffen das gesamte Schadensgebiet (z. B. Festlegung von Einsatzschwerpunkten, Bereitstellung von Einsatzkräften und Reserven auf Kreisebene). Im Fokus stehen dabei strategische Fragestellungen. Eine Führungsgruppe hingegen befasst sich überwiegend mit dem taktischen Einsatz einer größeren Anzahl an Einheiten an einer Einsatzstelle oder in einem Schadensgebiet. Dies lässt sich sehr gut am Beispiel der Lagedarstellung veranschaulichen: Sowohl ein eingerichteter Führungsstab als auch eine vorhandene Führungsgruppe benötigen ein Lagebild. Der Unterschied besteht allerdings darin, dass sich die Inhalte und die Detailtiefe stark unterscheiden. Geht es bei der Führungsgruppe in der Lageskizze vorwiegend um taktische Einheiten und taktisch (-strategische) Fragestellungen, so ist für den Führungsstab eine Übersicht über die Gesamtlage mit strategisch wichtigen Inhalten ohne Detailinformation von Bedeutung. Insofern haben beide Führungseinheiten ihre Berechtigung, da sie unterschiedliche Aufgaben in unterschiedlichen Hierarchieebenen wahrnehmen. Eine übergeordnete Führungseinheit macht eine untergeordnete, bereits eingesetzte Führungseinheit somit nicht automatisch entbehrlich! Zur Veranschaulichung der

2.2 Das Führungssystem nach FwDV 100

Aufgabenart und der Tätigkeitsschwerpunkte der einzelnen Führungseinheiten dient zusammenfassend nachfolgende Tabelle:

Tabelle 1: *Zusammenfassung in Anlehnung an Melioumis (o. A.)*

Führungseinheit	Aufgabenart		
Melder	operativ		
Führungstrupp	operativ	taktisch	
Führungsgruppe		taktisch	strategisch
Führungsstab			strategisch

> **Merke:**
> Auch bei Unwetterlagen ist die Einsatzleitung in den meisten Fällen auf Gemeindeebene angesiedelt. Hierfür wird als Führungseinheit mindestens eine Führungsgruppe benötigt.

2.2.1.4 Administrativ-organisatorische Führungseinheiten der Verwaltung

Wie in ▶ Kapitel 2.2.1.1 bereits erläutert, nimmt bei großen Einsatzlagen der Umfang an Behördenentscheidungen zu. Für eine koordinierte Zusammenarbeit verschiedener Ämter der Verwaltung und/oder Behörden wird daher eine administrativ-organisatorische Führungseinheit notwendig. Dadurch können einheitliche und abgestimmte Informationen nach außen gegeben und vergleichsweise schnell ämterübergreifende Entscheidungen getroffen werden. Ebenfalls können dadurch die Entscheidungen der Verwaltung leichter mit den Einsatzmaßnahmen der operativen Gefahrenabwehr abgestimmt werden, was Voraussetzung für eine erfolgreiche Lagebewältigung ist.

Als Führungseinheit der Verwaltung ist nach FwDV 100 ein Verwaltungsstab[10] vorgesehen, welcher bei allen drohenden oder eingetretenen Ereignissen mit einem

---

10 Zusätzlich zum Verwaltungsstab auf Kreisebene ist in den Ländern i. d. R. auch auf Landesebene ein Verwaltungsstab vorgesehen, wenn eine ressortübergeifende Zusammenarbeit bei außergewöhnlichen Einsatzlagen und Katastrophen erforderlich ist (vgl. VwV Stabsarbeit BW, 2024). Die Einrichtung eines solch übergeordneten Stabes ist jedoch unabhängig von der Gemeinde- oder Kreisebene und bleibt daher bei den vorliegenden Ausführungen unberücksichtigt.

hohen Koordinierungsaufwand und Entscheidungsbedarf eingesetzt wird, insbesondere auch, wenn durch das Ereignis die Regelorganisation überfordert und der eingetretene Zustand von der Bevölkerung und der Organisation als bedrohlich eingeschätzt wird (Krise), unabhängig vom Einsatz operativer Kräfte (vgl. VwV Stabsarbeit BW, 2024). Die Zuständigkeit im Katastrophenfall ist in erster Linie beim Kreis als untere Katastrophenschutzbehörde angesiedelt, kann jedoch auch auf kommunaler Ebene aufgrund der Mitwirkung der Gemeinden im Katastrophenschutz oder im Rahmen der originären Zuständigkeit zur allgemeinen Gefahrenabwehr eingerichtet werden. Ob ein Verwaltungsstab auf Gemeindeebene aufgrund eingeschränkter Personalressourcen sowie teilweise beim Kreis angesiedelter Zuständigkeiten in der Praxis realisiert werden kann, ist allerdings fraglich. Daher wird im weiteren Verlauf neben dem definierten Verwaltungsstab auch das Konzept einer »Verwaltungsgruppe« als administrativ-organisatorische Führungseinheit vorgestellt, die eine Art »kleiner Stab« auf Gemeindeebene darstellt.

Verwaltungsstab

Ein Verwaltungsstab stellt eine Führungseinheit im administrativ-organisatorischen Bereich dar und ist eine besondere Organisationsform, die ereignisabhängig und zeitlich begrenzt gebildet wird. Der Verwaltungsstab ist ein Katastrophenschutzstab (vgl. z. B. LKatSG BW (§ 2)) und ist daher beim Kreis als untere Katastrophenschutzbehörde angesiedelt. Er wird spätestens im Katastrophenfall von der Katastrophenschutzbehörde einberufen und untersteht der Behördenleitung. Aber auch bei Schadenslagen unterhalb einer Katastrophe – in NRW beispielsweise als sogenannte »Großeinsatzlage« definiert (vgl. BHKG NRW (§ 1)) – oder bei geplanten Großveranstaltungen kann eine ämterübergreifende Zusammenarbeit der Verwaltung erforderlich werden. Ausschlaggebend ist dabei vorrangig der hohe Koordinierungsbedarf im Vergleich zu Alltagslagen, welcher den Einsatz eines Verwaltungsstabes rechtfertig, weniger hingegen die Gefährdung oder Verletztenanzahl (vgl. Schneider 2016, S. 420).

Bestandteil eines Verwaltungsstabes sind vordefinierte Ämtervertreter der Kreisverwaltung, ggf. ergänzt durch Verbindungspersonen und Fachberater, die zur Bewältigung der vorliegenden Lage benötigt werden. Mit dieser besonderen Organisationsform soll erreicht werden, dass – entgegen den sonst langen Entscheidungswegen einer Verwaltung – verwaltungstypische Entscheidungen schnell unter Berücksichtigung aller wichtigen Aspekte koordiniert und ämterübergreifend getroffen werden.

Obgleich der Verwaltungsstab im ureigentlichen Sinne für den Katastrophenfall vorgesehen wurde und daher vorrangig bei der Katastrophenschutzbehörde ange-

2.2 Das Führungssystem nach FwDV 100

siedelt ist, können auch Gemeinden im Rahmen der kommunalen Selbstverwaltung, aufgrund einer Verpflichtung zur Mitwirkung im Katastrophenschutz nach Landesgesetz (vgl. z. B. § 5 LKatSG BW oder § 1 BHKG NRW [vgl. Schneider 2016, S. 85]) – oder allgemein aufgrund der primären Zuständigkeit für die allgemeine Gefahrenabwehr bei entsprechenden Lagen – einen Verwaltungsstab einrichten, um anfallende Aufgaben koordinieren und ämterübergreifend bewältigen zu können. Dies ist allerdings nur mit Einschränkungen möglich, da einzelne Ressorts, deren Zuständigkeit beim Kreis angesiedelt sind (z. B. Gesundheit oder Katastrophenschutz), nicht mit kommunalen Vertretern besetzt werden können. Eine weitere Form eines Stabes auf kommunaler Ebene kann ein Verbindungsstab sein, der als nachgeordneter Stab im Bedarfsfall die Gefahrenabwehrmaßnahmen mit dem Krisenstab des Kreises abstimmt. Dies ist z. B. in Nordrhein-Westfalen für kreisangehörige Gemeinden in Form eines »Stab für außergewöhnliche Ereignisse« vorgesehen (vgl. § 35 (5) BHKG NRW). Als Grundlage für die Umsetzung der Stabsarbeit dienen die jeweils in den Ländern eingeführten Erlasse bzw. Verwaltungsvorschriften zum Krisenmanagement bzw. zur Stabsarbeit[11], welche auf den bundeseinheitlichen »Hinweise[n] zur Bildung von Stäben der administrativ-organisatorischen Komponente (Verwaltungsstäbe – VwS)« der ständigen Konferenz der Innenminister und -senatoren (IMK) vom 21. November 2003 basieren.

Der Aufbau eines Verwaltungsstabes mit den vorgesehenen »Verwaltungsstabsbereichen« (Vb) ist in nachfolgendem ▶ Bild 13 dargestellt.

Die **Koordinierungsgruppe Stab (KGS)** dient der ersten Herstellung einer Arbeitsfähigkeit des Verwaltungsstabes (VwS). Die KGS könnte vereinfacht auch als »kleiner Stab« bezeichnet werden. Sie wird eingesetzt, wenn die Bewältigung eines Ereignisses sofort mehrere Funktionsträger erfordert und die Bündelung von Aufgaben notwendig wird. Die KGS setzt sich aus den Leitungen der Verwaltungsstabsbereiche »Innerer Dienst«, »Lage und Dokumentation«, »Bevölkerungsinformation und Medienarbeit« (BuMA), »Sicherheit und Ordnung« sowie »Bevölkerungsschutz« zusammen, wie Bild 13 veranschaulicht. Mit dieser Koordinierungsgruppe werden alle wesentlichen organisatorischen und fachlichen Voraussetzungen für eine reibungslose Arbeitsaufnahme des Verwaltungsstabes geschaffen, indem sie bereits in der Frühphase eines entsprechenden Ereignisses grundlegende Koordinierungs- und Kommunikationsaufgaben wahrnimmt und

---

11 Beispiele hierfür sind die »Verwaltungsvorschrift der Landesregierung und der Ministerien zur Bildung von Stäben bei außergewöhnlichen Ereignissen und Katastrophen (VwV Stabsarbeit)« des Innenministeriums Baden-Württemberg vom 07.05.2024 oder der »Runderlass zum Krisenmanagement durch Krisenstäbe« des Innenministeriums NRW vom 14.12.2004.

2 Grundlagen zur Organisation und Führung von Unwetterlagen

gleichzeitig die ersten Entscheidungen für eine einheitliche Handlungsweise und Sprachregelung trifft. Bei Bedarf schlägt diese der Behördenleitung die Einberufung des Verwaltungsstabs vor (vgl. VwV Stabsarbeit BW, 2024).

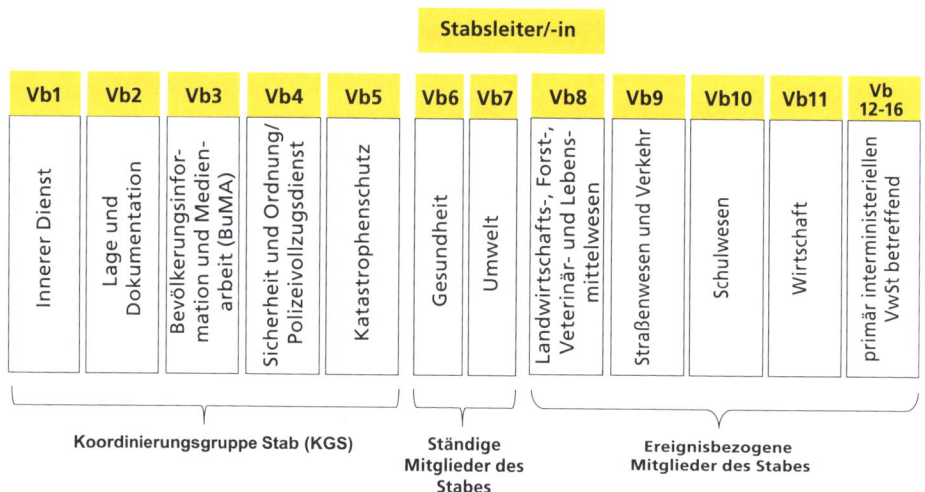

Bild 13: *Ein Verwaltungsstab besteht aus unterschiedlichen Verwaltungsstabsbereichen (Vb) (in Anlehnung an die überarbeitete VwV Stabsarbeit BW).*

Die Aufgaben eines Verwaltungsstabes bestehen im Wesentlichen darin, alle administrativ-organisatorischen Entscheidungen für die Behördenleitung vorzubereiten und deren Umsetzung zu kontrollieren. Im Gegensatz zum Führungsstab, in dem Entscheidungen zur Gefahrenabwehr teilweise selbst durch die Sachgebiete ausgeführt werden, nimmt der Verwaltungsstab keine Fachaufgaben wahr. Der Verwaltungsstab hat also eine bündelnde und koordinierende Funktion und trifft übergeordnete Entscheidungen. Die Umsetzung der Maßnahmen und Entscheidungen findet anschließend innerhalb der bestehenden Verwaltungsstruktur analog zur Alltagsorganisation durch die zuständigen Ämter statt. Die Maßnahmen und Entscheidungen der Verwaltung beruhen dabei auf rechtlichen Vorgaben, aus einer finanziellen Zuständigkeit heraus oder aufgrund der politischen Verantwortung. Beispiele hierfür sind grundsätzliche Entscheidungen über die Evakuierung großer Wohngebiete oder die Information der Bevölkerung über großflächige Gefahren-

2.2 Das Führungssystem nach FwDV 100

lagen (vgl. VwV Stabsarbeit BW 2024 und Runderlass des Ministeriums für Inneres und Kommunales NRW vom Sept. 2016).

Informationsmaterial für Verwaltungsstäbe:
Für die Aus- und Fortbildung von Verwaltungsstäben haben beispielsweise die rheinland-pfälzische Feuerwehr- und Katastrophenschutzakademie (LFKA) in Zusammenarbeit mit dem Bundesamt für Bevölkerungsschutz und Katastrophenhilfe (BBK) Informationsmaterialien erstellt. Die digitalen Informationsmaterialien sowie das Begleitheft »Grundlagen des administrativ-organisatorischen Krisenmanagements« sind online auf dem Portal für Brand- und Katastrophenschutz des Landes Rheinland-Pfalz verfügbar (https://bks-portal.rlp.de/aus-und-fortbildung/lfka/verwaltungsstab).

Verwaltungsgruppe

Da ein Verwaltungsstab und die Koordinierungsgruppe »Kommunikation« primär Einrichtungen der Katastrophenschutzbehörde auf Kreisebene darstellen und diese erst bei Großereignissen mit hohem Koordinierungsbedarf oder im Katastrophenfall zum Einsatz kommen, sollten Gemeinden unabhängig von einem Verwaltungsstab auf Kreisebene selbstständig Vorbereitungen für größere Schadensereignisse treffen. In jeder Gemeinde können beispielsweise Unwetterlagen eintreten, die zeitnah umfangreiche Maßnahmen der Verwaltung notwendig machen und eine administrativ-organisatorische Führungseinheit zur Koordinierung erfordern. Auch in diesen Fällen bleiben die originären Zuständigkeiten einer Gemeinde bei dieser verortet und es muss das geltende Verwaltungsrecht angewandt werden. Dies gilt gleichermaßen für eine Gemeinde mit 1 000 Einwohnern wie für eine große Kreisstadt mit 60 000 Einwohnern.

Je nach Landesrecht ergibt sich die Notwendigkeit zur Vorbereitung auf größere Schadensereignisse bereits aus den jeweiligen Brand- und Katastrophenschutzgesetzen. Beispielhaft wirken in Baden-Württemberg die Gemeinden nach LKatSG BW (§ 5) im Katastrophenschutz mit und sind im Rahmen dessen als Ortspolizeibehörden bei Ereignissen unterhalb der Katastrophenschwelle für die Organisation und Durchführung von Maßnahmen, die der Gefahrenabwehr dienen, zuständig (§ 66 Abs. 2 PolG BW). Aber auch in Nordrhein-Westfalen ist z. B. im BHKG (§ 1(2)) eine aktive Mitwirkung der Gemeinden im Katastrophenschutz klargestellt (vgl. Schneider 2016, S. 85).

Da es insbesondere für kleine Gemeinden in der Praxis nicht möglich ist, einen Verwaltungsstab auf örtlicher Ebene einzurichten, existieren Umsetzungshilfen wie beispielsweise die »Empfehlungen zur Umsetzung der VwV Stabsarbeit in der Gefahrenabwehr und zur Krisenbewältigung in kleineren Gemeinden (Empfehlungen Stabsarbeit)« des Innenministeriums in Baden-Württemberg. Hier werden Vorschläge zur praktikablen Umsetzung gegeben, wie z. B. die Zusammenfassung einzelner Verwaltungsstabsbereiche, um eine Struktur vergleichbar eines Verwaltungsstabes abbilden zu können. Damit soll auch in kleinen Gemeinden erreicht werden, dass im Ergebnis sämtliche Funktionen des Verwaltungsstabes wahrgenommen werden.

In der Praxis könnte die Umsetzung dieser Empfehlung durch eine sogenannte »Verwaltungsgruppe« als administrativ-organisatorische Führungseinheit der Gemeindeverwaltung erfolgen – als Pendant zur operativ-taktischen Führungsgruppe der Gefahrenabwehr auf Gemeindeebene. Damit wäre eine Führungseinheit (»kleiner Stab«) auf Gemeindeebene unterhalb eines Verwaltungsstabes auf Kreisebene etabliert, die für die administrative Bewältigung von größeren Einsatzlagen gebildet wird und von Gemeinden jeglicher Größenordnung wahrgenommen werden kann. Durch die bewusst unterschiedlich gewählten Begriffe »Verwaltungsgruppe« und »Verwaltungsstab« soll bereits bei der Bezeichnung deutlich zum Ausdruck gebracht werden, dass hier **zwei unterschiedliche Einrichtungen** auf **unterschiedlicher Ebene**, mit **unterschiedlicher Zuständigkeit** und mit **unterschiedlicher Besetzung** gemeint sind. Gleichzeitig soll dadurch die parallele Notwendigkeit einer Verwaltungseinheit auf Gemeindeebene neben einem Verwaltungsstab auf Kreisebene hervorgehoben werden.

Auch Ferch und Melioumis sehen die Notwendigkeit einer solchen Einheit und verwenden hierfür den Begriff »Leitungsgruppe« (Ferch/Melioumis, 2005; S. 145). Da der Begriff »Leitung« nach FwDV 100 eine höhere Stellung in der Führungshierarchie im Sinne des gesamtverantwortlichen Handelns einnimmt als vergleichsweise der Begriff »Führung«, wird im Folgenden bewusst diese Verwaltungseinheit neutral als »Verwaltungsgruppe« bezeichnet. Eine Führungs- und Verwaltungsgruppe sind gleichrangig anzusehen und unterstehen dem Bürgermeister als politischem Gesamtverantwortlichen. Mögliche Aufgaben und die Zusammensetzung einer Verwaltungsgruppe auf Gemeindeebene werden im weiteren Verlauf in ▶ Kapitel 3.7 erläutert.

Merke:
Bei großen Einsatzlagen müssen verwaltungstypische Entscheidungen auf Gemeindeebene getroffen werden. Hierfür wird eine »Verwaltungsgruppe« auf Gemeindeebene benötigt, welcher verschiedene (Ämter-)Vertreter der Gemeindeverwaltung sowie ggf. Fachberater oder zuständige Unternehmensvertreter (z. B. Energieversorger) angehören.

2.2.1.5 Gemeinsame Stäbe

Prinzipiell nehmen nach FwDV 100 Verwaltungs- und Führungsstab unterschiedliche Aufgaben wahr. Vereinzelt ist die Trennung der Stäbe auch gesetzlich festgeschrieben (vgl. z. B. § 35 (2) BHKG NRW). Dennoch kann es bei punktuellen Schadenslagen, die z. B. nur eine Gemeinde betreffen, durchaus Sinn machen, den Verwaltungsstab mit dem Führungsstab zusammenzulegen und als gemeinsamen Stab zu führen. Solche gemeinsamen Stäbe sind beispielsweise auch nach der VwV Stabsarbeit Baden-Württemberg möglich. Die Zuständigkeit eines solchen gemeinsamen Stabes erstreckt sich dann auf die Zuständigkeiten der zusammenwirkenden Behörden (vgl. VwV Stabsarbeit BW, 2024). Entsprechend der in vorherigem Kapitel verwendeten Begrifflichkeit kommt bei einem gemischten Stab als Verwaltungskomponente vorrangig die definierte Verwaltungsgruppe auf Gemeindeebene zum Einsatz, weniger jedoch der Verwaltungsstab auf Kreisebene, da letzterer im Regelfall zentral im Kreis (Landratsamt) und nicht in der Nähe eines Einsatzschwerpunktes eingerichtet ist, was hingegen für einen Führungsstab durchaus zutreffen kann.

Positive Erfahrungen mit einer gemischten Führungseinheit konnten z. B. bei der verheerenden Unwetterlage im baden-württembergischen Braunsbach gemacht werden, wo sich durch kurze Wege und direkte Absprachen zwischen den Stabsmitgliedern eine Effizienzsteigerung ergeben hat. Die verhältnismäßig straffe Struktur und Arbeitsweise eines Führungsstabes kann dabei einen positiven Einfluss auf die eines Verwaltungsstabes bzw. dessen Mitglieder haben und letztlich der Verwaltungsseite zu einer effizienten Arbeit verhelfen (vgl. Vogel/Hägele, 2018). Eine Mischung beider Stäbe zu einem gemeinsamen Stab kann jedoch nur lageabhängig entschieden werden, da normalerweise die Trennung in eine strategische und administrative Einheit Sinn macht. Ebenfalls muss die Leitung dieses Gremiums im Vorfeld festgelegt werden, um zu vermeiden, dass z. B. ein »Nicht-Taktiker« über taktische Maßnahmen entscheidet.

Findet keine Mischung beider Stäbe zu einem gemeinsamen Stab statt, sollte darauf geachtet werden, dass Fachberater nur in einem Stab eingesetzt werden und ein Fachbereich nicht von unterschiedlichen Personen parallel in beiden Stäben wahrgenommen wird. Dadurch kann die Gefahr von unterschiedlichen Aussagen oder gegensätzlichen Entscheidungen vermieden werden. Letztlich ist es von der Schadenslage oder dem gegenwärtigen Entscheidungsbedarf abhängig, ob die Expertise eines Fachberaters im Führungs- oder Verwaltungsstab benötigt wird.

Merke:
Anstelle einer getrennten Führungs- und Verwaltungseinheit kann bei größeren Einsatzlagen im Einzelfall die Bildung eines »gemischten Stabes« auf Gemeindeebene sinnvoll sein. Diesem gehören Mitglieder des Führungsstabes der Gefahrenabwehr sowie Ämtervertreter der Gemeinde- und ggf. Kreisverwaltung an. In Abhängigkeit der Schadenslage, der benötigten Fachexpertise oder der Zuständigkeit, ist der Personenkreis um Fachberater oder Unternehmensvertreter (z. B. Energieversorger) zu erweitern.

2.2.1.6 Führungseinrichtungen

Spielt bei alltäglichen Einsatzlagen im Wesentlichen nur die Leitstelle als Führungseinrichtung eine Rolle, so werden bei Unwetterlagen weitere (nachgeordnete) Führungsstellen benötigt. Da diese eine bedeutende Stellung einnehmen, sollen nachfolgend verschiedene Führungseinrichtungen bzw. (ortsfeste) Führungsstellen beschrieben und voneinander abgegrenzt werden. Anzumerken ist, dass die FwDV 100 eine Führungseinrichtung als Befehlsstelle definiert, wenn diese gleichzeitig Sitz der Einsatzleitung ist. Da dies je nach Lage unterschiedlich sein kann, wird im nachfolgenden allgemein von Führungsstellen gesprochen.

Leitstellen
Leitstellen sind als ortsfeste Führungseinrichtungen nach FwDV 100 definiert. Auf Grundlage der jeweiligen Landesgesetze werden Leitstellen der nichtpolizeilichen Gefahrenabwehr in unterschiedlichen Formen betrieben. Im Wesentlichen finden sich in der Leitstellenlandschaft mittlerweile zwei Betriebsformen wieder: »Integrierte Leitstellen« und »Kooperative Leitstellen«[12]. In Integrierten Leitstellen (ILS) werden gebündelt die Aufgaben der Feuerwehr, des Rettungsdienstes und des Katastrophenschutzes, also der nichtpolizeilichen Gefahrenabwehr, wahrgenommen. Erstreckt sich der Leitstellenbereich über mehrere Gebietskörperschaften (Landkreise und/oder kreisfreie Städte), so spricht man von Integrierten Regionalleitstellen (IRLS). Kooperative Leitstellen hingegen sind gekennzeichnet durch eine Kooperation zwischen Polizeileitstelle und Integrierter Leitstelle. Dabei werden Basisinfrastrukturen sowie Einsatzleit- und Kommunikationssysteme in denselben oder getrennten

---

12 Leitstellen mit Spezialaufgaben, wie z. B. die Oberleitstelle oder die Zentrale Koordinierungsstelle Baden-Württemberg, bleiben hiervon unberücksichtigt.

2.2 Das Führungssystem nach FwDV 100

Räumlichkeiten genutzt, wobei die Aufgabenwahrnehmung der polizeilichen und nichtpolizeilichen Gefahrenabwehr nach wie vor getrennt erfolgt.

Für die nachfolgenden Ausführungen soll allgemein eine Integrierte Leitstelle zugrunde gelegt werden, in welcher Feuerwehr- und Rettungsdienst- sowie Katastrophenschutzeinheiten für die jeweilige Gebietskörperschaft gelenkt, koordiniert und ggf. auch geführt werden. Es wird jedoch angemerkt, dass die Betriebsart, die Trägerschaft und der Zuständigkeitsbereich einer Leitstelle für die Aufgabenwahrnehmung der angegliederten Organisationen und Einheiten für die nachfolgenden Betrachtungen nicht relevant sind.

Die Feuerwehr- bzw. Brandschutzgesetze sowie Rettungsdienst- und Katastrophenschutzgesetze der einzelnen Länder definieren jeweils die Aufgaben der Leitstellen. Teilweise finden sich weitergehende Konkretisierungen von Aufgaben in Verordnungen (z. B. Hochwassermeldeordnung) oder in Rahmenplänen (z. B. Landesrettungsdienstpläne). Vereinfacht können die Aufgaben jedoch in drei Gruppen unterteilt werden:

- gesetzliche Aufgaben (z. B. Notrufentgegennahme und Alarmierung),
- weitere Aufgaben durch Verordnungen o. ä. (z. B. Meldekopfaufgaben),
- zusätzliche (freiwillige) Serviceleistungen (z. B. Tunnelüberwachung).

Bild 14: *Leitstellen nehmen mit ihren Aufgaben sowohl bei Alltags- wie auch bei Großschadenslagen eine zentrale Stellung ein. (Quelle: Feuerwehr Stuttgart)*

Für die Ableitung von Kernprozessen sollen im weiteren Verlauf primär die gesetzlichen Aufgaben betrachtet werden, die allgemein in jeder Leitstelle unabhängig spezieller Landesregelungen wahrgenommen werden. Folgende Kernprozesse finden in Leitstellen statt:

- Notrufannahme und -abfrage,
- Disposition und Alarmierung,
- Einsatzbegleitung,
  - Abwicklung Funkverkehr,
  - Führungsunterstützung (Information, Verständigung, Recherche etc.),
  - Dokumentation von Maßnahmen und Entscheidungen,
  - Erstellen einer Einsatzmittelübersicht und Führen eines Lagebildes,
- Einsatzabschluss.

Insbesondere bei flächigen Unwetterlagen, die mehrere Gebiete im Zuständigkeitsbereich einer Leitstelle betreffen, werden Leitstellen schnell mit einer hohen Anzahl an Notrufen und Einsätzen konfrontiert. Dies ist zum Teil der Schadenslage geschuldet, zum Teil aber auch einer heutzutage gesteigerten Erwartungshaltung der Bevölkerung, die sich in einem vorschnellen Anrufverhalten ausdrückt – bei einer gleichzeitig sinkenden Selbsthilfefähigkeit. Als Folge davon ist eine Standardbearbeitung von Einsätzen, wie sie im alltäglichen Betrieb stattfindet, nicht mehr möglich. Aus diesem Grund wechseln Leitstellen ihre Betriebsform vom »Alltagsbetrieb« in einen sogenannten »Unwetter- oder Ausnahmebetrieb«. Dies hat zur Folge, dass zum einen eine Trennung von Anrufannahme und Einsatzlenkung stattfindet. Hierzu werden zusätzliche, räumlich abgetrennte Notrufannahmeplätze besetzt, von wo aus nun die Abfrage und Aufnahme von Einsätzen stattfindet. Zum anderen findet im Bereich der Disposition und Alarmierung eine Trennung des Alltagsbetriebes (zeitkritische Feuerwehreinsätze[13]) vom Unwetterbetrieb statt. Ziel ist es dabei, schnellstmöglich wieder in einen möglichst geordneten Regelbetrieb zu kommen. Zur Veranschaulichung der Betriebsform im Unwetterfall dient das schematische Bild 15:

---

13 Unter die zeitkritischen Einsätze fallen auch Rettungsdiensteinsätze, die für die vorliegende Thematik jedoch nicht von Bedeutung sind und daher unberücksichtigt bleiben.

2.2 Das Führungssystem nach FwDV 100

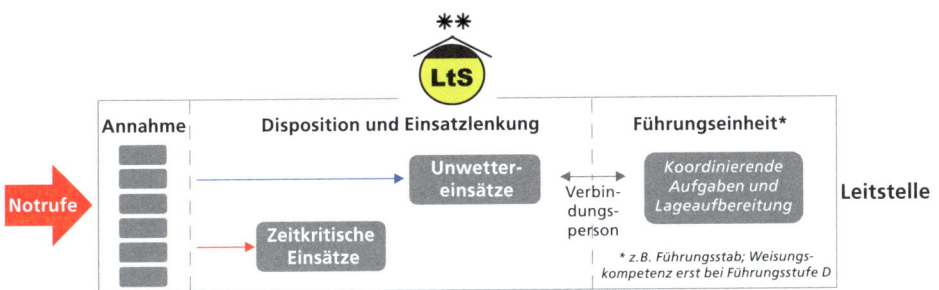

Bild 15: **Leitstellen wechseln bei Unwetterlagen ihre Betriebsform, was mit einer organisatorischen Trennung von Aufgaben einhergeht.**

Auch Feuerwehren in Gemeinden sind als nachgeordnete Stellen von diesem Ausnahmebetrieb maßgeblich betroffen. Im Regelfall erfolgt bei Unwettereinsätzen nur noch eine Alarmierung der jeweiligen Feuerwehr. Alle weiteren Unwettereinsätze werden anschließend gebündelt über Funk, per Sammelfax oder E-Mail an die zuständigen Stellen weitergeleitet[14]. Die nachgeordneten Stellen werden dabei automatisch zu Abschnittsführungsstellen, von denen im weiteren Verlauf alle zugewiesenen Einsätze eigenständig koordiniert und geführt werden müssen.

Eine Einsatzbegleitung kann aufgrund des hohen Einsatzaufkommens nur noch rudimentär für zeitkritische Einsätze durch die Leitstelle wahrgenommen werden. Die Führungsunterstützung begrenzt sich dabei auf Aufgaben, die nicht von anderen Stellen übernommen werden können, wie beispielsweise die (Nach-)Alarmierung von weiteren Einheiten oder die Veranlassung von Streckensperrungen bei Notfallleitstellen der Bahn. Als Führungseinheit wird in der Leitstelle häufig ein Führungsstab eingerichtet. Gemäß den Erläuterungen in ▶ Kapitel 2.2.1.3 hat dieser jedoch zunächst keine Führungs- oder Weisungskompetenz, sondern übernimmt lediglich organisatorische oder strategische Unterstützungsleistungen für die Leitstelle und führt eine Lage- und Kräfteübersicht für verantwortliche Entscheidungsträger des Kreises (z. B. Landrat, Oberbürgermeister, KBM). Die genauen Aufgaben, Kompetenzen sowie die Alarmierung eines solchen Führungsstabes müssen in kreisspezifischen Regelungen festgelegt werden.

---

14 Neuartige Alternativen wie z. B. Cloud-Lösungen oder Serveranbindungen an das Einsatzleitsystem, die angedacht oder vereinzelt schon realisiert sind, werden im weiteren Verlauf nicht betrachtet.

Abschnittführungsstellen

Die FwDV 100 definiert Einsatzabschnitte, die im Bedarfsfall an größeren Einsatzstellen zu bilden sind (▶ Kapitel 2.2.1.2). Mit Ausnahme der Leitstelle sind dort keine ortsfesten Führungseinrichtungen genannt, sondern nur allgemein sogenannte »Befehlsstellen« als Sitz der Einsatzleitung.

Aus der Vorgabe zur Bildung von Führungsebenen bei umfangreichen oder großflächigen Einsatzstellen lässt sich jedoch auch die Bildung von sogenannten Abschnittsführungsstellen ableiten, die den Einsatzabschnitten als ortsfeste oder mobile Führungseinrichtung dienen. Dadurch können bei einem flächendeckenden Schadenereignis die Anzahl der Ansprechpartner gegenüber der Leitstelle reduziert werden, was der Systematik der Abschnittsbildung nach FwDV 100 entspricht. Hierbei sind zwei unterschiedliche Formen von Abschnittsführungsstellen zu unterscheiden: Konzentrierte Abschnittsführungsstellen auf Kreisebene und flächendeckende auf Gemeindeebene.

Zum besseren Verständnis für die weiteren Betrachtungen sollen diese nachfolgend beschrieben und voneinander abgegrenzt werden. Hierfür werden die Begrifflichkeiten »Abschnittshaus« und »Führungshaus« in Anlehnung an das Landeskonzept von Baden-Württemberg gewählt (vgl. LFS BW, 2021). Neben diesen beiden ortsfesten Abschnittsführungsstellen gibt es – analog zu punktuellen Großschadensereignissen – die Möglichkeit des Einsatzes einer mobilen Abschnittsführungsstelle (z. B. ELW 2). Da sich hier mit Ausnahme der Ortsungebundenheit und begrenzter Platzverhältnisse keine Änderungen in den Abläufen ergeben, wird eine solche mobile Abschnittsführungsstelle in den nachfolgenden Ausführungen nicht weiter betrachtet.

Angemerkt wird, dass entsprechend individuellen Regelungen unterschiedliche Begrifflichkeiten auf Kreis- oder Landesebene etabliert sein können, die von den hier gewählten Begriffen ggf. abweichen. In diesem Fall ist davon auszugehen, dass der Unterschied allein in der Begrifflichkeit, nicht jedoch in der Aufgabenwahrnehmung begründet liegt.

Zur Veranschaulichung der Gliederung von Abschnittsführungsstellen auf Kreis- und Gemeindeebene dient nachfolgende schematische Darstellung:

2.2 Das Führungssystem nach FwDV 100

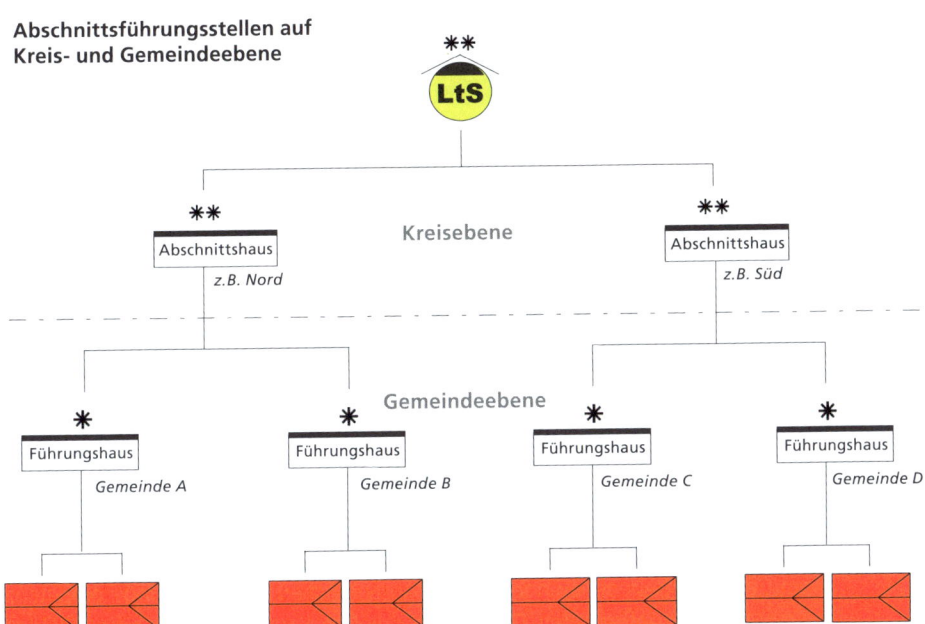

Bild 16: *Innerhalb eines Kreises gibt es unterschiedliche Führungsstellen, die auf Kreis- oder Gemeindeebene angesiedelt sein können und der Leitstelle nachgeordnet sind.*

Abschnittshaus

Ein Abschnittshaus stellt eine ortsfeste Führungsstelle auf Kreisebene dar, welche Einsätze von der Leitstelle für die Feuerwehren der unterstellten Gemeinden bündelt und dokumentiert (vgl. LFS BW, 2016). Häufig findet eine geografische Einteilung von Abschnittshäusern statt, z. B. Nord, Süd, West und Ost. Auch ist eine Aufteilung nach vordefinierten Bezirken innerhalb eines Kreises denkbar. Mit der Konzipierung und Einrichtung von Abschnittshäusern wird der Grundgedanke der FwDV 100 hinsichtlich der Abschnittsbildung in eine überschaubare Anzahl an unterstellten Einheiten verfolgt. Somit ergibt sich für die Leitstelle durch die Einrichtung dieser weiteren Führungsebene eine verringerte Anzahl an unterstellten Einheiten, an die sie Einsätze zur weiteren Koordination und Dokumentation weiterleitet oder von denen sie Lagemeldungen erhält. Die Reduzierung der Ansprech- bzw. Kontaktpartner für die Leitstelle ist vor allem dann von Bedeutung, wenn ein gesamter Kreis von einer Flächenlage betroffen ist.

Die Konzeption von Abschnittshäusern dürfte insbesondere in Stadtkreisen als unproblematisch angesehen werden, da es sich hier um eine Gebietskörperschaft mit einem verantwortlichen Einsatzleiter der Feuerwehr handelt, der gegenüber allen nachgeordneten Einheiten weisungsbefugt ist – auch bei Einsätzen unterhalb des Katastrophenfalles. Obgleich die Einrichtung von Abschnittshäusern in der Theorie nach Führungslehre Sinn macht, weil dadurch die Führungsspanne reduziert wird, erweist sich die praktische Umsetzung hingegen eher schwierig. Damit die theoretischen Konzepte in der Praxis funktionieren, müssen die Weisungskompetenzen, die von einem Abschnittshaus gegenüber den örtlichen Führungshäusern bestehen, im Vorfeld von Seiten des Kreises geregelt und mit den Feuerwehrkommandanten[15] abgestimmt sein.

Die Aufgabenwahrnehmung eines Abschnittshauses kann prinzipiell von einer reinen Bündelungsfunktion zwischen Leitstelle und Führungshaus bis hin zur Bevollmächtigung zur Disposition von überörtlichen Einheiten im Zuständigkeitsbereich reichen. Insofern sind bezüglich der Aufgabenbetrachtung im Wesentlichen zwei Fälle zu unterscheiden:

Fall A: Abschnittshaus mit Weisungskompetenz gegenüber den unterstellten Führungshäusern der Gemeinden
Damit ein auf Kreisebene angesiedeltes Abschnittshaus eine Weisungskompetenz gegenüber den unterstellten Gemeinden erhalten kann, bedarf es einer der drei nachfolgend genannten Voraussetzungen[16].

- Durch eine im Vorfeld abgestimmte Regelung innerhalb eines Landkreises erhalten Abschnittshäuser zugestandene Weisungskompetenzen gegenüber den unterstellten Gemeinden. Im Wesentlichen betrifft dies die Dispositionshoheit der Einheiten im nachgeordneten Bereich. Die gesamtverantwortliche Einsatzleitung wäre in diesem Fall beim Abschnittshaus auf Kreisebene angesiedelt, was nicht mehr der Führungsstufe C gemäß den Ausführungen in ▶ Kapitel 2.2.1.3 entspricht. Führungsstufe D hingegen wäre erst gegeben, wenn die gesamtverantwortliche Einsatzleitung beim Kreis, in Persona z. B. beim KBM, liegt (vgl. nachfolgender Listenpunkt). Letzteres muss durch die Einrichtung eines Abschnittshauses nicht

---

15 In Abhängigkeit der länderspezifischen Gesetzesregelung werden für die Funktion des verantwortlichen Leiters einer Feuerwehr unterschiedliche Begrifflichkeiten verwendet. Im nachfolgenden wird stellvertretend für diese Funktion der Begriff »Feuerwehrkommandant« verwendet, was beispielsweise der Bezeichnung im FwG BW oder BayFwG entspricht.
16 Bei Stadtkreisen besteht diese Problematik nicht, da hier eine Weisungsbefugnis nur innerhalb derselben Gemeinde besteht und alle unterstellten Einheiten der kommunalen Gebietskörperschaft angehören. Diese bleiben daher bei der zugrundeliegenden Betrachtung unberücksichtigt.

zwingend der Fall sein. Insofern wirft diese Konstellation rechtliche Fragen hinsichtlich der gesamtverantwortlichen Einsatzleitung auf. Ebenfalls stellt sich die Frage nach einer schriftlichen Regelungsform.

Praktisch betrachtet könnte dieser Fall vorwiegend in ländlichen Gebieten Anwendung finden, in welchen kleine Gemeinden zusammengefasst unter einem Abschnittshaus geführt werden. Dadurch werden Führungshäuser innerhalb der Gemeinden entbehrlich, es sind dort maximal Einsatzzentralen mit einem Feuerwehrangehörigen besetzt. Die eigentlich im Führungshaus anfallenden Aufgaben, wie z. B. die Fahrzeugdisposition, werden vom Abschnittshaus selbst übernommen und das Abschnittshaus bündelt Lageinformationen für die Leitstelle. Soll die gesamtverantwortliche Einsatzleitung beim Abschnittshaus angesiedelt werden, so könnte z. B. im Vorfeld mit den betreffenden Gemeinden geregelt werden, dass im Abschnittshaus je ein Vertreter aus jeder unterstellten Gemeinde vertreten oder eingebunden ist. Das nachfolgende ▶ Bild 17 veranschaulicht die Führungsstruktur der zuvor beschriebenen Konstellation.

- Die Einsatzleitung einer Flächenlage unterhalb einer Katastrophe wird vom Kreis, z. B. vertreten durch den KBM, übernommen. Dies kann entweder auf Grundlage der länderspezifischen Feuerwehr- oder Brandschutzgesetze (vgl. z. B. FwG BW, §§ 22 u. 23) erfolgen oder aufgrund spezieller gesetzlicher Regelungen. Als Beispiel für eine solche spezielle Gesetzesregelung kann Art. 15 des Bayerischen Katastrophenschutzgesetzes (BayKSG) genannt werden, welches zur Bewältigung größerer Schadenslagen unterhalb einer Katastrophe die Bestellung eines »Örtlichen Einsatzleiters« durch die Kreisverwaltungsbehörde vorsieht, der ein Weisungsrecht gegenüber allen eingesetzten Kräften hat. (vgl. Bayerisches Staatsministerium des Innern und für Integration, 2018). Hier besteht in der Konsequenz automatisch eine Weisungsbefugnis der Einsatzleitung gegenüber allen unterstellten Einheiten. Dies betrifft Abschnittshäuser und Führungshäuser gleichermaßen und entspricht der Führungsstufe D gemäß den Ausführungen in ▶ Kapitel 2.2.1.3.

Zur Veranschaulichung der Führungsstruktur mit kreisweiter Einsatzleitung dient ▶ Bild 18.

- Analog zu vorherigem Punkt verhält es sich im Katastrophenfall, bei welchem die einheitliche Einsatzleitung der Schadenslage gemäß der Katastrophenschutzgesetze der Länder an die Katastrophenschutzbehörde übergeht, die einen Technischen Einsatzleiter bestellt. Dies wird auf

2 Grundlagen zur Organisation und Führung von Unwetterlagen

Führungsstruktur mit Abschnittshäusern ohne Führungshäuser
- **Einsatzleitung auf Kreisebene (Abschnittshaus)**

Führungsstufe C/D

Variante 1:
- Einsatzleitung im Abschnittshaus des Kreises
- Abschnittshaus hat Weisungskompetenzen gegenüber den unterstellten Gemeinden und disponiert gesammelt die Einzelfahrzeuge

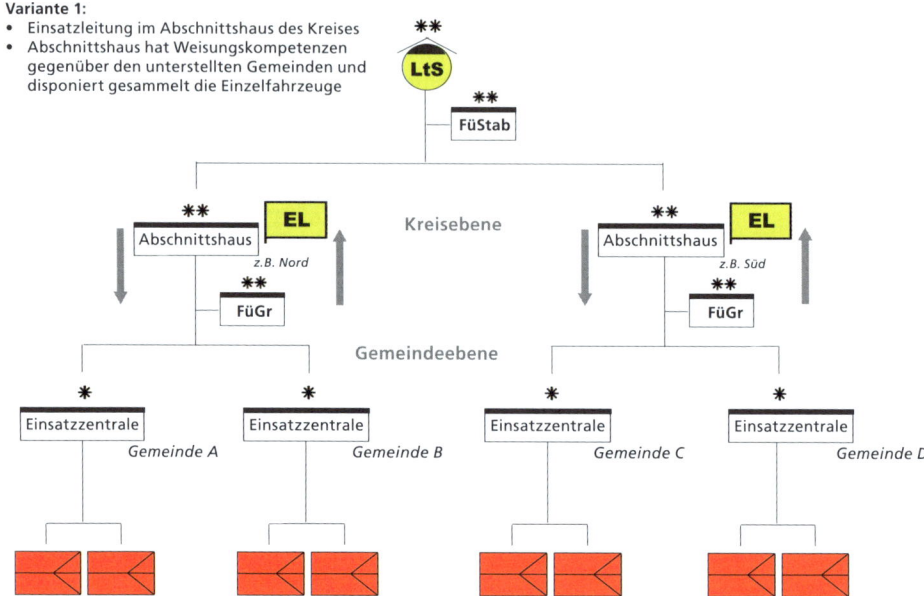

Bild 17: *Wird die Einsatzleitung nicht auf Gemeindeebene, sondern im Abschnittshaus auf Kreisebene wahrgenommen, bedarf es im Vorfeld rechtlicher und organisatorischer Klärungen.*

Landkreisebene bei einer (feuerwehrtechnischen) Flächenlage im Normalfall der KBM sein, dem ein Katastrophenschutzstab als Führungseinheit zur Verfügung steht. Auch in diesem Fall erlangen die Abschnittshäuser mit der Übernahme der Einsatzleitung durch den Kreis den Status einer Einsatzabschnittsleitung und sind im Rahmen ihrer Aufgabenwahrnehmung für ihren Bereich eigenverantwortlich und gegenüber unterstellten Einheiten weisungsbefugt.

2.2 Das Führungssystem nach FwDV 100

Führungsstruktur mit Abschnitts- und Führungshäusern
- **Einsatzleitung auf Kreisebene**

Führungsstufe D

- Abschnitts- und Führungshäuser bilden Einsatzabschnitte bzw. Untereinsatzabschnitte
- Es besteht eine Weisungsbefugnis des Kreises gegenüber unterstellten Führungsstellen

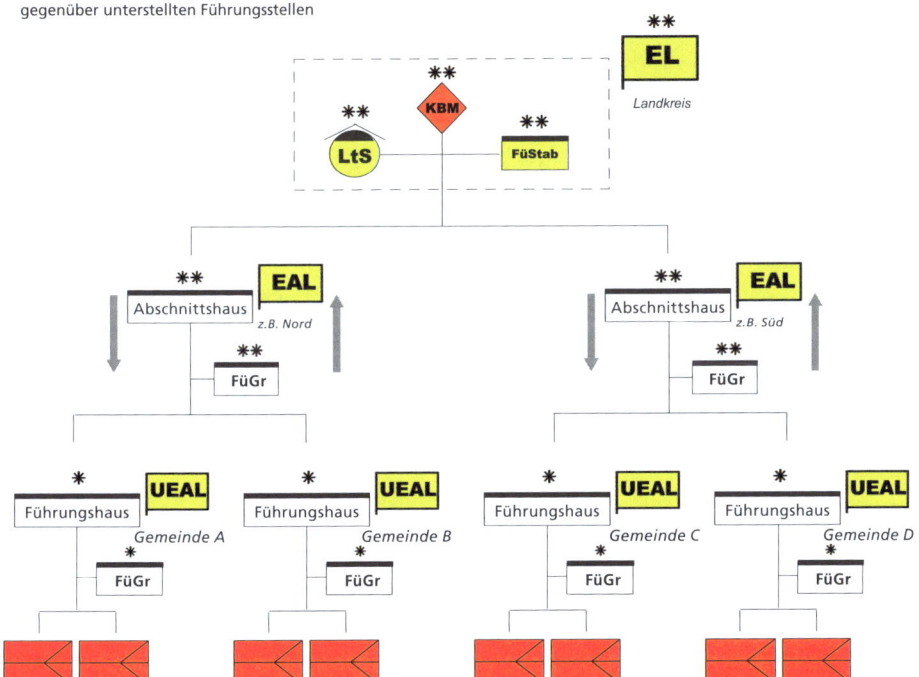

Bild 18: *Liegt die gesamtverantwortliche Einsatzleitung einer Flächenlage beim Kreis (z. B. KBM), besteht ein Weisungsrecht gegenüber den unterstellten Abschnittsführungsstellen.*

Grundlagen zur Organisation und Führung von Unwetterlagen

Zusammenfassung Fall A

In zuvor genanntem Fall A gehen gefilterte und gebündelte Einsatzaufträge von der Leitstelle an das zuständige Abschnittshaus, wo eine Priorisierung und Zuteilung der nicht-zeitkritischen Einsätze per Fax/E-Mail an die nachgeordneten Führungshäuser oder Einheiten erfolgt[17]. Durch eine neue Ordnung des Schadensraumes über die Gemeindegrenzen hinaus steht unweigerlich eine größere Anzahl an einsetzbaren Einheiten zur Verfügung, die von übergeordneter Stelle frei disponiert werden können. Insbesondere können Einheiten für hoch priorisierte oder zeitkritische Einsätze zusammengezogen und konzentriert eingesetzt werden. Die gegenseitige Unterstützung basiert hierbei auf einer Vereinbarung einer gegenseitigen Hilfeleistung im Rahmen einer interkommunalen Zusammenarbeit, wie sie beispielsweise in einigen Ländern gesetzlich berücksichtigt ist (vgl. z. B. FwG BW § 3 (4)). Hierzu bedarf es somit im Vorfeld einer Kostenregelung zwischen den einzelnen Gemeinden. Zur besseren Akzeptanz der übergeordneten Stellung und der Dispositionshoheit des Abschnittshauses kann es sinnvoll sein, dass dort ein Entscheidungsträger aus jeder unterstellten Gemeinde ansässig ist.

Eine weitere Aufgabe von Abschnittshäusern besteht darin, Übersichten über die Einsätze sowie die eingesetzten Kräfte im Zuständigkeitsbereich zu führen. In regelmäßigen Abständen erfolgt die gebündelte Abgabe von Lagemeldungen bzw. Schadensübersichten »nach oben« an die Leitstelle. Dies kann je nach technischen Gegebenheiten über eine sichere Cloud- bzw. Serverlösung mit Anbindung an das Einsatzleitsystem der Leitstelle oder »konventionell« über Fax/E-Mail erfolgen. Im Abschnittshaus ist zur Erfüllung der Aufgaben neben einer entsprechend erforderlichen Infrastruktur an Kommunikations- und Führungsmitteln eine Führungseinheit erforderlich. Zur Erfüllung der anfallenden Aufgaben kann dies eine Führungsgruppe oder ein Führungsstab sein.

Insgesamt wird jedoch deutlich, dass die Einrichtung eines Abschnittshauses mit Weisungsrecht an nachgeordnete Stellen und Einheiten in der Regel dann sinnvoll und rechtlich untermauert ist, wenn die Übernahme der Einsatzleitung durch den

---

17 Unabhängig von der Einrichtung eines Abschnittshauses sollen zeitkritische Einsätze direkt von der Leitstelle an die jeweilige Feuerwehr über Funk, möglichst mit einer begleitenden Alarmierung per Meldeempfänger, übermittelt werden! Der direkte Weg ist als schnellster und verlustfreiester Weg anzusehen und stellt für die Leitstelle keinen Mehraufwand dar im Vergleich zur Übermittlung eines zeitkritischen Einsatzes zu einem Abschnittshaus. Der Umweg über das Abschnittshaus als Zwischenebene hätte eine Verzögerung ohne primären Nutzen zur Folge, da von diesem in erster Linie die betreffende Gemeinde zur Abarbeitung des zeitkritischen Einsatzes angefragt werden würde. Dem Führungshaus der Gemeinde obliegt anschließend die Verantwortung, bei Bedarf überörtliche Unterstützung oder ergänzende Einheiten bei einer übergeordneten Führungsstelle anzufordern.

2.2 Das Führungssystem nach FwDV 100

Kreis erfolgt ist. Andernfalls hat ein Abschnittshaus vorwiegend eine koordinierende und bündelnde Funktion »nach oben« zwischen Führungshäuser der Gemeinden und der Leitstelle, was nachfolgendem Fall B entspricht.

Fall B: Abschnittshaus ohne geregelte Weisungskompetenz gegenüber den unterstellten Führungshäusern der Gemeinden

Bestehen keine gesetzlichen oder kreisweiten (organisatorischen) Regelungen, aus denen eine Weisungsbefugnis von Abschnittshäusern gegenüber unterstellten Führungshäusern resultiert, so kommt diesen weniger eine führende als vielmehr eine koordinierende bzw. bündelnde Aufgabe zu. Das Abschnittshaus führt in diesem Fall vorwiegend Übersichten über die Schadenslage und die eingesetzten Einheiten im nachgeordneten Bereich und gibt gebündelt Rückmeldungen an die Leitstelle. Ggf. kann das Abschnittshaus auch als eine Art »Makler« fungieren, indem

Führungsstruktur mit Abschnitts- und Führungshäusern
- **Einsatzleitung auf Gemeindeebene (Führungshaus)**

Führungsstufe C

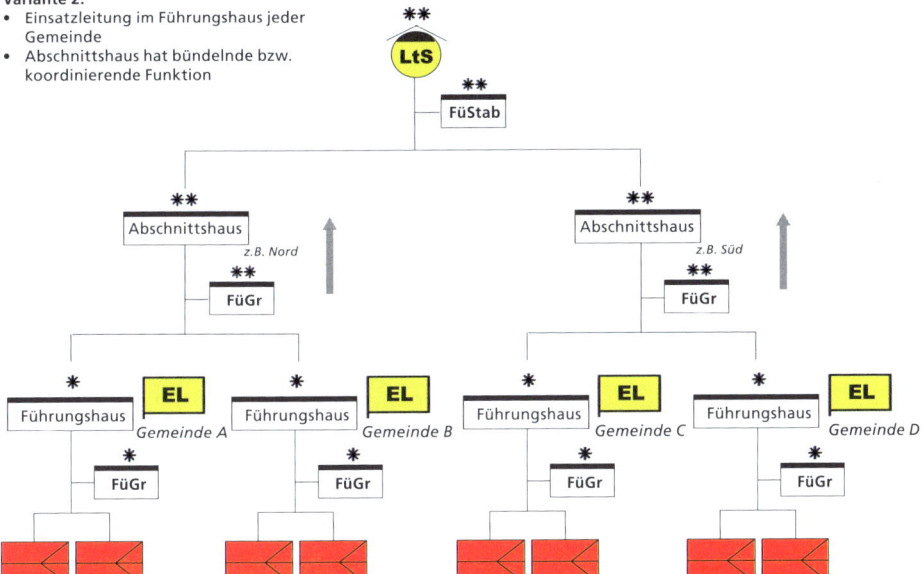

Bild 19: *Werden Abschnittshäuser auf Kreisebene eingesetzt, so nehmen diese vorrangig koordinierende und bündelnde Aufgaben wahr; die Einsatzleitung bleibt im Führungshaus auf Gemeindeebene bestehen.*

es bei Bedarf erforderliche Ressourcen auf Landkreisebene für einzelne Gemeinden organisiert. Der Nutzen dieser Variante liegt im Wesentlichen in der Entlastung der Leitstelle, da diese gebündelte Rückmeldungen von wenigen Abschnittshäusern erhält, anstelle von zahlreichen Führungshäusern. In diesem Fall verbleibt die Einsatzleitung bei den Führungshäusern auf Gemeindeebene, wie ▶ Bild 19 zur resultierenden Führungsstruktur schematisch veranschaulicht.

Zusammenfassung Fall B
Zuvor beschriebener Fall B verdeutlicht, dass Abschnittshäuser auch ohne Übernahme der gesamtverantwortlichen Einsatzleitung durch den Kreis einen Nutzen haben können. Dieser liegt im Wesentlichen in der Bündelung und damit verbundenen Entlastung der Leitstelle begründet. Vor allem bei flächendeckenden Lagen über einen gesamten Kreis kann ein unterstützender Stab in der Leitstelle an seine Grenzen kommen, wenn Anforderungen und intervallmäßige Lageberichte von allen kreisansässigen Gemeinden an einer Stelle eingehen. Die Etablierung von Abschnittshäusern mit Bündelungsfunktion zwischen Führungshäusern und Leitstelle auf dem Weg »nach oben« ist in diesem Fall durchaus sinnvoll oder gar erforderlich, wozu es keiner Weisungsbefugnis bedarf.

Führungshaus
Im Gegensatz zum Abschnittshaus handelt es sich beim Führungshaus um eine ortsfeste **Führungsstelle auf Gemeindeebene**, in welchem die Einsätze innerhalb der Gemeinde gebündelt und organisiert werden. Im Regelfall wird hierfür das Feuerwehrhaus der Hauptabteilung herangezogen. Diese Führungsstelle ist im Rahmen der Vorplanungen zu benennen, um einen funktionierenden Meldungs- und Informationsfluss zwischen Führungshaus und Leitstelle (bzw. Abschnittshaus, sofern vorhanden) zu gewährleisten. Voraussetzung ist eine entsprechende Infrastruktur an Kommunikations- und Führungseinrichtungen, auf die in ▶ Kapitel 3.1.2 eingegangen wird.

Anzumerken ist, dass die Vorhaltung von mehr als einem Führungshaus pro Gemeinde aus einsatztaktischer Sicht nicht sinnvoll ist, da alle Einsatzstellen innerhalb des Gemeindegebietes von zentraler Stelle priorisiert und koordiniert werden müssen, um die begrenzt zur Verfügung stehenden Einheiten zielgerichtet einsetzen zu können. Nur so kann eine ineffiziente Parallelarbeit einzelner Abteilungen innerhalb der Gemeinde vermieden werden, da hierbei die große Gefahr besteht, dass Einsätze entsprechend des chronologischen Meldungseinganges oder der räumlichen Nähe abgearbeitet werden und insgesamt kein Gesamtüberblick über die Schadenslage besteht. Unabhängig davon ist anzunehmen, dass nicht ausrei-

2.2 Das Führungssystem nach FwDV 100

Bild 20: *Bei flächigen Unwetterlagen spielen Führungshäuser auf Gemeindeebene eine wichtige Rolle. (Quelle: Feuerwehr Leonberg)*

chend Führungspersonal innerhalb einer Gemeinde zur Verfügung steht, um mehrere Führungshäuser mit Führungsgruppen zu besetzen (vgl. auch LFS BW, 2021).

Im Konkreten hat das Führungshaus auf Gemeindeebene die Aufgabe, die von der Leitstelle (oder dem Abschnittshaus) zugewiesenen Einsätze eigenständig zu organisieren und zu koordinieren. Hierzu zählen neben der Erfassung der Einsätze auch die Priorisierung, Zuteilung und Dokumentation der Einsätze. Die Kommunikation zwischen Führungshaus und operativen Einheiten erfolgt dabei vorwiegend über Funk auf der lokalen Rufgruppe, lediglich zeitkritische Einsätze werden über die kreisweite Betriebsgruppe abgewickelt. Aufgrund der Art, der Menge und der Bedeutung der wahrzunehmenden Aufgaben für die effiziente Einsatzbewältigung ist analog zum Abschnittshaus auch im örtlichen Führungshaus eine Führungsgruppe mit einer strukturierten Organisationsform – ähnlich der eines Führungsstabes – zwingend erforderlich.

Sofern die Einrichtung von Abschnittshäusern landkreisweit nicht vorgeplant ist oder diese aufgrund einer räumlich begrenzten Schadenslage unbesetzt bleiben, sind die Führungshäuser der betroffenen Gemeinden der Leitstelle folglich direkt unterstellt. In diesem Fall findet eine direkte Kommunikation zwischen Leitstelle und örtlichem Führungshaus statt. Die Führungshäuser sind dann Befehlsstellen mit Sitz der Einsatzleitung. Da hier die Anzahl der Führungsstellen, die der Leitstelle nachgeordnet sind, schnell den zweistelligen Bereich erreichen kann, unterstreicht diese

2 Grundlagen zur Organisation und Führung von Unwetterlagen

Führungsorganisation (ohne Abschnittshaus) die Notwendigkeit eines Führungsstabes als organisatorische Unterstützungseinheit in der Leitstelle.

Zur Veranschaulichung der Führungsstruktur ohne existierende Abschnittshäuser dient nachfolgende Grafik.

Führungsstruktur mit Führungshäusern ohne Abschnittshäuser **Führungsstufe C**
• **Einsatzleitung auf Gemeindeebene (Führungshaus)**

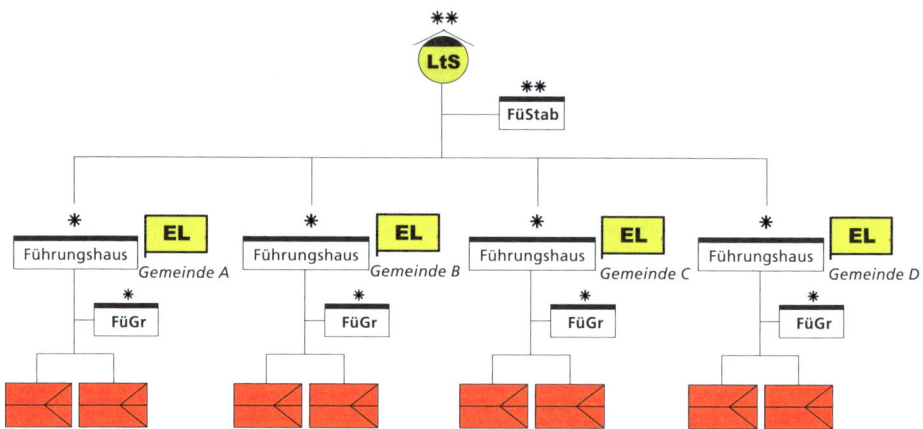

Bild 21: *In der überwiegenden Zahl der Fälle sind die Führungshäuser der Gemeinden Sitz der Einsatzleitung und direkt der Leitstelle unterstellt.*

Die hier veranschaulichte Führungsstruktur wird vermutlich diejenige sein, die in der überwiegenden Zahl an flächendeckenden Unwetterlagen Anwendung finden wird. Denn wie zuvor ersichtlich wurde, bedarf es verschiedener Voraussetzungen, um ein Abschnittshaus als Befehlsstelle mit Weisungskompetenzen einzusetzen. Sind die Voraussetzungen nicht gegeben und das Abschnittshaus dient lediglich als Bündelungsstelle »nach oben« für die Leitstelle, so müssen alle wahrzunehmenden Aufgaben der Priorisierung, Disposition und Dokumentation vom Führungshaus der Gemeinde als Befehlsstelle wahrgenommen werden, wo alleiniger Sitz der Einsatzleitung ist. Unabhängig davon ist auch bei vorkonzipierten Abschnittshäusern zunächst eine entsprechend flächenmäßige Ausdehnung einer Schadenslage Voraussetzung für die Inbetriebnahme, damit deren Besetzung notwendig und sinnvoll ist. Dies wäre erst bei einer Flächenlage über einen gesamten Landkreis oder mit einem räumlichen Schadenschwerpunkt im Zuständigkeitsbereich eines Abschnittshauses gegeben.

2.2 Das Führungssystem nach FwDV 100

Alternativ zu einem Feuerwehrhaus existieren vereinzelt auch abweichende Lösungen, die z. B. die Nutzung von Räumlichkeiten im örtlichen Rathaus als Führungshaus auf Gemeindeebene vorsehen. Sofern eine administrativ-organisatorische Komponente (Verwaltungsgruppe) ebenfalls im Rathaus eingesetzt ist, kann sich die räumliche Nähe als Vorteil erweisen. Da dort im Regelfall keine Funkausstattung vorhanden ist, ist es in diesem Fall erforderlich, dort z. B. einen ELW 1 als Kommunikationszelle vorzusehen, um mit den örtlichen Einheiten über Funk kommunizieren zu können. Letztlich wird jedoch ein benanntes Feuerwehrhaus der Gemeinde mit zugehöriger Ausstattung an Kommunikationstechnik und Führungsmitteln in den meisten Fällen sicherlich die bessere Alternative für den Sitz der Einsatzleitung darstellen als vergleichsweise andere Räumlichkeiten innerhalb der Gemeinde mit einer mobilen Kommunikationszelle. Dies ist zu jeder Zeit sofort nutzbar und immer für die Feuerwehr ohne vorherige Anmeldung zugänglich.

Sonderfall: Kreisfreie Städte (Stadtkreise)
Stadtkreise mit Sitz einer Leitstelle stellen im Hinblick auf Abschnittsführungsstellen einen Sonderfall dar, da sie gleichermaßen Kreis- und Gemeindeebene abbilden. Bezogen auf die bisherige Definition ist in Stadtkreisen das Abschnittshaus dem Führungshaus gleichzusetzen, weshalb diese auch häufig allgemein als **Abschnittsführungsstellen** bezeichnet werden.

Da die Leitstelle im Unwetterbetrieb schwerpunktmäßig die Notrufabfrage und die Disposition von zeitkritischen Einsätzen übernimmt, muss für den Stadtkreis – analog zum örtlichen Führungshaus in Landkreisgemeinden – mindestens eine (zentrale) Abschnittsführungsstelle eingerichtet werden, in welcher eine Führungsgruppe die Koordination von unwetterbedingten Einsätzen für das gesamte Stadtgebiet übernimmt. Sinnvoller Weise sollte diese Abschnittsführungsstelle in räumlicher Nähe zur Leitstelle eingerichtet werden, wobei sich der Umfang auf einen Raum mit entsprechender Infrastruktur beschränken wird.

Da die zentrale Koordination von unwetterbedingten Einsätzen nur bis zu einer gewissen Größenordnung sinnvoll und leistbar ist, müssen im Sinne einer Abschnittsbildung ab einer gewissen Anzahl an Einsätzen zusätzliche (periphere) Abschnittsführungsstellen in Betrieb genommen werden, von wo aus die Koordination von Einsätzen für einen definierten Bereich mit zugewiesenen Ressourcen erfolgt.[18] Am besten eignen sich hierzu im Vorfeld benannte Feuerwehrhäuser der Freiwilligen

---

18 Die Nennung einer absoluten Anzahl an Einsätzen zur Einrichtung weiterer Abschnittsführungsstellen ist pauschal nicht möglich und muss lageabhängig entschieden werden. Als Orientierungswert kann jedoch eine Größenordnung von 200-300 offenen Einsätzen angesehen werden, bei

Feuerwehr oder ständig besetzte Feuerwachen, welche über das Stadtgebiet sinnvoll verteilt sind. Diese müssen über die notwendige Infrastruktur verfügen und im Unwetterfall als »sicherer Standort« angesehen werden. Für Stadtkreise sollten – neben der zentralen Abschnittsführungsstelle in räumlicher Nähe zur Leitstelle – planerisch mindestens vier Führungshäuser vorgesehen werden (z. B. Nord, Süd, Ost und West), um diese in Abhängigkeit von Einsatzschwerpunkten sinnvoll nutzen zu können.

Werden lageabhängig weitere Abschnittsführungsstellen besetzt, ersetzen diese nicht automatisch die zentrale Abschnittsführungsstelle, welche bisher alleinig die Koordination der Unwettereinsätze für das gesamte Stadtgebiet übernommen hat. Für die zentrale Abschnittsführungsstelle reduziert sich lediglich die Zuständigkeit auf das übrige Stadtgebiet, welches nicht in den Zuständigkeitsbereich peripherer Abschnittsführungsstellen fällt. Somit werden letztlich alle unwetterbedingten Einsätze an die nachgeordneten Abschnittsführungsstellen zur eigenständigen Abarbeitung abgegeben, welche hierzu Ressourcen zugeteilt bekommen. Die Leitstelle disponiert lediglich zeitkritische Einsätze, weshalb dieser die zentral vorgehaltenen Grundschutzeinheiten direkt unterstehen. Daneben existiert im Regelfall für jede Abschnittsführungsstelle ein zugeordneter Einsatzleitplatz innerhalb der Leitstelle, der für die Kommunikation mit den Abschnittsführungsstellen zuständig ist und Einsätze (gebündelt) weitergibt (»Sonderleitplatz Unwetter«)[19].

Spätestens mit Einrichtung einer zweiten (peripheren) Abschnittsführungsstelle wird ein übergeordneter Führungsstab als Bestandteil der (Gesamt-)Einsatzleitung notwendig werden, welcher sich schwerpunktmäßig um übergeordnete Aufgaben und Fragestellungen hinsichtlich Versorgung, Logistik und Personal kümmert.

Eine exemplarische Führungsstruktur in Stadtkreisen mit ansässiger Leitstelle zeigt nachfolgendes Bild 22:

---

welcher die Einrichtung einer peripheren Abschnittsführungsstelle sinnvoll oder gar notwendig wird.

19 Anmerkung: Bei überschaubarem Einsatzaufkommen erfolgt diese Tätigkeit ausschließlich durch einen Disponenten an einem Unwetter-Sonderleitplatz, ohne dass es begleitend einer Abschnittsführungsstelle mit Führungsgruppe bedarf.

2.2 Das Führungssystem nach FwDV 100

Führungsstruktur in *Stadtkreisen* mit ansässiger Leitstelle   Führungsstufe D

- Abschnittsführungsstellen bilden Einsatzabschnitte
- Grundschutzeinheiten für zeitkritische Einsätze sind zentral der Leitstelle unterstellt
- Führungsstab als Führungseinheit der (Gesamt-)Einsatzleitung

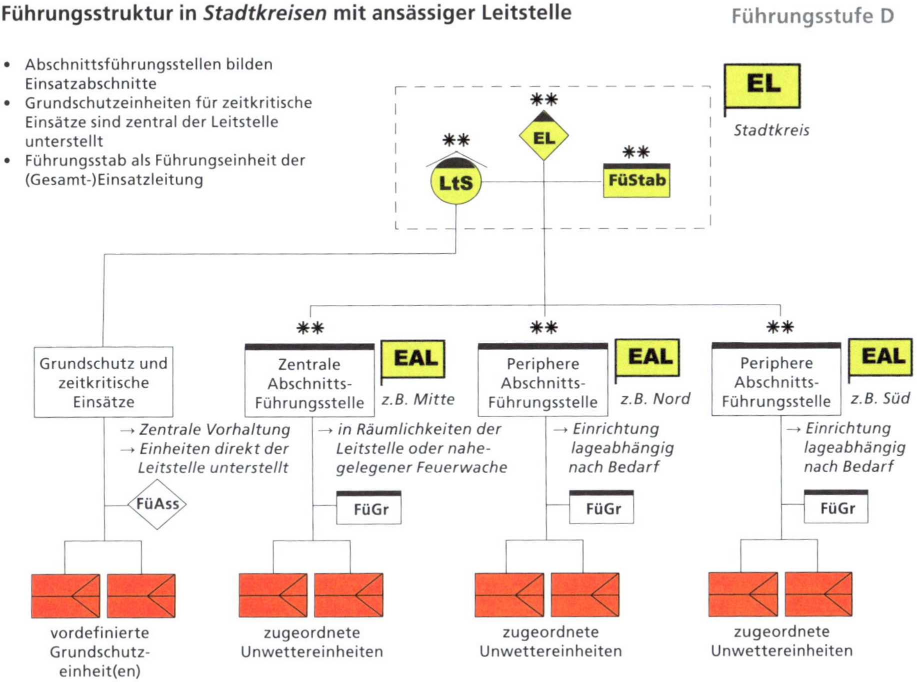

Bild 22: *Auch Stadtkreise mit ansässiger Leitstelle benötigen Abschnittsführungsstellen, in denen unwetterbedingte Einsätze koordiniert und geführt werden.*

Merke:

Bei flächigen Unwetterlagen wechseln Leitstellen ihre Betriebsform in einen »Unwetterbetrieb«, was die Einrichtung von nachgeordneten Abschnittsführungsstellen erforderlich macht. Auf Gemeindeebene entspricht dies dem sogenannten **Führungshaus** mit Sitz der Einsatzleitung (Befehlsstelle). Dort werden die Weichen für eine effiziente Bewältigung der Gesamtschadenslage auf örtlicher Ebene gestellt.

Merke:

Ein auf Kreisebene angesiedeltes Abschnittshaus macht vorrangig Sinn, wenn die Gesamteinsatzleitung vom Kreis übernommen wurde. Sonst hat es lediglich eine bündelnde Funktion und dient der Entlastung der Leitstelle.

2 Grundlagen zur Organisation und Führung von Unwetterlagen

2.2.2 Führungsvorgang

Der Führungsvorgang stellt nach FwDV 100 einen zielgerichteten, immer wiederkehrenden und in sich geschlossenen Denk- und Handlungsablauf dar. Er ist grundlegender Bestandteil jeder Führungsaufgabe und muss von jeder Führungskraft entsprechend ihrer Funktion individuell durchlaufen werden. Ziel dabei ist es, die richtigen Mittel zur richtigen Zeit am richtigen Ort einzusetzen. Der Führungsvorgang gliedert sich vereinfacht in die drei Komponenten »Lagefeststellung (Erkundung/Kontrolle)«, »Planung (Beurteilung/Entschluss)« und »Befehlsgebung«, wie nachfolgendes Bild 23 veranschaulicht.

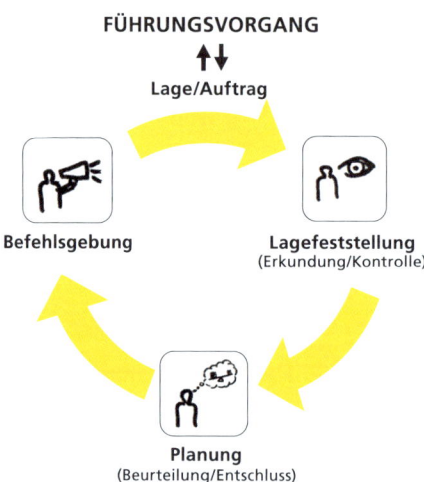

Bild 23: *Der Führungsvorgang ist Grundlage aller Führungsentscheidungen im Feuerwehreinsatz.*

Der Führungsvorgang kommt vorrangig bei der Vorbereitung und Umsetzung von Entscheidungen an einer Einsatzstelle zur Anwendung und muss im Regelfall mehrmals von jeder Führungskraft – entsprechend ihrer Funktion – durchlaufen werden. Hierfür sind Führungskräfte ausgebildet und es liegt in der Regel eine ausreichende Routine durch regelmäßige Übungen oder Einsätze vor. Aber auch bei Flächenlagen, bei denen die Gesamtlage aus dem rückwärtigen Bereich heraus geführt wird, kann der Führungsvorgang zur Entscheidungsfindung eine Rolle spielen, nämlich bei der Disposition von Einheiten. Im Gegensatz zu der vorhandenen Routine für Führungsentscheidungen unmittelbar an der Einsatzstelle, liegt für derartige Dispositionsaufgaben und -entscheidungen keine Routine vor. Daher soll nachfolgend der Fokus auf den rückwärtigen Bereich im Führungshaus gelegt werden und der Führungsvorgang anhand der **Disposition von Einheiten** in Anlehnung an die FwDV 100 erläutert werden.

Als Basis für die Planung (Disposition) dient die **Lagefeststellung**, im Rahmen derer die Schadenslage (einzelne Einsätze mit unterschiedlich hoher Priorität, gegliedert nach geografischer Lage) der Schadensabwehr (einzelne Einheiten mit unterschiedlichem taktischen Einsatzwert) gegenübergestellt werden. Sofern für die anschließende Beurteilung die vorliegenden Informationen über den Schadensumfang einer Einsatzstelle nicht ausreichen, besteht die Möglichkeit der Erkundung. Diese kann in Form eines Erkundungsauftrages angestoßen werden, der an vordefinierte Erkundungseinheiten gegeben wird.

Bei der nachfolgenden **Planung** geht es im Wesentlichen um die Frage, welche Gefahr (welche Einsatzstelle) zuerst bearbeitet werden muss und welche Möglichkeiten zur Gefahrenabwehr (welche Einheiten) bestehen bzw. verfügbar sind. Stehen mehrere Einheiten zur Verfügung, wird unter dem Gesichtspunkt des taktischen Einsatzwertes einzelner Einsatzmittel bzw. Einheiten die beste Möglichkeit (das geeignetste Einsatzmittel bzw. die geeignetste Einheit) ausgewählt (disponiert). Dies geschieht in Form einer Abwägung von Vor- und Nachteilen oder aufgrund erforderlicher Leistungsmerkmale von Einheiten (z. B. die Notwendigkeit einer DLA(K)) und mündet im (Dispositions-)Entschluss.

Die **Befehlsgebung** äußert sich anschließend durch die Auftragsvergabe (Fahrzeugdisposition). Die Disposition ist in diesem Fall zweigeteilt, nämlich in den Teil der Entscheidung und den der Übermittlung. Der Einsatzauftrag wird mithilfe von Führungsmitteln (Formularen) kommuniziert und von der Fernmeldeeinheit übermittelt. Der Einsatzauftrag muss mindestens folgende Punkte beinhalten: Einheit (Fahrzeug) und Auftrag (Einsatzort und -stichwort).

2.2.3 Führungsmittel

Die FwDV 100 definiert Führungsmittel als technische Mittel und Einrichtungen zur Unterstützung der Führungskräfte bei ihrer Führungsarbeit. Führungsmittel werden in Mittel zur Informationsgewinnung, zur Informationsverarbeitung und zur Informationsübertragung eingeteilt, wie nachfolgendes Bild 24 veranschaulicht:

2 Grundlagen zur Organisation und Führung von Unwetterlagen

Führungsmittel

Mittel zur Informationsgewinnung	Mittel zur Informationsverarbeitung	Mittel zur Informationsübertragung

• Einsatzpläne • Handbücher • Karten • etc.	• Büroausstattung • Visualisierungshilfen • EDV-Systeme • etc.	• Kommunikationsmittel • Besprechungen • Melder • etc.

Bild 24: *Insbesondere bei großen Einsatzlagen sind vielzählige und vielfältige Führungsmittel notwendig.*

Die Führungsmittel sollen die Abarbeitung des Führungsvorganges unterstützen. Hierbei können sowohl handelsübliche Gebrauchsmaterialien (Schreibutensilien, Flipcharts etc.) als auch individuell angefertigte Formulare oder Nachschlagewerke zur Anwendung kommen. Die für die Führung von Unwetterlagen erforderlichen Führungsmittel werden in ▶ Kapitel 3.5 ausführlich vorgestellt.

Merke:

Das Führungssystem der FwDV 100 umfasst die Bereiche Führungsorganisation, Führungsvorgang und Führungsmittel. Es stellt die Grundlage für eine effiziente Einsatzbewältigung dar und kann als Basis für ein Konzept zur Unwetterlagenbewältigung dienen.

Literatur-Tipp:

Ergänzend zur verbindlich eingeführten FwDV 100 finden sich im internationalen Normenbereich mittlerweile ebenfalls hilfreiche Vorgaben zur Organisation der Gefahrenabwehr bei Schadensereignissen. Die DIN ISO 22320 »Sicherheit und Resilienz – Gefahrenabwehr – Leitfaden für die Organisation der Gefahrenabwehr bei Schadensereignissen« stellt eine Handreichung für Organisationen dar, die für die Planung bzw. Umsetzung der Führung in der operativen Gefahrenabwehr verantwortlich sind. In der ISO-Norm finden sich beispielsweise Hilfestellungen für ein verbessertes Einsatzmanagement bei sämtlichen Arten von Schadenereignissen und für alle Organisationen auf lokaler bis hin zur internationalen Ebene.

2.3 Die Verlagerung von Kernprozessen der Leitstelle auf Abschnittsführungsstellen bei Unwetterlagen

Wie in ▶ Kapitel 2.2.1.6 aufgezeigt wurde, existieren in Leitstellen gewisse Kernprozesse, die bei alltäglichen Schadenslagen von diesen überwiegend allein wahrgenommen werden. Bei Flächenlagen gehen jedoch einzelne Prozesse auf das örtliche Führungshaus über. Um im weiteren Verlauf die notwendigen Arbeitsschritte in einem Führungshaus betrachten zu können, sollen nachfolgend die Kernprozesse bei einer flächendeckenden Unwetterlage in Verbindung mit den resultierenden Konsequenzen für das Führungshaus einer Gemeinde dargestellt werden.

2.3.1 Notrufannahme

Der erste Kernprozess, die Notrufannahme, findet im Regelfall in der Leitstelle statt. Erfahrungsgemäß gehen bei Unwetterlagen aber auch eine teils nicht zu vernachlässigende Anzahl an Einsätzen direkt in den örtlichen Feuerwehrhäusern ein. Diesem Umstand muss insofern Rechnung getragen werden, dass eine telefonische Abfrage von Einsätzen planerisch im Führungshaus berücksichtigt wird und Feuerwehrhäuser von Feuerwehrabteilungen, die von der Flächenlage betroffen sind, mit einem Feuerwehrangehörigen zur persönlichen Entgegennahme von Einsätzen besetzt sind.

2.3.2 Disposition und Alarmierung

Der zweite Kernprozess stellt die Disposition und (Erst-)Alarmierung der jeweiligen Feuerwehr durch die Leitstelle dar. Alle weiteren (nicht-zeitkritischen) Einsätze werden anschließend in unregelmäßigen Abständen gebündelt an ein Abschnitts- oder Führungshaus über den definierten Kommunikationsweg (z. B. per E-Mail) weitergegeben. Zeitkritische Einsätze werden im Regelfall direkt per Funk von der Leitstelle an das zuständige Führungshaus übermittelt, häufig begleitet von einer Alarmierung über Meldeempfänger. Durch die Leitstelle findet somit lediglich eine Disposition der (Gemeinde-)Feuerwehr statt, nicht hingegen von einzelnen Einheiten. Das bedeutet, dass die Disposition von Einheiten und die »Alarmierung«, also der Fahrzeugabruf, auf das örtliche Führungshaus übergehen. Hierfür bedarf es im Vorfeld festgelegter Strukturen mit definierten Melde- und Kommunikationswegen.

Im Rahmen der Disposition nimmt die Priorisierung von Einsätzen einen hohen Stellenwert ein, da aufgrund der Menge an parallel vorliegenden Einsätzen bei Unwetterlagen nicht jede Einsatzstelle sofort mit einer (geeigneten) Einheit beschickt werden kann. Eine erste Priorisierung wird dabei von der Leitstelle vorgenommen, die nach zeitkritischen und nicht-zeitkritischen Einsätzen unterscheidet. Im Wesentlichen wird bei dieser ersten Priorisierung das Kriterium »Menschenleben in Gefahr« oder »Schadenfeuer« abgefragt; ist dieses nicht gegeben, wird ein Einsatz als Unwettereinsatz aufgenommen. Die anschließende Priorisierung der nicht-zeitkritischen (unwetterbedingten) Einsätze findet im Abschnitts- oder im Führungshaus statt. Somit geht ein Teil der Dispositionsaufgaben auf das Führungshaus der Gemeinde über. Für diese bedeutende Aufgabe wird entsprechend ausgebildetes Personal benötigt, das klassischer Weise durch eine Führungsgruppe auf örtlicher Ebene gestellt wird.

2.3.3 Einsatzbegleitung

Der dritte Kernprozess, die Einsatzbegleitung, steht in engem Zusammenhang mit der Einsatzdurchführung. Die Einsatzdurchführung wird von den operativen Einheiten der jeweiligen Feuerwehr analog zu Alltagseinsätzen wahrgenommen und stellt keinen eigenen Prozess innerhalb des Führungshauses dar. Die Einsatzbegleitung lässt sich gemäß den Ausführungen in ▶ Kapitel 2.2.1.6 in einzelne Unterpunkte untergliedern, die es nachfolgend separat zu betrachten gilt.

2.3.3.1 Abwicklung Funkverkehr

Die Leitstelle kann im Unwetterfall nur noch den Sprechfunkverkehr für zeitkritische Einsätze auf der Betriebsgruppe abwickeln, sodass der gesamte übrige Funkverkehr über das Führungshaus der Gemeinde laufen muss. Um eine Überlastung der Betriebsgruppe zu vermeiden, muss der Funkverkehr bei allen unwetterbedingten, nicht zeitkritischen Einsätzen über die lokale Rufgruppe der jeweiligen Gemeinde stattfinden. Nachforderungen bei nicht-zeitkritischen Einsätzen werden folglich direkt an das Führungshaus über die lokale Rufgruppe gerichtet. Dort werden diese Nachforderungen verarbeitet und entweder eigene Einheiten disponiert oder überörtliche Unterstützung bei der Leitstelle oder dem Abschnittshaus angefordert. Die Anforderung überörtlicher Einheiten wird primär bei zeitkritischen Einsätzen der Fall sein oder wenn Sonderfahrzeuge bzw. Spezialgerätschaften benötigt werden, kann

2.3 Kernprozesse der Leitstelle in Abschnittführungsstellen

jedoch auch zum Tragen kommen, wenn eine hohe Anzahl an Einsatzstellen vorliegt (dreistelliger oder gar vierstelliger Bereich).

2.3.3.2 Führungsunterstützung

Die Führungsunterstützung muss bei Flächenlagen nahezu vollumfänglich vom Führungshaus der örtlichen Feuerwehr wahrgenommen werden. Hierunter fällt auch die Kommunikation mit externen Stellen oder die Verständigung von Dritten. Bei einer hohen Auslastung der Leitstelle kann diese nur noch originäre Aufgaben wahrnehmen, welche nicht von anderen Stellen übernommen werden können. Dies betrifft in erster Linie die Alarmierung von örtlichen, überörtlichen oder überregionalen Kräften, die Kontaktaufnahme zu überregionalen Stellen (z. B. Notfallleitstelle der Deutschen Bahn) oder die Erstrecherche bei besonderen Lagen (z. B. Gefahrguteinsätze).

2.3.3.3 Dokumentation von Maßnahmen und Entscheidungen

Eine Dokumentation wird bei Alltagslagen sowohl in der Leitstelle als auch auf örtlicher Ebene (Einsatzzentrale, Befehlsstelle vor Ort etc.) in unterschiedlicher Form vorgenommen. In der Leitstelle finden viele Dokumentationen automatisiert statt (z. B. Aufzeichnung des Sprechfunkverkehrs auf der Betriebsgruppe sowie von Notrufen), Lagemeldungen müssen hingegen vom Disponenten händisch eingegeben werden. Gerade bei Flächenlagen mit vielen eingesetzten Feuerwehren kann eine Dokumentation in der Leitstelle nur noch rudimentär bei zeitkritischen Einsätzen erfolgen, was auch nicht zuletzt in der vorgenommenen Rufgruppentrennung begründet liegt. Folglich muss diese Aufgabe insbesondere durch die Führungshäuser wahrgenommen werden. Gleiches trifft auf Abschnittshäuser zu, sofern diese eingerichtet sind.

Unberührt hiervon bleibt die Dokumentation von Tätigkeiten und eingesetzten Geräten direkt an Einsatzstellen. Hier liegen die Zuständigkeit und Verantwortung beim jeweiligen, vor Ort eingesetzten Einsatzleiter. Dieser Dokumentation kommt besonders im Nachgang ein hoher Stellenwert zu, da unwetterbedingte Hilfeleistungen entsprechend der Feuerwehrgesetze der Länder im Regelfall kostenpflichtig sind.

2.3.3.4 Führen einer Einsatzmittelübersicht und Erstellen eines Lagebildes

Aufgrund der Rufgruppentrennung im Sprechfunk führt die Leitstelle bei Flächenlagen im Regelfall nur noch eine Übersicht über alarmierte Feuerwehren bzw. besetze Abschnitts- oder Führungshäuser. Eine (Status-)Übersicht von einzelnen Fahrzeugen ist dabei nicht mehr vorhanden und wird auch nicht benötigt. Diese Übersicht muss im Führungshaus der Gemeinde geführt werden, von wo aus auch die Disposition der Einheiten stattfindet. Ebenso sollte im Abschnittshaus eine Übersicht über eingesetzte und freie Einsatzmittel geführt werden.

Das Lagebild bei Flächenlagen bezieht sich in der Leitstelle auf die Summe eingesetzter Feuerwehren und Einsatzschwerpunkte. Im Abschnittshaus bezieht sich dieses auf eingesetzte Feuerwehren sowie Einsatzschwerpunkte im zugeordneten Bereich und wird ergänzt durch die Statusübersicht von Einsätzen (offen, laufend, abgeschlossen), die von den Führungshäusern zurückgemeldet werden. Im Führungshaus umfasst das Lagebild vorrangig die offenen, laufenden und abgeschlossenen Einsätze, die eingesetzten Einheiten sowie ggf. vorhandene Einsatzschwerpunkte innerhalb der Gemeinde.

2.3.4 Einsatzabschluss

Der Einsatzabschluss sowie die Freimeldung der Einheiten erfolgt ebenfalls im örtlichen Führungshaus. Von diesem erfolgt in regelmäßigen Abständen (z. B. stündlich) eine gebündelte Rückmeldung über den Status von Einsätzen an das Abschnittshaus oder bei fehlendem Abschnittshaus direkt an die Leitstelle. Hierzu ist es notwendig, eine kontinuierliche Lageführung im Führungshaus vorzunehmen und eine Einsatzübersicht zu führen. Dieser Prozess hängt eng mit dem Kernprozess der Dokumentation zusammen.

Unabhängig davon sollen bei zeitkritischen Einsätzen Lage- und Einsatzabschlussmeldungen bei der Leitstelle erfolgen. Für einen funktionierenden Kommunikations- und Informationsfluss sind im Vorfeld definierte Kommunikations- und Meldewege für derartige Einsatzlagen erforderlich.

2.3 Kernprozesse der Leitstelle in Abschnittführungsstellen

2.3.5 Zusammenfassende Betrachtung

Zusammenfassend werden nachfolgend die Kernprozesse bei alltäglichen Einsatzlagen und bei Unwetterlagen grafisch gegenübergestellt, welche sowohl von der Leitstelle als auch vom Führungshaus auf örtlicher Ebene wahrgenommen werden müssen.

Anhand der Darstellung der Kernprozesse wird deutlich, dass bei Unwetterlagen zahlreiche Aufgaben vom Führungshaus der örtlichen Feuerwehr wahrgenommen werden müssen, die bei alltäglichen Einsatzlagen schwerpunktmäßig oder ausschließlich in den Aufgabenbereich der Leitstelle fallen. Dies führt zu einem **neuen Aufgabenfeld der örtlichen Feuerwehren**, für das keine Routine vorliegt! Hierzu bedarf es eines Führungshauskonzeptes, was Gegenstand des ▶ Kapitels 3.1 ist.

Merke:
Bei flächigen Unwetterlagen gehen zahlreiche Prozesse auf das Führungshaus der Gemeinde über, die im Alltag von der Leitstelle wahrgenommen werden. Dies führt zu einem neuen Aufgabenfeld der Feuerwehren, für das keine Routine vorliegt. Hierzu bedarf es einem ganzheitlichen Konzept zum Führungshausbetrieb, das abgestimmt ist auf die örtlichen Gegebenheiten.

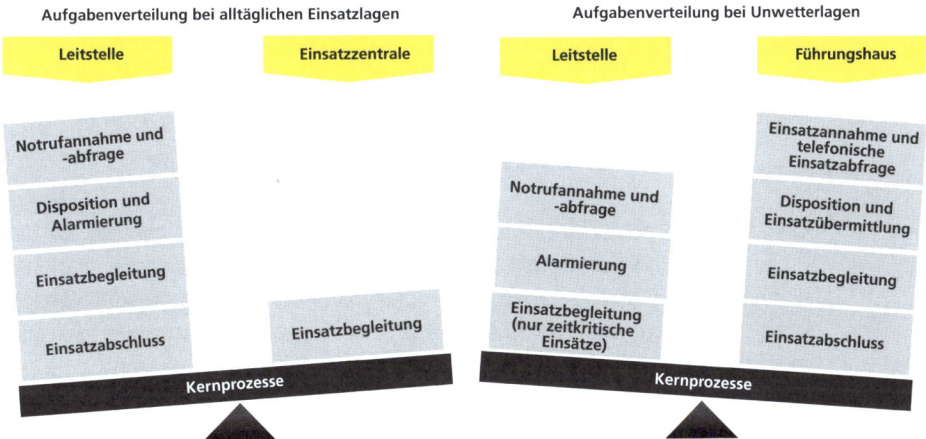

Bild 25: *Nehmen örtliche Einsatzzentralen bei Alltagseinsätzen einen nur kleinen Stellenwert ein, so kommt den Führungshäusern der Gemeinden bei Unwetterlagen eine sehr große Bedeutung zu, da dort die Weichen für eine effiziente Bewältigung der Gesamtlage gestellt werden.*

2.4 Vor- und Nachteile der Einbindung einer Einsatzführungssoftware

Die Digitalisierung von Lageinformationen und Einsatztagebüchern findet vor allem bei Großschadenslagen zunehmend Verbreitung. Häufig werden dabei kommerzielle Softwareprodukte angewandt, welche das Ziel haben, die Arbeit in der Führungsunterstützung zu erleichtern, vorhandene Informationen der Einsatzleitung strukturiert zur Verfügung zu stellen und letztlich Aufträge und Entscheidungen zu dokumentieren. Aber es eignen sich auch individuell programmierte Anwendungen, die im Führungshausbetrieb eingesetzt werden können, wie exemplarisch die ▶ Bilder 26 und 27 zeigen.

Unter Umständen kann bei Unwetterlagen der Einsatz einer Einsatzführungssoftware die Arbeit im Führungshaus in einzelnen Punkten erleichtern, da sich beispielsweise folgende Vorteile ergeben:

- gleichbleibende Qualität der digitalen Schrift, Gewährleistung der Lesbarkeit,
- Entfall der Boten-Laufwege zwischen den einzelnen Räumlichkeiten zur Meldungsüberbringung, dadurch ggf. Verzicht auf Boten möglich,
- tabellarische und ggf. geografische Übersicht über offene, laufende und abgeschlossene Einsätze,
- Übersicht über die verfügbaren und gebundenen Einsatzressourcen,
- Abgriff, Bearbeitung und Austausch von verfügbaren Informationen durch die einzelnen Funktionen in unterschiedlichen Räumen,
- Entfall der händischen Aufbereitung einer Einsatzübersicht im Rahmen der Einsatznachbearbeitung (für Statistik oder Abrechnung).

Obwohl der Einsatz einer Einsatzführungssoftware verschiedene Vorteile mit sich bringen kann und vor allem bei Feuerwehrangehörigen jüngerer Generationen favorisiert werden mag, beruht das nachfolgend in ▶ Kapitel 3 vorgestellte Konzept auf einer **konventionellen Arbeitsweise** ohne Berücksichtigung einer IT-gestützten Einsatzführungssoftware. Hierfür werden folgende Gründe genannt:

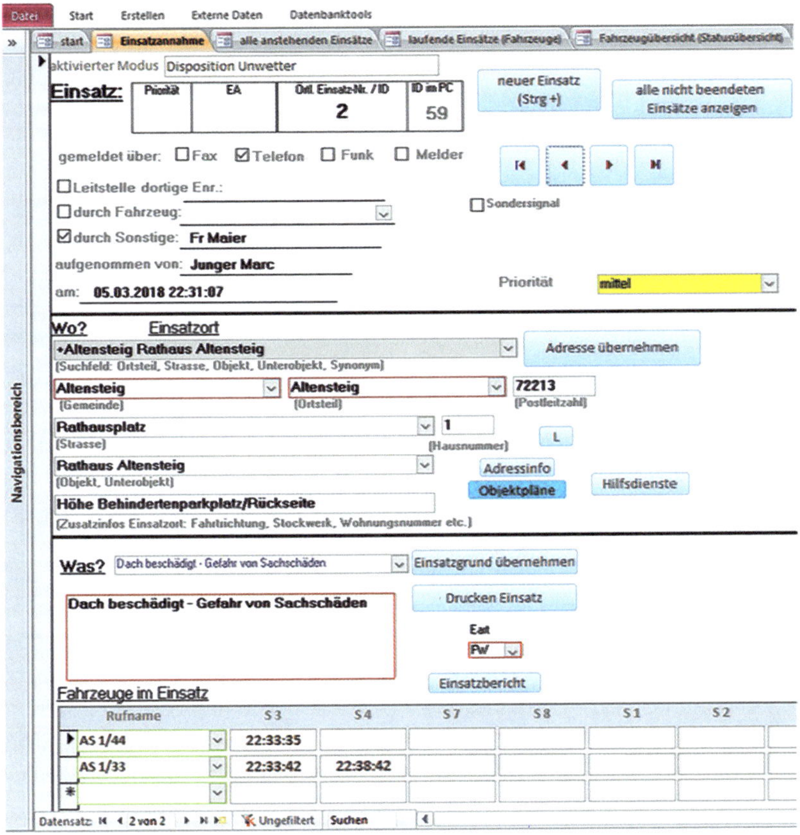

2.4 Vor- und Nachteile der Einbindung einer Einsatzführungssoftware

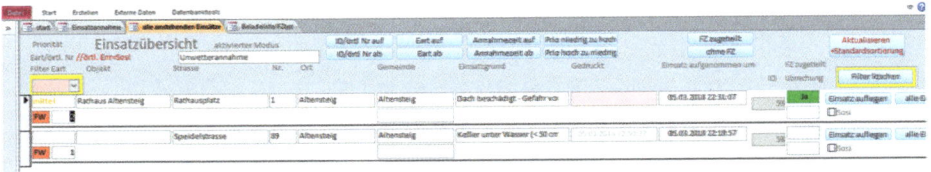

Bild 26: Der Einsatz einer Einsatzführungssoftware kann einzelne Abläufe innerhalb einer Abschnittsführungsstelle erleichtern, setzt aber eine funktionierende Technik und regelmäßige Schulungen des Bedienerpersonals voraus. (Quelle: Junger, 2018)

Bild 27: Der Nutzen und die Vorteile einer Softwarelösung müssen individuell bewertet und dem Aufwand und der Einsatzhäufigkeit gegenübergestellt werden. (Quelle: Junger, 2018)

- Unabhängig von einer Softwareunterstützung müssen die organisatorischen Abläufe innerhalb des Führungshauses und zu externen Stellen bzw. Einheiten (Abschnittshaus bzw. Leitstelle sowie operative Einheiten) definiert werden. Diese Aufgabe wird durch eine Einsatzsoftware nicht übernommen, die Software kann hier höchstens unterstützen und die wichtige Einsatzdokumentation erleichtern.
- Erfahrungsgemäß muss mit der Nutzung von softwaregestützten Führungsmitteln immer ein potenzieller Ausfall der Technik einkalkuliert werden, welcher von unterschiedlichster Natur sein kann. Daher sollte hierfür ein Redundanzsystem vorgehalten werden, um die Funktionsfähigkeit des Führungshauses im Bedarfsfall sicherzustellen. Dies ist und bleibt letztlich die konventionelle Arbeitsweise mit Stift, Papier, Magnettafeln und Boten. Insofern stellt sich die Frage, ob für diese verhältnismäßig seltenen Einsatzlagen nicht von vorneherein ein konventionelles System favorisiert und ausgebildet wird, das immer funktioniert – auch nachts und am Wochenende, wenn beispielsweise auf genutzten städtischen Servern gerade ein Softwareupdate durchgeführt oder eine Firewall aktualisiert wurde.
- Die originäre Feuerwehrarbeit stellt eine handwerkliche Tätigkeit dar, auf die alle Feuerwehrangehörigen in ihrer Ausbildung vorbereitet wurden. Die eher theoretisch geprägte Arbeit innerhalb einer Führungsgruppe unterscheidet sich daher wesentlich von der üblichen Feuerwehrtätigkeit. Da unterstellt werden muss, dass nicht alle im Führungshaus eingesetzten Kräfte im Umgang mit einer speziellen Einsatzsoftware eine notwendige Routine erhalten werden, kann ein konventionelles System für Feuerwehrangehörige als einfacher handhabbar und letztlich praktikabler angesehen werden.[20]
- In Anbetracht der Häufigkeit der Nutzung einer Einsatzführungssoftware stellt sich aus wirtschaftlicher Sicht auch eine Kosten-Nutzen-Frage, da Softwareprogramme herstellerabhängig verhältnismäßig hohe Anschaffungs- oder Unterhaltskosten aufweisen.

---

20 Die Ausführungen beziehen sich auf ein Führungshaus auf örtlicher Ebene. Für ein Abschnittshaus auf Landkreisebene können andere Rahmenbedingungen gelten, wie beispielsweise die Anbindung an ein Einsatzleitsystem, sodass hier ggf. die Gründe für die Nutzung einer Einsatzsoftware überwiegen und der Einsatz einer Softwarelösung gerechtfertigt ist.

2.5   Die Vorhersehbarkeit von Unwetterereignissen

Merke:
Der Einsatz einer Einsatzführungssoftware vereinfacht einzelne Abläufe im Führungshaus und erspart u. U. einen Boten. Aufgrund der seltenen Nutzung, der fehlenden Routine und der Anfälligkeit solcher selten genutzten Systeme wird im vorliegenden Konzept eine konventionelle Arbeitsweise für die Unwetterbearbeitung im Führungshaus favorisiert und vorgestellt.

2.5   Die Vorhersehbarkeit von Unwetterereignissen – Möglichkeiten und Chancen für vorbereitende Maßnahmen

Eine treffsichere Vorhersage eines Unwettereintrittes – verbunden mit einer Alarmierung der Führungsgruppe zur vorbereitenden Besetzung des Führungshauses – wäre in der Praxis wünschenswert. Der Knackpunkt liegt jedoch in der Schwierigkeit, den Eintritt von Unwetterereignissen vorherzusehen, weshalb an dieser Stelle eine Auseinandersetzung mit diesem Thema erfolgt.

Die im Rahmen des vorliegenden Themas betrachteten Unwetterlagen beziehen sich schwerpunktmäßig auf Sturm- und Starkregenereignisse (Gewitter). Die Winterstürme treten im Winterhalbjahr im vorwiegenden Zeitraum von Oktober bis März, die Sommergewitter im Sommerhalbjahr im vorwiegenden Zeitraum von April bis September auf. Somit besteht letztlich das gesamte Jahr über die Gefahr von Unwetterereignissen, allerdings unterschiedlicher Art. Diese Extremwetterlagen unterscheiden sich dabei nicht nur in ihrer Entstehung und Charakteristik, sondern auch in ihrer Vorhersehbarkeit.

Sturm- oder Orkantiefs können oftmals bereits ein bis zwei Tage im Voraus mit einer hohen Treffgenauigkeit und Eintrittswahrscheinlichkeit vorausgesagt werden. Als kürzlich zurückliegendes Ereignis kann hier das Sturmtief »Zoltan« genannt werden, das am 22./23.12.2023 über große Teile Deutschlands hinweggezogen ist. Bereits mehrere Tage vorher konnte man hier eine Aussage zu Intensität und Zeitverlauf erhalten. Das Sturmtief trat wie angekündigt mit den prognostizierten Windgeschwindigkeiten ein, lediglich die Eintrittszeit variierte geringfügig von der prognostizierten Zeit der vorausgesagten Wettermodellberechnung.

Im Vergleich zu Stürmen gestaltet sich die Vorhersage von Gewittern wesentlich schwieriger. Auch Meteorologen als Experten für die Wettervorhersage können den genauen Eintrittsort eines Sommergewitters u. U. erst kurze Zeit vorher mit einer sicheren Eintrittswahrscheinlichkeit für ein entsprechendes Gebiet voraussagen. Dies gilt vor allem für sogenannte **»Luftmassengewitter«** (Wärmegewitter), die innerhalb einer Warmluftmasse durch eine Hebung am Bergland oder durch eine örtlich gegebene, bodennahe Überhitzung entstehen. Die **spontan und vereinzelt** entstehenden Gewitterzellen weisen – wenn überhaupt – eine eher langsame Zuggeschwindigkeit auf und nehmen im Verlauf ihrer manchmal unregelmäßigen Bahn an Intensität zu und ab. Diese sind v. a. gekennzeichnet durch einen örtlichen Starkregen, der mit Hagel und Sturmböen einhergehen kann. Treffsichere Voraussagen sind daher erst nahe zum Eintrittszeitpunkt möglich. Aufgrund der sehr langsamen Zugbewegung stellt bei dieser Gewitterart der punktuelle Starkniederschlag das größte Problem dar, sodass hier überwiegend Wasserschäden und Überflutungen als Einsätze resultieren. Sicher ist bei diesen Gewittern lediglich, dass Sie auftreten werden und dass eine regionale Eingrenzung in vielen Fällen erfolgen kann. Die genaue lokale Vorhersage ist jedoch nur kurzzeitig vor Ereigniseintritt möglich (vgl. Pfaffenzeller, 2018).

Anders verhält es sich allerdings bei den sogenannten **»Frontgewittern«**. Diese bilden sich meist linienhaft vor einer sogenannten Kaltfront, welche die Zufuhr kühlerer Luftmassen einleitet. In der schwül-heißen Luftmasse davor kommt es zur Ausbildung von meist sehr intensiven Gewittern, die nicht selten eine mehr oder weniger geschlossene Linie darstellen. Diese Linie kann sich ggf. über weite Teile Deutschlands oder darüber hinaus erstrecken. Die linienhaft entstehenden Gewitter weisen eine **klare Zugrichtung** auf und können daher hinsichtlich des Ereigniseintrittes zeitlich relativ **gut erfasst und vorausgesagt** werden. Aufgrund der teils hohen Zuggeschwindigkeiten bis zu 80 km/h ziehen diese Gewitter im Regelfall schnell über eine Region hinweg, sodass diese weniger durch einen punktuellen Starkniederschlag über längere Zeit, als vielmehr durch begleitende Starkwinde von u. U. bis zu 120 km/h und Hagel gekennzeichnet sind. Folglich resultieren bei diesen Gewittern überwiegend Sturm- und Hagelschäden, weniger hingegen großflächige Überflutungen oder eine Vielzahl an Wasserschäden (vgl. Pfaffenzeller, 2018).

Vor dem Hintergrund dieser unterschiedlichen Lagen betreibt der Deutsche Wetterdienst (DWD) ein zweistufiges Warnsystem, das in einer Vorabinformation eine grundsätzliche Aussage über das Auftreten von Gewittern mit Unwettercharakter zum Teil großflächig ausgibt, welcher eine nachträgliche Unwetterwarnung in zeitlicher Nähe zum Auftreten folgt. Damit wird nutzergerecht die grundsätzliche Gefahr angesprochen und die Warnung selbst kurz vor dem Eintreten lokal begrenzt ausgegeben.

2.5 Die Vorhersehbarkeit von Unwetterereignissen

Für die nachfolgenden Betrachtungen sollen derartig angekündigte Wetterlagen, die mit großflächigen Warnungen einhergehen, als **»Risikowetterlagen«** bezeichnet werden.

Ein erster Schlüssel zum Erfolg liegt somit unweigerlich in der Wetterbeobachtung begründet. Durch die Beobachtung der Wetterentwicklung bei einer Risikowetterlage erhält man einen Echtzeitüberblick über die Lage und die Zugrichtung von Gewitterzellen. Anstoß für eine kontinuierliche Wetterbeobachtung kann z. B. eine vorausgegangene (Vorab-)Warnung (Frühwarnung) des DWD oder die Ankündigung in den Medien am Vortag sein.

Zu beachten ist hierbei allerdings, dass zwischen einer offiziellen Unwetterwarnung des DWD und dem tatsächlichen Eintritt eines Unwetters u. U. mehrere Stunden liegen können und der Ereigniseintritt nicht immer im unmittelbaren zeitlichen Zusammenhang mit der Warnmeldung stehen muss. Gleichermaßen ist es aber auch möglich, dass eine Unwetterwarnung erst kurz vor Ereigniseintritt eingeht (Akutwarnung), sodass letztlich auch Vorwarnungen vor Unwettern bei entsprechenden Risikowetterlagen entsprechend ernst genommen werden sollten.

Zur Vorbereitung auf Unwetterszenarien stehen mittlerweile zahlreiche Informations- und Warnmöglichkeiten für die Bevölkerung zur Verfügung, sei es durch Online-Dienste, durch Warn-Apps oder die mediale Ankündigung. Eine Prognose zu erwartenden (Un-)Wetterlagen bieten mittlerweile auch Wetterexperten auf YouTube-Kanälen an, die teilweise mehrmals täglich veröffentlicht werden oder einen Live-Stream zur Echtzeit-Unwetterentwicklung senden. Darüber hinaus besteht die Möglichkeit, sich bei Unwetterwarnungen für einen zuvor definierten Ort per SMS, E-Mail, Fax oder Push-Verfahren benachrichtigen zu lassen. Hierzu können individuell Warnstufen und Unwetterkriterien eingestellt werden, bei welchen eine Warnung empfangen werden soll.

Der DWD nutzt als offizieller meteorologischer Dienst des Bundes moderne Kommunikationskanäle und betreibt als Informationsangebot für Wettergefahren eine sogenannte »WarnWetterApp« mit einer Push-Benachrichtigungsfunktion. Ebenfalls ist dies bei der offiziellen Warn-App des Bundes »NINA« (Notfall-Informations- und Nachrichten-App) integriert, welche über das Modulare Warnsystem (MoWaS) des Bundes angesteuert wird[21]. Die App warnt dabei orts- oder standortbezogen vor lokalen Gefahren unterschiedlichster Art, die im Regelfall von Leitstellen herausgeben werden.

---

21 Weitergehende Hintergrundinformationen zu MoWaS und NINA finden sich beim Bundesamt für Bevölkerungsschutz und Katastrophenhilfe (BBK) unter www.bbk.bund.de.

2 Grundlagen zur Organisation und Führung von Unwetterlagen

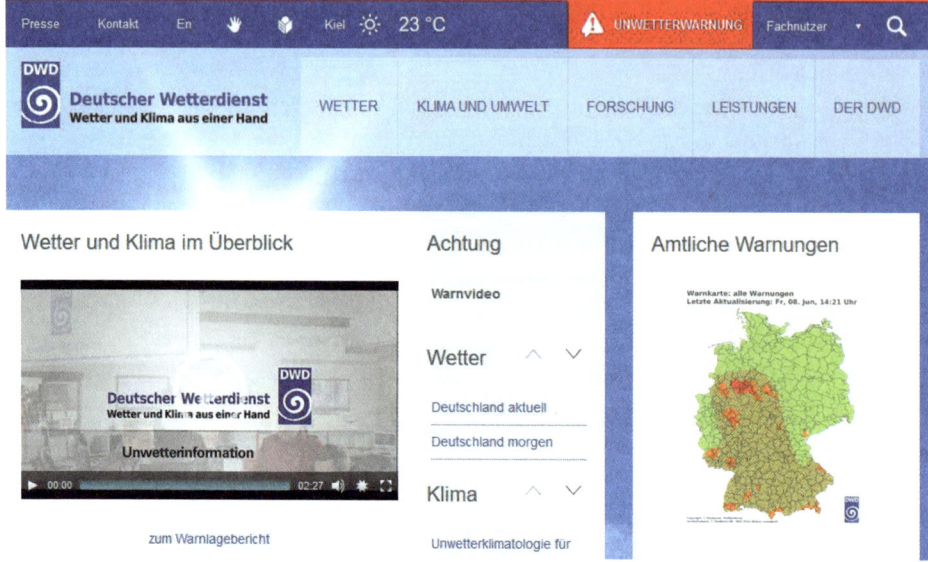

Bild 28: *Werden Unwetterwarnungen als Anlass für eine Beobachtung der Wetterentwicklung genutzt, können vor Ereigniseintritt vorbereitende Maßnahmen eingeleitet werden. (Quelle: Deutscher Wetterdienst, 2018)*

Neben dem DWD existieren noch weitere Unwetterwarndienste, die in einem mehrstufigen Warnsystem vor verschiedenen Unwetterarten warnen und der rechtzeitigen Maßnahmeneinleitung dienen sollen. Dabei ist es weniger entscheidend, welcher Dienst für eine Informationserlangung genutzt wird, sondern vielmehr, dass das Thema der Wetterbeobachtung bei Risikowetterlagen als wichtiger Teil einer effizienten Einsatzbewältigung erkannt wird.

Zur Veranschaulichung der Vorhersehbarkeit von drohenden Unwetterlagen wird nachfolgend in ▶ Bild 29 eine Abbildungsfolge aus dem Programm FeWIS[22] dargestellt, woraus ein bevorstehendes Unwetter erkennbar war. Das Beispiel zeigt ein

---

22 Das Feuerwehr-Wetter-Informations-System »FeWIS« des DWD mit dem Online-Tool »webKONRAD« dient zur schnellen Erkennung und Verfolgung von sommerlichen Unwettern mittels Wetterradar. Zugang haben nur geschlossene Benutzergruppen, z. B. Berufsfeuerwehren, ständig besetze Feuerwachen und Einsatzleitstellen. Das Tool wurde mittlerweile im Rahmen einer Beta-Version (KONRAD3D [Beta]) überarbeitet und um weitere Übersichten ergänzt.

2.5 Die Vorhersehbarkeit von Unwetterereignissen

Unwetterereignis mit Starkniederschlag im Großraum Stuttgart vom 14. August 2015.[23] Dadurch sollen nochmals die Bedeutung und Chancen einer kontinuierlichen Wetterbeobachtung unterstrichen werden, welche die Entscheidung für die Alarmierung und die rechtzeitige Besetzung der Leitstelle oder eines Führungshauses **vor einem Ereigniseintritt** wesentlich erleichtern kann.

Praktikabler Weise könnte für eine sichere Aussage eines drohenden Unwetters auch ein einfacher Blick aus dem Fenster helfen, mit dem sich eine kurz bevorstehende Unwetterfront mit tiefschwarzer oder gelblicher Himmelsfarbe und atypischen Wolkenformen erkennen lässt, wie in ▶ Bild 31 eindrucksvoll dargestellt. Dies kann aber häufig zu spät sein, um noch ausreichend Vorlauf zur rechtzeitigen Besetzung eines Führungshauses zu haben, da derartige Unwetterzellen nicht selten Zuggeschwindigkeiten von 80 km/h aufweisen.

---

23 Die in Bild 29 dargestellten Kreise stellen primäre Gewitterzellen in der Ursprungsversion des Programms webKONRAD dar. Die Zellkernfarbe Grün steht dabei für eine schwache, Gelb für eine sich entwickelnde und Violett für eine extrem ausgebildete Gewitterzelle. Das gestrichelte Viereck zeigt die Ausdehnung der Gewitterzelle an. Gleichzeitig ist eine Lageprognose für den Zeitpunkt +30 min. erkennbar.

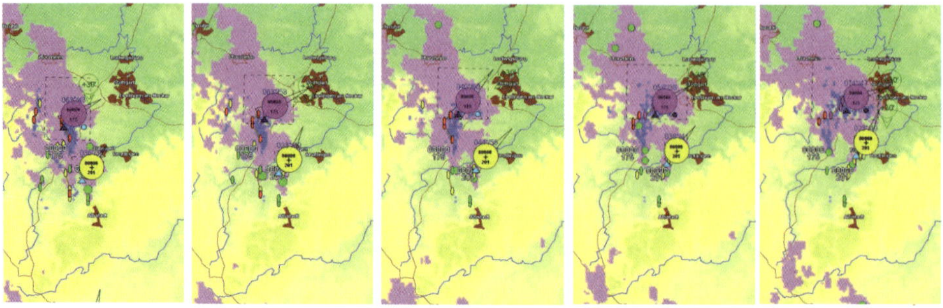

2 Grundlagen zur Organisation und Führung von Unwetterlagen

18:55 Uhr **Erster Hinweis**	19:00 Uhr	19:05 Uhr	19:10 Uhr	19:15 Uhr
19:20 Uhr	19:25 Uhr **Erster Notruf**	19:30 Uhr	19:35 Uhr	19:40 Uhr

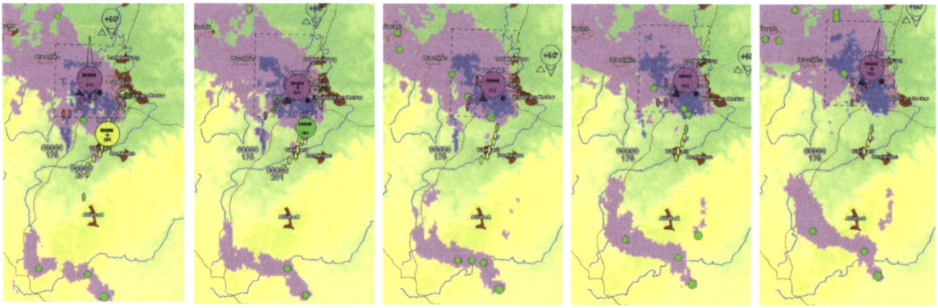

Bild 29: *Eine kontinuierliche Wetterbeobachtung bei angekündigten Risikowetterlagen kann dazu beitragen, nicht von einer Unwetterlage überrascht zu werden. (Quelle: Deutscher Wetterdienst, 2018)*

Merke:

Bei angekündigten Risikowetterlagen (Unwetterwarnungen oder Vorabinformationen vor Unwetter) ist die Beobachtung der Wetterentwicklung von großer Bedeutung. Daher sollten neben der Leitstelle auch Verantwortungsträger auf Gemeindeebene eine selbstständige Wetterbeobachtung durchführen. Dadurch können vorbereitende Maßnahmen vor einem Ereigniseintritt eingeleitet werden, um »vor der (Unwetter-)Lage« zu sein.

2.5 Die Vorhersehbarkeit von Unwetterereignissen

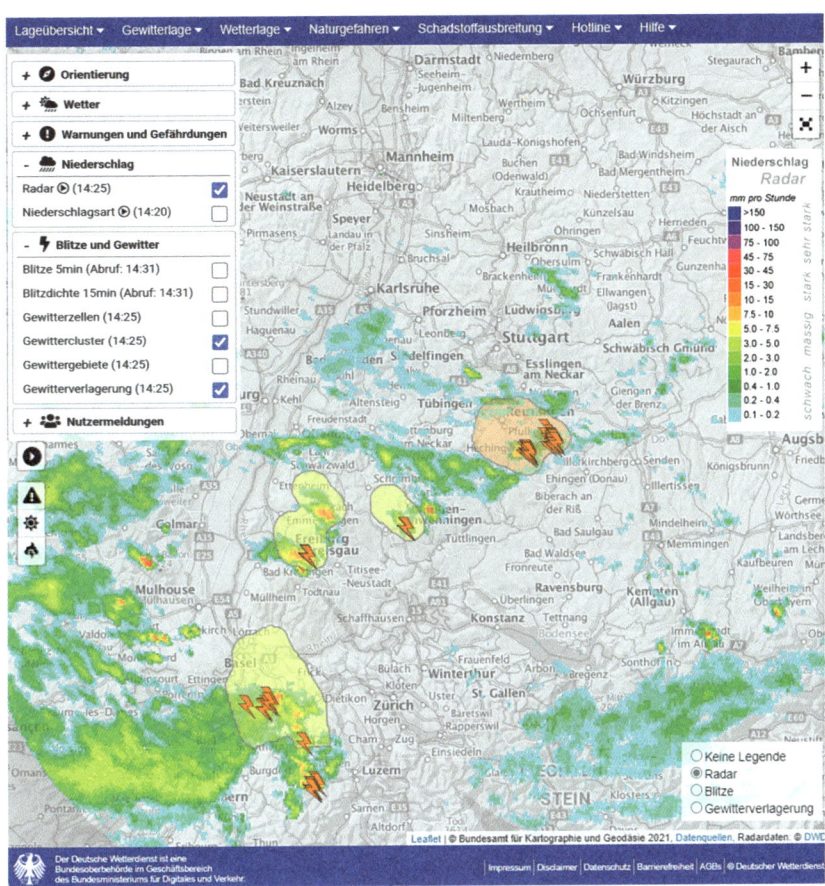

Bild 30: *Mit dem Gewittermonitor des Programm FeWIS können Nutzer zusätzlich eine Prognose zur Verlagerung von Gewitterzellen einsehen und ggf. vorbereitende Maßnahmen für ihre Gemeinde einleiten. (Quelle: Deutscher Wetterdienst, 2024)*

2 Grundlagen zur Organisation und Führung von Unwetterlagen

Bild 31: *Ein unmittelbar bevorstehendes Unwetter lässt sich zwar eindeutig am Himmel erkennen, für die Einleitung vorbereitender Maßnahmen ist dies im Regelfall jedoch zu spät. (Quelle: Ziegler, 2017)*

2.6 Merkmale einer »effizienten Einsatzbewältigung«

Stellt man sich die **Frage, was eine »effiziente Einsatzbewältigung« von einer »normalen Einsatzbewältigung«** unterscheidet, so gibt es vermutlich nicht DIE alleinig richtige Antwort auf diese Frage. Allerdings lassen sich beim Thema Unwetterlagen verschiedene Merkmale finden, die zu einer effizienten Einsatzbewältigung beitragen und den Unterschied zu einer reinen Abarbeitung von Einsatzstellen ausmachen. Allein der Umstand, dass am Ende einer Unwetterlage alle Einsatzstellen chronologisch abgearbeitet wurden, trifft keine Aussage über eine effiziente Arbeit oder über eine professionelle Einsatzbewältigung der Feuerwehr. Vermutlich dürfte bei einer chronologischen Einsatzbearbeitung nach dem Prinzip »first in, first out« eher das Gegenteil der Fall sein!

Anstelle einer theoretischen Begriffsdefinition soll nachfolgend anhand der Gegenüberstellung von zwei unterschiedlichen Presseberichten praxisorientiert veranschaulicht werden, woran eine effiziente Unwetterbewältigung gemessen werden kann:

2.6 Merkmale einer »effizienten Einsatzbewältigung«

> **Pressemitteilung A**
>
> Am gestrigen Freitag ging ein schweres Unwetter über die 18 000 Einwohner zählende Gemeinde A-Tal nieder. Bereits im Vorfeld hatte der Deutsche Wetterdienst für große Teile Deutschlands eine Warnung vor schwerem Unwetter herausgegeben. Die angekündigte Unwetterfront sorgte dann ab 17:30 Uhr mit Starkniederschlägen und orkanartigen Winden mit Spitzengeschwindigkeiten bis zu 120 km/h für zahlreiche Einsätze im gesamten nördlichen Landkreis. Aufgrund der Vielzahl der Anrufer war die Leitstelle teilweise telefonisch nicht erreichbar, sodass sich Einwohner direkt telefonisch an die Feuerwehr von A-Tal mit ihrem Hilfeersuchen gewandt haben. Die Feuerwehr war die ganze Nacht über im Einsatz, am Samstagmorgen konnte gegen 9:00 Uhr der letzte Einsatz beendet werden.
>
> Feuerwehrkommandant Ralf Schneider spricht gegenüber unserer Zeitung von einem vollen Einsatzerfolg und verweist auf 116 Einsätze, die seit gestern Abend durch die örtliche Feuerwehr bewältigt wurden. »Wir wurden total überrascht von diesem Unwetter. Normalerweise ziehen solche Ereignisse immer an uns vorbei. Unverzüglich haben wir nach der ersten Alarmierung durch die Leitstelle damit begonnen, die Einsätze nacheinander abzuarbeiten. Bei solchen Lagen ist es wichtig, möglichst alle Einsatzfahrzeuge zu besetzen und frühzeitig mit der Bewältigung der Einsatzstellen zu beginnen. Alle Kräfte werden auf der Straße benötigt«, weshalb auch Schneider selbst vor Ort an Einsatzstellen mit anpackte. »Der Einsatz wird schließlich vor Ort gerissen, da steht die handwerkliche Arbeit im Vordergrund und weniger die Arbeit als Führungskraft«, witzelt er.
>
> Im Wesentlichen mussten vollgelaufene Keller ausgepumpt und herabhängende Äste beseitigt werden. Das Gewitter rief sogar einen Dachstockbrand infolge eines Blitzeinschlages hervor, gab Schneider an. Da wir aber zu diesem Zeitpunkt mit allen unseren Kräften bei den Unwettereinsätzen tätig waren, habe er sofort bei der Leitstelle überörtliche Hilfe angefordert. Hierzu rückte die Feuerwehr B-Stadt aus dem südlichen Landkreis an, da die sonst zuständigen Nachbarwehren alle selbst ebenfalls im Einsatz waren. »Die Zusammenarbeit hat dennoch sehr gut funktioniert«, meinte Schneider. Auch der Bürgermeister von A-Tal, Jürgen Maler, machte sich gegen 21 Uhr ein Bild von der Lage. »So eine zerstörerische Naturgewalt kannte ich bisher nur aus den Nachrichten. Das Schadensereignis hat auch uns als Gemeindeverwaltung vor große Herausforderungen gestellt, da wir eine ämterübergreifende Arbeit normal nicht gewohnt sind.« Ausdrücklich lobt Maler die örtliche Feuerwehr, die eine sehr gute Arbeit geleistet hat! »Alle Einsätze wurden hervorragend abgearbeitet, auch wenn Bürger teilweise länger warten mussten. Bei solchen Lagen ist das aber normal. Letztlich zählt aber nur das Ergebnis, dass alle Einsätze bewältigt wurden.«

2 Grundlagen zur Organisation und Führung von Unwetterlagen

> **Pressemitteilung B**
>
> Nachdem der Deutsche Wetterdienst bereits am Vortag vor schweren Unwettern gewarnt hat, war am gestrigen Freitag gegen 17:15 Uhr eine Gewitterfront mit Zugrichtung auf den nördlichen Landkreis erkennbar. Von der Feuerwehrführung wurde daraufhin die Besetzung des örtlichen Feuerwehrhauses veranlasst, welches in solchen Fällen der Einsatzleitung als Führungshaus dient. Das um 17:30 Uhr eintretende Unwetter brachte Starkniederschläge und orkanartige Winde mit Spitzengeschwindigkeiten bis zu 120 km/h mit sich, weshalb zu diesem Zeitpunkt Vollalarm für alle Abteilungen ausgelöst wurde. Da die Führungsgruppe bereits im Feuerwehrhaus einsatzbereit war, konnten die zahlreich eingehenden Einsätze strukturiert aufgenommen und disponiert werden.
>
> »Wir waren die ganze Zeit vor der Lage, da wir uns auf ein solches Szenario organisatorisch vorbereitet haben«, berichtet Kommandant Christian Lauk. Insgesamt mussten in C-Dorf 120 Einsätze bewältigt werden. Es sind noch ein paar Einsätze offen, hierbei handelt es sich aber nur um Bagatellschäden. Die wirklich wichtigen Einsätze hatten wir bereits bis zum späten Abend abgeschlossen. Gerade bei flächendeckenden Lagen sei es nämlich wichtig, die eingehenden Einsätze zunächst nur zu sammeln und zu priorisieren, damit nicht der erstgemeldete, sondern der wichtigste Einsatz zuerst bearbeitet wird. »Wir halten in solchen Fällen auch immer eine Einheit gezielt im Feuerwehrhaus für dringende Einsätze zurück, um bei Bränden oder Unfällen schnelle Hilfe bieten zu können«, betont der Kommandant. Erfahrungsgemäß sei man zunächst auf sich allein gestellt, weil die Nachbarwehren im Regelfall alle selbst mit allen Kräften im Einsatz sind. Gegen 18:00 Uhr kam es zu einem Dachstockbrand infolge eines Blitzeinschlages; dieser konnte jedoch noch in der Entstehungsphase bekämpft werden, sodass überörtliche Einheiten aus B-Stadt auf halber Strecke abdrehen konnten und ein größerer Schaden verhindert werden konnte.
>
> Rene Berger, Bürgermeister von C-Dorf, wurde bereits um 18:30 Uhr über die Lage informiert, woraufhin er eine Gruppe der Gemeindeverwaltung einberief, welche als eine Art Stab bei größeren Ereignissen ämterübergreifend verwaltungstypische Entscheidungen trifft. »Die Verwaltungsgruppe der Gemeinde und die Führungsgruppe der Feuerwehr haben sehr gut zusammengearbeitet«, so Berger. »Das zeigt mir, dass sich die Übungen in der Vergangenheit und die Auseinandersetzung mit der Thematik «Unwetter» gelohnt haben. Mein Dank gilt allen Beteiligten, die einen Beitrag zur Schadenbewältigung geleistet haben.«

Die Gegenüberstellung der beiden (fiktiven) Presseberichte dürfte erkennen lassen, dass im Vorfeld einer Einsatz- bzw. Unwetterlage bereits ein Großteil an Vorbereitungen getroffen werden müssen, um letztlich eine effiziente Bewältigung der Flächenlage zu ermöglichen. Wird darüber hinaus während einer Unwetterlage der Fokus auf eine priorisierte Bewältigung von zeitkritischen Einsätzen, der Bildung von Einsatzschwerpunkten an nachhaltig wichtigen (kritischen) Stellen sowie auf eine geordnete und strukturierte Lagebewältigung gelegt, so kann dies in Summe als wesentliches Merkmal einer professionellen Einsatzbewältigung bei Unwetterlagen betrachtet werden.

Somit sind es letztlich mehrere Aspekte, die durch gezielte Vorbereitung einerseits und strategisches und strukturiertes Handeln andererseits in Summe zu einer effizienten und professionellen Einsatzbewältigung führen. Die hierfür wichtigsten organisatorischen, taktischen, technischen und administrativen Kriterien werden im weiteren Verlauf in ▶ Kapitel 3 und 4 vorgestellt.

2.7 Die Flutkatastrophe im »Ahrtal« – ein neuer Planungsmaßstab?

Ruft man sich die Bilder von dramatischen Rettungsszenen und von zerstörten Gebäuden und Landstrichen der Ahrtalkatastrophe vom Sommer 2021 in Erinnerung, so war ein solches Ausmaß bis dato in Deutschland nicht vorstellbar[24]. Vergleichbare Bilder kannte man allenfalls aus dem Ausland im Zusammenhang mit Sturmfluten, Hurricanes oder Tornados.

Aufgrund der Dimension dieses Ereignisses stellt sich manchem Verantwortungsträger möglicherweise die Frage, ob die Flutkatastrophe im Ahrtal ein neuer Maßstab für die Unwetterplanung darstellt oder ob ein solches Szenario überhaupt beplant werden kann?

Daher soll nachfolgend ein kurzer Exkurs stattfinden, um die **Situation im Ahrtal** im Kontext der vorliegenden Thematik besser **einordnen** zu können. Dabei soll es ausdrücklich NICHT um eine Aufarbeitung der Geschehnisse oder Bewertung der Maßnahmen gehen!

Vorwegzunehmen ist, dass es sich bei der Flutkatastrophe im Jahr 2021 nicht um das erste Ereignis dieses Ausmaßes im Ahrtal gehandelt hat. Sowohl in den Jahren 1804 und 1910 gab es bereits schwere Hochwasserkatastrophen im Ahrtal, die eine

---

24 Die Ausführungen beziehen sich schwerpunktmäßig auf die Flutkatastrophe im Ahrtal im Juli 2021 mit 135 Toten (Stand 23.06.2023) und über 3 000 beschädigten Gebäuden. (vgl. SWR, 2023) Angemerkt wird diesbezüglich, dass in diesem Zeitraum auch andere Gebiete von einer extremen Unwetterlage betroffen waren (z. B. das südliche Nordrhein-Westfalen).

2 Grundlagen zur Organisation und Führung von Unwetterlagen

Bild 32: *Die Flutkatastrophe im Ahrtal im Sommer 2021 brachte eine Zerstörung in bis dato unbekannter Dimension mit sich. (Quelle: Feuerwehr Heilbronn)*

Anzahl an Toten im hohen zweistelligen Bereich zur Folge hatten. Die Auswirkungen waren damals sicherlich genauso verheerend wie heute, allerdings mit einem Unterschied: die Verletzlichkeit der Gesellschaft und der Infrastruktur hat zugenommen. Traf im vorletzten Jahrhundert eine Sturzflut auf eine grüne Wiese oder auf »einfache« Wohngebäude, so werden heutzutage ganze Ortschaften und eine moderne Infrastruktur zerstört (z. B. Mobilfunkmasten, Abwasserkanäle, Stromanschlüsse etc.) (vgl. Blum, 2021).

Im Wesentlichen waren es wohl in der Summe mehrere Umstände, die für die extremen Auswirkungen (mit)verantwortlich waren (vgl. Linnarz, 2021 und Blum, 2021):

- Die Niederschlagsmengen betrugen lokal über 200 l/m² (in 10 Std.).
- Die Niederschläge trafen auf gesättigte Böden, sodass alles als Oberflächenwasser ab- bzw. zusammenfloss.
- Die Ahr liegt rund 3,50 m unter Straßenniveau, sodass bei einem Wasserpegel von 3,50 m bereits eine Überschwemmung eintritt (der Wasserpegel betrug bis zu 12 m).
- Es war ein rasanter Anstieg des Wasserpegels innerhalb zwei Stunden um > 4 m zu verzeichnen (während der Dunkelheit).
- Die spezielle Topografie des Ahrtals mit seiner Enge hat die Flut letztlich begünstigt.

Somit lässt sich für das Thema Unwetterlagenbewältigung zunächst festhalten, dass bei der Flutkatastrophe im Ahrtal viele ungünstige (topografische) Faktoren zusammengekommen sind, es sich aber letztlich um eine »klassische Katastrophe«

2.7 Die Flutkatastrophe im »Ahrtal« – ein neuer Planungsmaßstab?

gehandelt hat, wie sie in den Katastrophenschutzgesetzen der Länder in vergleichbarer Weise definiert ist:

Katastrophe: *»… ein Geschehen, das Leben oder Gesundheit zahlreicher Menschen oder Tiere, die Umwelt, erhebliche Sachwerte oder die lebensnotwendige Versorgung der Bevölkerung in so ungewöhnlichem Maße gefährdet oder schädigt, dass es geboten erscheint, ein zu seiner Abwehr und Bekämpfung erforderliches Zusammenwirken von Behörden, Stellen und Organisationen unter die einheitliche Leitung der Katastrophenschutzbehörde zu stellen.«* (vgl. § 1 (2) LKatSG BW)

Die Bekämpfung einer solchen Katastrophe ist Aufgabe der Katastrophenschutzbehörden nach jeweiligem Katastrophenschutzgesetz der Länder unter Mitwirkung aller erforderlichen Behörden und (Hilfs-)Organisationen auf Kreisebene und in den Kommunen – ggf. ergänzt um Bundeseinheiten oder Einheiten außerhalb der Bundesrepublik Deutschland im Rahmen des »EU-Katastrophenschutzverfahrens« bzw. »Unionsverfahrens im Katastrophenschutz«. Insofern existiert ein Mechanismus der übergreifenden Hilfe, welcher in den Ländergesetzen zumindest in der Theorie definiert ist und im Bedarfsfall i. d. R. über die (unteren) Katastrophenschutzbehörden ausgelöst werden kann.

Welche Lehren lassen sich darüber hinaus aus den tragischen Ereignissen für die Vorbereitung und Planung auf örtlicher Ebene ziehen (vgl. Blum, 2021)?

- **Erkenntnisgewinn und realistischer Blick in die Zukunft:**
  Extremwetterereignisse nehmen weltweit zu und können nicht verhindert werden, sodass sich die Gesellschaft, die politischen Verantwortungsträger und die an der Gefahrenabwehr beteiligten Einrichtungen und Organisationen hierauf einstellen müssen. Im Kontext des Klimawandels ist auch eine Tendenz zu größeren Extremen bei Einsätzen feststellbar, die auf Naturereignisse zurückzuführen sind. Dies betrifft Gemeinden gleichermaßen wie die im Katastrophenschutz zuständigen Länder.

- **Schwerpunkte für Vorplanung und akute Gefahrenabwehr:**
  Oberstes Ziel aller Planungen und des Gefahrenabwehrhandelns muss sein, Leben zu retten und (Folge-)Schäden zu minimieren. Hierzu müssen alle zur Verfügung stehenden Kräfte und Ressourcen eingesetzt und angefordert werden, die auf Kreisebene, Länderebene, Bundesebene oder im europäischen Ausland vorgehalten werden.

- **Konsequenzen für Verantwortungsträger:**
  Zur Bewältigung von Katastrophen sind Vorplanungen (z. B. für eine Evakuierung von kritischen Einrichtungen wie Pflegeheime) durch die Katastrophenschutzbehörden sowie die am Katastrophenschutz beteiligten Organisationen unentbehrlich. Tritt ein Ereignis ein, können in der Akutsituation keine Vorbereitungen mehr getroffen werden. »Wer in einer Krise erst zu überlegen anfängt, woher er Trinkwasser, Toiletten, Unterkünfte oder Essen bekommt, geht mit großer Wahrscheinlichkeit unter« (Kirschstein, 2023). Solche Planungen können aufgrund der Orts- und Strukturkenntnis jedoch nur auf kommunaler Ebene erfolgen. Hierzu bedarf es einer Stärkung des Katastrophenschutzes und seiner beteiligten bzw. nachgeordneten (Hilfs-)Organisationen von Seiten der Länder. Ebenso braucht es jederzeit einsatzfähige Krisenstäbe in jedem Kreis und in jeder Kommune mit trainierten Personen einschließlich der Verwaltung (vgl. Kirschstein, 2023).

- **Zu beplanende Szenarien:**
  Als Orientierung, welche Szenarien letztlich beplant werden müssen, können die Führungsstufen A–D nach FwDV 100 eine sinnvolle Orientierung bieten. Diese decken die Bandbreite vom Kleineinsatz bis zur Katastrophe ab. Extremereignisse (wie beispielsweise die Flutkatastrophe im Ahrtal) können zwar eintreten, Ereignisse unterhalb der Katastrophenschwelle werden jedoch viel häufiger und sehr wahrscheinlicher auftreten. Wichtig ist deshalb, die Planungen mit kleinen Szenarien zu beginnen und die Eskalation in größere Szenarien vorzusehen. Im Sinne der Verhältnismäßigkeit und vor dem Hintergrund der überörtlichen oder überregionalen Unterstützungsmöglichkeiten sollte die Planung auf kommunaler Ebene entsprechend der örtlichen Gegebenheiten erfolgen.

2.8 Resultierende Erkenntnisse für die Führung und Organisation von Unwetterlagen auf Gemeindeebene

Für die Bewältigung von alltäglichen Einsatzlagen sind Feuerwehren in aller Regel gut aufgestellt. Dies gilt auch für punktuelle Großschadenslagen, die sich im Wesentlichen nur in der Dimension von alltäglichen Einsatzlagen unterscheiden, jedoch mit

2.8 Resultierende Erkenntnisse für Führung und Organisation

Hilfe von überörtlichen Einheiten bewältigt werden können. Die Einsatzbewältigung findet auf Basis funktionierender Strukturen statt, die durch Ausbildung und Standards geschaffen und in Übungen und Einsätzen regelmäßig trainiert werden. Durch die vorhandene Routine werden Abläufe beherrscht, sodass Einsätze in aller Regel gut bewältigt werden.

Anders hingegen verhält es sich bei flächigen Unwetterlagen: Die Organisation und Führung solcher Einsatzlagen stellt für jede Feuerwehr eine besondere Herausforderung dar, da hier keine Routine vorliegt und jede Feuerwehr derartigen Lagen ab einer gewissen Dimension zunächst nur »hinterherlaufen« kann. Die Planungen sollten entsprechend der örtlichen Gegebenheiten erfolgen, wobei eine Eskalation in größere Szenarien unter Einbezug überörtlicher oder überregionaler Unterstützungseinheiten berücksichtigt werden sollte. Extremereignisse wie beispielsweise die Flutkatastrophe im Ahrtal stellen keinen Planungsmaßstab für Gemeinden dar. Für derartige Dimensionen müssen Katastrophenschutzplanungen und Unterstützungsmechanismen der Länder greifen.

Merke:

Extreme Unwetterlagen können nicht beherrscht, sondern höchstens strukturiert bewältigt werden!

Bei Flächenlagen geht es weniger um die handwerklich-technische Bewältigung der einzelnen Einsatzstellen, die eine besondere Vorbildung oder Spezialausrüstung erfordern. Vielmehr liegt die Herausforderung in der Bewältigung der Gesamteinsatzlage, die koordiniert und geführt werden muss. Neben einer logistischen Aufgabe geht es vorrangig darum, den Einsatzerfolg bei kritischen Einsätzen und an Einsatzschwerpunkten sicherzustellen! Erst hieran lässt sich letztlich die Effizenz der Einsatzbewältigung messen. Eine effiziente Einsatzbewältigung setzt jedoch eine Struktur voraus, die im Vorfeld geschaffen und im Ereignisfall konsequent umgesetzt werden muss! Nur dadurch kann erreicht werden, möglichst bald wieder »vor die Lage« zu kommen.

Von essenzieller Bedeutung sind hierbei **Abschnittsführungsstellen**, die innerhalb eines Kreises als nachgeordnete Führungseinrichtungen »unterhalb« der Leitstelle eingerichtet werden und welche in Eigenregie die von der Leitstelle zugewiesenen Einsätze in ihrem Zuständigkeitsgebiet koordinieren und mit den unterstellten Ressourcen verwalten und abarbeiten. So sehen beispielsweise auch Ferch und Melioumis (2005) sowie die Landesfeuerwehrschule Baden-Württemberg (2016) bei der Beherrschung von Großschadenslagen die Notwendigkeit, eine Führungsgruppe auf örtlicher Ebene einzurichten und favorisieren hierbei die Einrichtung eines **Führungshauses als ortsfeste Befehlsstelle innerhalb der Gemeinde**. Die Fachempfehlung »Schnittstelle Leitstelle und Befehlsstelle(n) – Fachempfehlung zur Rollenverteilung« des Deutschen Feuerwehrverbandes (DFV) in Zusammenarbeit mit der AGBF Bund sehen ebenfalls den Bedarf, insbesondere bei (drohenden) Flächenlagen Befehlsstellen einzurichten, um mit einem festgelegten Personalbedarf in eine Art Beobachtungsstatus gehen zu lassen (vgl. DFV, 2024).

Merke:

Jede Feuerwehr muss sich mit dem Thema »Unwetterbewältigung auf Gemeindeebene« auseinandersetzen und sich mit einem ganzheitlichen Konzept auf flächige Unwetterlagen organisatorisch und taktisch vorbereiten. Dadurch werden die wesentlichen Grundlagen für eine effiziente Bewältigung der Gesamteinsatzlage geschaffen.

Ein solches Konzept muss dabei individuell erstellt und auf die örtlichen Verhältnisse der jeweiligen Gemeinde ausgerichtet sein, um zu funktionieren. Als Grundlage wird hierzu in ▶ Kapitel 3 ein musterhaftes Konzept vorgestellt, welches sich auf die örtlichen Verhältnisse jeder Gemeinde übertragen lässt. Ein Vorschlag zur konkreten Ausbildung und Umsetzung der Inhalte finden sich in ▶ Kapitel 4 wieder. Als praktische Umsetzungshilfe werden die Ergebnisse abschließend in einem 10-Punkte-Plan für eine effiziente Unwetterbewältigung nach dem Fazit in ▶ Kapitel 5 zusammengefasst. Diese Punkte stellen die Weichen für eine professionelle Einsatzbewältigung, die sich von einer reinen (chronologischen) Abarbeitung von Einsatzstellen unterscheidet.

Sofern Unwetterlagen in Dimension und Bewältigungsmöglichkeit die örtliche Ebene mit kreisübergreifender Hilfe übersteigen, bedarf es einem gut aufgestellten und funktionierendem Katastrophenschutz, der in der (Planungs-) Zuständigkeit der Länder liegt. Im Umkehrschluss bedeutet dies aber auch, dass die **Gemeinden** aufgefordert sind, **Planungen auf örtlicher Ebene unterhalb der Katastrophenschwelle** vorzunehmen, da hier örtliche Fragestellungen und Zuständigkeiten verortet sind und bleiben. Darüber hinaus werden »kleinere Unwetterlagen« im zweistelligen oder niedrigen dreistelligen Bereich statistisch betrachtet häufiger eintreten, weshalb solche Unwetterdimensionen als Planungsmaßstab für die Gemeinden dienen sollten. An diese Planungen lassen sich dann im Ereignisfall die Planungen und Hilfeleistungssysteme des Kreises, der Länder, des Bundes oder des EU-Katastrophenschutzverfahrens anknüpfen.

3 Konzept zur effizienten Bewältigung von Unwetterlagen auf Gemeindeebene

Basierend auf den Erkenntnissen des vorangegangenen Kapitels wird in diesem Kapitel ein Musterkonzept für die Organisation von Unwetterlagen auf Gemeindeebene vorgestellt, dessen Systematik sich auf jede Feuerwehr und Gemeinde übertragen lässt. Entsprechend der örtlichen Verhältnisse sind dabei sowohl eine vollumfängliche Umsetzung des Konzeptes als auch die Integration einzelner Teilaspekte in bereits bestehende Systeme bei Feuerwehren möglich.

3.1 Die Organisation des Führungshauses

Das hier vorgestellte Führungshauskonzept bezieht sich auf einen Führungshausbetrieb auf Gemeindeebene. Hierzu werden die organisatorischen Abläufe anhand einer schematischen Raumdarstellung sowie einer definierten Technikausstattung veranschaulicht. Es wird jedoch angemerkt, dass sich das Prinzip auch auf ein Abschnittshaus auf Kreisebene übertragen lässt. Da die Umsetzung entsprechend der örtlichen Verhältnisse erfolgen muss, wird exemplarisch auch ein Umsetzungsvorschlag für Feuerwehren in kleinen Gemeinden vorgestellt.

3.1.1 Benennung eines zentralen Führungshauses innerhalb der Gemeinde

In vorhandener Literatur existieren bereits Hinweise zum Aufbau und zur Ausstattung eines Führungshauses (vgl. z. B. Ferch/Melioumis, 2005 oder LFS BW, 2021). Diese Punkte sollen im weiteren Verlauf ergänzt bzw. modifiziert werden.

Für die Anwendung und Umsetzung des vorgestellten Konzepts ist es vorab erforderlich, ein Führungshaus innerhalb der Gemeinde festzulegen und für die Leitstelle (sowie ggf. für ein Abschnittshaus) zu benennen, wie Bild 33 beispielhaft veranschaulicht. Die übrigen Feuerwehrhäuser der Gemeinde sind hierbei zunächst von untergeordneter Bedeutung und erlangen ggf. erst bei größeren Schadenslagen eine Bedeutung (als untergeordnete Abschnittsführungsstelle oder als Bereitstellungsraum). Insgesamt kann das vorliegende Führungshauskonzept sowohl in kreisangehörigen Gemeinden wie auch in kreisfreien Städten (Stadtkreisen) Anwendung finden. Hierfür werden im ▶ Kapitel 3.2 unterschiedliche Führungsstrukturen beschrieben.

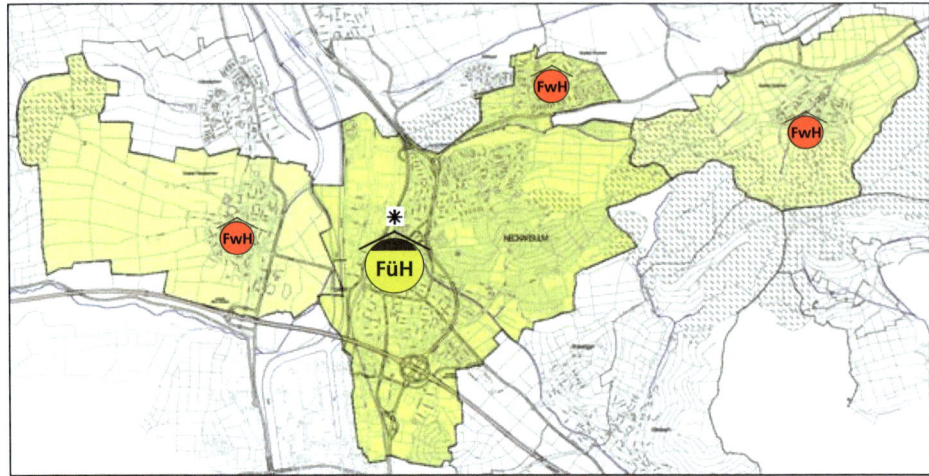

Bild 33: *Jede Gemeinde benötigt ein zentrales Führungshaus, von dem aus alle Einsätze koordiniert und geführt werden. (Kartenquelle: Stadt Neckarsulm)*

Im zentralen Führungshaus sind die individuell vorhandenen, lokalen (Kommunikations-)Strukturen, die räumlichen Gegebenheiten sowie die Technikausstattung zu erfassen und schematisch darzustellen. Insbesondere sind hierbei folgende Punkte relevant:

- Ort und Anzahl an Funkgeräten,
- Ort und Anzahl an Telefonen (und ggf. Faxgeräten) [inkl. Anzahl an Leitungen],
- Ort und Anzahl an PCs (mit Internetanschluss und/oder Netzwerkanschluss),
- Ort und Anzahl an Führungsmitteln (Magnettafeln, taktische Zeichen etc.),
- Schematische Darstellung vorhandener Räumlichkeiten,
- Alarm- und Ausrückeordnung (AAO),
- Einsatzmittel mit Bezug zu Flächenlagen (z. B. Anzahl vorhandener Wassersauger),
- Fahrzeugressourcen der Feuerwehr innerhalb der Gesamtgemeinde,

3.1 Die Organisation des Führungshauses

- Feuerwehrangehörige mit Qualifikation innerhalb der Gesamtfeuerwehr,
- Notstromversorgung des Führungshauses.

Nicht zuletzt ist bei der Wahl eines geeigneten Führungshauses auch in Bezug des Standortes kritisch zu hinterfragen, ob dieser insbesondere im Unwetterfall als sicher angesehen werden kann. Ein unsicherer Standort wäre z. B. in einem überschwemmungsgefährdeten Gebiet oder in einer Senke, der bei einem Starkregen- oder Hochwasserereignis schnell zu einem überfluteten Bereich werden kann.

Basierend auf der vorgenommenen Erhebung ist es dann in einem zweiten Schritt erforderlich, die in ▶ Kapitel 3.1.5 schematisch beschriebenen Abläufe und Meldewege auf die örtlichen Gegebenheiten zu übertragen. Unter Umständen kann hierbei auch ein Defizit an erforderlicher Ausstattung erkannt werden und dadurch einen Beschaffungsbedarf rechtfertigen.

3.1.2 Kommunikationseinrichtungen und Räumlichkeiten

▶ Abbildung 34 veranschaulicht schematisch die Kommunikationseinrichtungen und Räumlichkeiten, die im Führungshaus von Feuerwehren in Gemeinden mindestens erforderlich sind und anhand derer im weiteren Verlauf die Abläufe musterhaft beschrieben werden:

Als räumliche Ausstattung sind für einen vollen Führungshausbetrieb mindestens drei Räume erforderlich[25]: Ein Fernmeldebetriebsraum (Einsatzzentrale), ein Raum zur Führung der Schadenslage (Führungsraum) sowie ein abgetrennter Raum für die Telefonannahme (z. B. Büro). Zwar kann eine überschaubare Anzahl an Einsätzen noch von einer zentralen Stelle koordiniert und fernmeldetechnisch abgehandelt werden, spätestens bei einer aufwachsenden Lage mit zahlreichen Einsätzen wird jedoch eine Trennung dieser Aufgaben in separate, akustisch abgetrennte Räume unumgänglich. Da die Zahl der Einsätze häufig langsam ansteigt, ist die letztlich zu erwartende Anzahl an Einsätzen anfänglich nur schwer abschätzbar. Diesem Umstand wird im Rahmen des vorgestellten Stufenkonzeptes (▶ Kapitel 3.1.3) Rechnung getragen.

Als fernmeldetechnische Ausstattung werden zwei stationäre Funkgeräte (FRT – Fixed Radio Terminal), ein internetfähiger PC mit E-Mail-Zugang sowie mindestens

---

25 Die Fahrzeughalle als vierte Räumlichkeit wird als gegeben vorausgesetzt und daher in der Aufzählung nicht erwähnt.

3 Konzept zur Bewältigung von Unwetterlagen auf Gemeindeebene

Ausstattung Führungshaus

Stufe 1 — Einsatzzentrale und Fahrzeughalle mit Technikausstattung

Stufe 2 — Führungsraum und Telefonannahmeraum mit Führungsmitteln

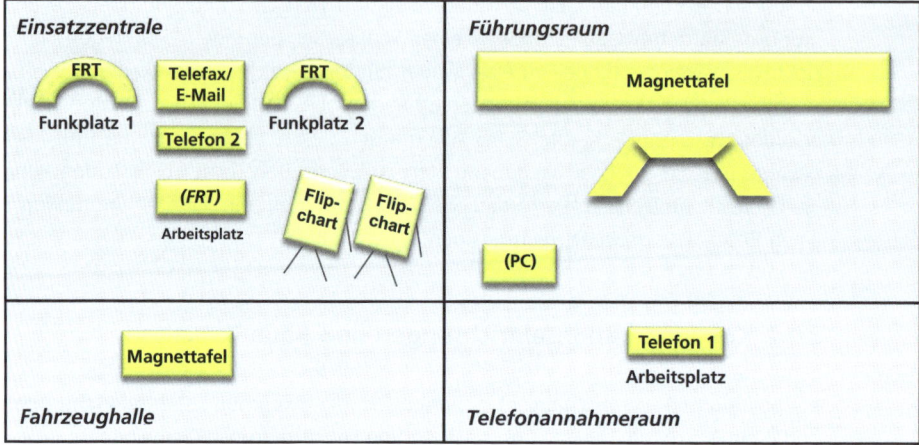

Bild 34: *Um zahlreiche Einsätze führen und lenken zu können, benötigt das definierte Führungshaus eine Grundausstattung an Technik und Führungsmitteln.*

eine Telefonleitung mit entsprechenden Endgeräten benötigt.[26] Die Verfügbarkeit einer weiteren Telefonleitung mit einer separaten Telefonnummer ist von Vorteil, damit hierüber Telefonate mit eigenen Einheiten (insbesondere Erkundungseinheiten) stattfinden können. Auch können hierüber im Bedarfsfall Telefonate zwischen Führungshaus und übergeordneten Stellen (Leitstelle oder ggf. Abschnittshaus) geführt werden. Verfügt das Führungshaus über nur eine Telefonleitung, so muss davon ausgegangen werden, dass diese durch direkte Anrufe von Bürgern häufig belegt ist. In diesem Fall kann behelfsmäßig auch ein Handy bzw. Smartphone genutzt werden, dessen Nummer zumindest den internen Einheiten bekannt ist.

---

26 Sofern noch eine Faxanbindung zur Leitstelle oder einem übergeordneten Abschnittshaus planerisch vorgesehen ist, wird weiterhin ein Faxgerät sowie eine weitere Faxleitung benötigt.

3.1 Die Organisation des Führungshauses

Als interne Kommunikationseinrichtung kann eine elektrische Lautsprecheranlage (ELA) im Gebäude von Vorteil sein, um im Feuerwehrhaus befindliche Fahrzeuge bei Einsatzaufträgen abrufen zu können.

Zur Ordnung und Darstellung von offenen und laufenden Einsätzen, freien und einsatzgebundenen Einheiten sowie der Funktionseinteilung von Feuerwehrangehörigen werden magnetische Wandtafeln mit zugehörigen Magneten und Magnetschildern benötigt. Nähere Ausführungen hierzu finden sich in ▶ Kapitel 3.5.2.

3.1.3 Inbetriebnahme, Alarmierungsstufen und Auflösung

3.1.3.1 Inbetriebnahme und Besetzung des Führungshauses

Von einer Unwetterlage überrascht und anschließend »überrannt« zu werden, stellt das nachhaltig größte Problem für den weiteren Einsatzverlauf dar. Dies gilt es unbedingt zu vermeiden! Die Besetzung des Führungshauses vor Eintritt einer Unwetterlage ist demnach von entscheidender Bedeutung, insbesondere dann, wenn dieses noch vorbereitet und die Arbeitsplätze der wahrzunehmenden Funktionen eingerichtet werden müssen. Dies benötigt erfahrungsgemäß einen Vorlauf von 10-15 Minuten. Diese Rüstzeit sollte stets bei den Planungen einkalkuliert werden. Sinnvoll kann es daher auch sein, bei bevorstehenden Risikowetterlagen im Frühjahr und Sommer, das Führungshaus in einen »Stand-By-Betrieb« zu versetzen, indem die erforderlichen Arbeits- und Führungsmittel in betriebsbereitem und sofort nutzbarem Zustand sind.

Wird das Führungshaus erst nach Eintritt einer Unwetterlage – oder zusammen mit der Alarmierung des ersten unwetterbedingten Einsatzes – mit den vorgesehenen Funktionen besetzt, ist davon auszugehen, dass sich die Aufnahme des internen Führungshausbetriebes wesentlich schwergängiger und langwieriger gestaltet als mit einer kurzen Vorlaufzeit, weil die Strukturierungsphase des Führungshausbetriebes in die »Chaosphase« der beginnenden Flächenlage fällt. Für eine vorzeitige Besetzung spricht auch, dass bei einer Unwetter-Erstalarmierung möglicherweise ausgebildete Kräfte der Führungsgruppe auf Einsatzfahrzeugen ausrücken und dann anschließend für eine Funktion im Führungshaus nicht mehr zur Verfügung stehen.

3 Konzept zur Bewältigung von Unwetterlagen auf Gemeindeebene

Achtung:
Eine rechtzeitige Besetzung des Führungshauses vor Eintritt einer Unwetterlage ist von entscheidender Bedeutung für den weiteren Einsatzverlauf. Daher sollte möglichst eine Vorabalarmierung der Führungsgruppe erfolgen, bevor eine Erstalarmierung der übrigen Einsatzkräfte zu Unwettereinsätzen erfolgt!

Sofern ein Landkreiskonzept die Verfahrensweise der Alarmierung bei Unwetterereignissen regelt, beinhaltet dies ggf. auch eine Regelung zur Vorabinformation bei einer drohenden Unwetterlage. Teilweise ist hier ein Voralarm für die Feuerwehrkommandanten oder Führungskräfte vorgesehen, welcher von der Leitstelle nach standardisierten Kriterien oder auf Anweisung beispielsweise des KBM ausgelöst wird. In diesem Fall ist eine rechtzeitige Führungshausbesetzung eventuell bereits gewährleistet. In der Praxis besteht die Schwierigkeit jedoch häufig darin, dass hierfür eine kontinuierliche Wetterbeobachtung in Leitstellen erfolgen muss, um einen möglichen Voralarm auszulösen. Vor dem Hintergrund der kurzfristigen Entstehung mancher Gewitterzellen (▶ Kapitel 2.5) ist ein Voralarm in vielen Fällen allerdings faktisch nicht möglich. Doch selbst wenn ein drohendes Unwetter mit einer Zugrichtung auf den Kreis erkennbar ist, muss von einem Verantwortlichen die Entscheidung für einen Voralarm zur Besetzung von Abschnitts- oder Führungshäusern getroffen werden. Erfahrungsgemäß gestaltet sich diese Prozesskette in der Praxis eher schwierig, sodass es selten oder nie zu einem Voralarm kommt. Daher eignet sich ein solcher Voralarm – sofern konzeptionell vorgesehen – nicht als (alleiniges) Kriterium zur Besetzung des Führungshauses.

Letztlich lässt sich die Frage, wann genau ein Führungshaus zu besetzen ist, bei einer rein theoretischen Auseinandersetzung mit der Thematik nicht gänzlich beantworten. Zwar können eigenständige Recherchen im Internet bei Wetter- und Warndiensten sowie die permanente persönliche Wetterbeobachtung bei Risikowetterlagen wertvolle Unterstützung bei der Entscheidungsfindung bieten, die Entscheidung zur Besetzung und Inbetriebnahme des Führungshauses auf Gemeindeebene muss aber letztlich vom verantwortlichen Feuerwehrkommandant oder einer benannten Führungskraft getroffen bzw. geregelt werden.

Als Hilfsmittel haben sich in der Praxis sogenannte »Maßnahmen- bzw. Alarmierungsstufen« für den Führungshausbetrieb bewährt, die im nachfolgenden Kapitel vorgestellt werden. Ziel sollte es dabei sein, die Besetzung des Führungshauses vor einem Ereigniseintritt zu veranlassen, unnötige »Fehlalarme« jedoch möglichst zu vermeiden. Denn unweigerlich wird eine prophylaktische, inflationäre Besetzung des Führungshauses mit anschließend fehlendem Ereigniseintritt zu

3.1 Die Organisation des Führungshauses

Unmut bei den ehrenamtlichen Kräften führen mit der Folge, dass diese Voralarme nicht mehr ernst genommen werden. Anderseits birgt eine zu späte Besetzung des örtlichen Führungshauses die Gefahr, von der Dynamik des Einsatzgeschehens überrannt zu werden, was zu einem »Hinterherlaufen der Lage« führt. Beides wäre kontraproduktiv.

3.1.3.2 Unwetterstufen und personelle Besetzung

Vor dem Hintergrund der Schwierigkeit, zum einen den (sicheren) Eintritt einer Unwetterlage für die eigene Gemeinde vorauszusagen und zum anderen bei einem Ereigniseintritt die daraus resultierende Anzahl an Einsätzen treffsicher absehen zu können, ist es sinnvoll, einzelne Alarmierungs- bzw. Eskalationsstufen vorzusehen. Damit soll ein aufwachsendes und ineinandergreifendes System von der Einrichtung des Führungshauses bis hin zur stabsmäßigen Führung der Lage durch mobile Führungseinheiten gewährleistet werden. Hierzu werden **vier Stufen** unterschieden, die jeweils durch unterschiedliche Führungseinheiten gekennzeichnet und mit unterschiedlichen Maßnahmen bzw. Alarmierungen verbunden sind. Stufenkonzepte finden häufig auch in Leitstellen Anwendung und haben sich in der Praxis bewährt. Das Prinzip der Stufengliederung ist in nachfolgendem Bild 35 schematisch dargestellt.

Stufe 1: Vorbereitung Führungshaus und Teilbetrieb mit »Rumpf-Führungsgruppe«
Mit der Stufe 1 wird erreicht, dass bei einem zunächst noch ungewissen Eintritt oder Ausmaß eines Unwetterereignisses frühzeitig eine »Rumpf-Führungsgruppe« im Führungshaus eingesetzt ist, die als handlungsfähige Einheit die **weichenstellenden Erstaufgaben** übernimmt. Somit kann die Stufe 1 auch als »Führungshausbetrieb light« angesehen werden.

Nach Herstellung des Führungshausbetriebes können durch diese Führungseinheit die ersten Einsätze koordiniert und geführt, gleichzeitig aber auch bei einer größeren Lageentwicklung die Eskalation weiterer Stufen nach vorgegebenen Kriterien eingeleitet werden.[27] Da verbunden mit der Stufe 1 nur eine kleine Anzahl an Feuerwehrangehörigen (Führungsgruppe) alarmiert wird und diese Stufe nur

---
27 Die nachfolgend beschriebene Stufen-Konzeption geht davon aus, dass keine verbindlichen Regelungen von Seiten des Kreises zur Besetzung von Führungshäusern existieren oder die Leitstelle noch keine Alarmierung zur Besetzung von diesen getätigt hat. Denkbar wäre z. B. auch,

3 Konzept zur Bewältigung von Unwetterlagen auf Gemeindeebene

Stufenprinzip mit zugehörigen Räumlichkeiten

Stufe 1
Einsatzkoordination und Fernmeldebetrieb in Einsatzzentrale, Funktionseinteilung in Fahrzeughalle

Stufe 2
Einsatzkoordination in Führungsraum, Fernmeldebetrieb in Einsatzzentrale, Telefonannahme in separatem Raum

Stufe 3
Verwaltungsgruppe der Gemeindeverwaltung im Rathaus oder Führungshaus

Stufe 4
Führungsstab des Kreises oder nach Landeskonzept in kommunalen Räumlichkeiten

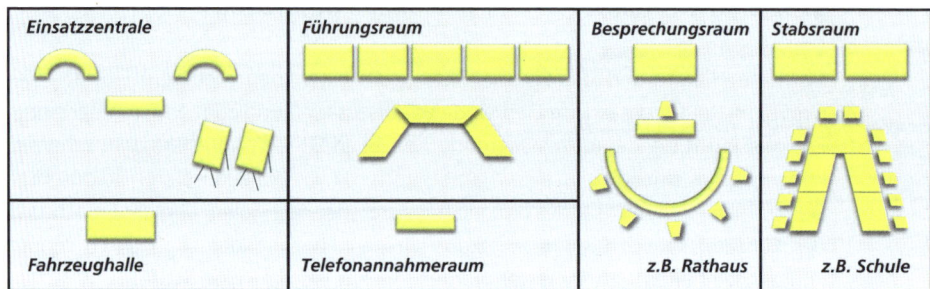

Bild 35: Da der Eintritt oder das Ausmaß von Unwetterlagen anfänglich nicht bekannt ist, wird in der Praxis ein mehrstufiges Unwetterkonzept benötigt.

interne organisatorische Maßnahmen nach sich zieht, wird die Hemmschwelle, diese auszurufen bzw. zu alarmieren, gering sein.[28]

Als Kriterium für die Alarmierung der Stufe 1 kann die erkennbare Zugrichtung einer ausgeprägten Gewitterzelle auf die eigene Gemeinde bei vorhandener Risikowetterlage sein, sodass der Eintritt eines Unwetterereignisses folglich möglich ist. Sofern die Stufe 1 aufgrund der Kurzfristigkeit des Ereigniseintrittes (z. B. aufgrund eines spontan entstehenden Luftmassengewitters) nicht vorab ausgerufen bzw. alarmiert werden kann, sollte nach der Erstalarmierung zu einem Unwettereinsatz spätestens die ersteintreffende Führungskraft im Führungshaus die Auslösung der Stufe 1 vornehmen und die Rumpf-Führungsgruppe einsetzen. Diese Verfahrensweise gilt gleichermaßen für ein angekündigtes Sturm- bzw. Orkantief, bei welchem

---

dass die Stufe 1 mit dem Übergang der Leitstellenbetriebsform vom »Alltagsbetrieb« in den »Unwetterbetrieb« gekoppelt ist.

28 Bei fehlender Abstufung im Umfang der Maßnahmen wird erfahrungsgemäß länger gezögert, eine solche Alarmierung zu veranlassen – mit der Folge, dass man lange Zeit der Lage »hinterherläuft«.

3.1 Die Organisation des Führungshauses

in aller Regel eine größere Vorwarnzeit und eine sichere Eintrittswahrscheinlichkeit gegeben ist, aber das Ausmaß an resultierenden Einsätzen noch unbekannt ist.

In der Stufe 1 ist als Ort für die Koordinierung von Einsätzen die Einsatzzentrale des Führungshauses vorgesehen. Demzufolge findet primär der gesamte **Führungs- und Fernmeldebetrieb inklusive Telefonie in der Einsatzzentrale** statt, was sich bis zu einer bestimmten Anzahl an Einsätzen aufgrund der kurzen Wege auch als praktikabel erwiesen hat. Bei einer aufwachsenden Lage ist hingegen eine Raumtrennung, verbunden mit einer Ausgliederung der Einsatzführung bzw. -koordination sowie der Anrufannahme, unumgänglich. Dies stellt den eigentlichen Führungshausbetrieb (Vollbetrieb) dar und entspricht nachfolgender Stufe 2.

Obwohl man den Führungshausbetrieb insgesamt nur als eine Stufe betrachten könnte, was von personell stärkeren Feuerwehren auch leistbar wäre, sprechen für die Trennung des Führungshausbetriebes in einen Teil- und Vollbetrieb (Stufe 1 und 2) folgende Gründe:

- Die Stufe 1 ist als wichtigste Stufe innerhalb des Konzeptes anzusehen, da hier die Weichen für eine effiziente Bewältigung der Gesamtlage gestellt werden. Sie muss von jeder Feuerwehr – unabhängig von der Größe einer Gemeinde – geleistet werden! Hierfür bedarf es einer von allen Feuerwehren realistisch leistbaren Größenordnung an personeller und räumlicher Anforderung. Dies ist mit vier (bzw. fünf) Feuerwehrangehörigen und einem Raum (Einsatzzentrale und/oder Fahrzeughalle) gegeben.
- Entsprechend der regionalen Lage kommt es in vielen Gemeinden nur selten zu einem Unwetterereignis, aus dem eine Vielzahl an Einsätzen im hohen zweistelligen oder gar dreistelligen Bereich resultiert. Hierfür ist die Stufe 1 ausreichend.
- In Abhängigkeit der Tageszeit stehen auch in Feuerwehren größerer Gemeinden unter Umständen nicht so viele Einsatzkräfte zur Verfügung, um anfänglich alle Einsatzfahrzeuge funktionsgerecht besetzen und gleichzeitig den Vollbetrieb des Führungshauses sicherstellen zu können. Exemplarisch sei ein werktäglicher Vormittag in der Hauptferienzeit genannt, an dem planerisch eine gewisse Anzahl an Feuerwehrangehörigen von vornherein ortsabwesend ist. Diese Tatsache soll im Rahmen des Konzeptes mit der Stufe 1 berücksichtigt werden.
- Der Beginn in Stufe 1 hindert nicht an einem frühzeitigen Übergang in Stufe 2, sofern dies die Lage erfordert und die Stufe 2 gegenwärtig von der betroffenen Feuerwehr geleistet werden kann.

3 Konzept zur Bewältigung von Unwetterlagen auf Gemeindeebene

Mit der Stufe 1 werden die ersten fünf Positionen (4 + 1) besetzt. Dies sind vier Funktionen in der Einsatzzentrale plus eine Funktion des Fahrzeugführers auf dem Grundschutzfahrzeug, welcher die Funktionseinteilung der operativen Kräfte in der Fahrzeughalle übernimmt, wie ▶ Bild 36 veranschaulicht.

In der Stufe 1 werden beide Funkplätze in der Einsatzzentrale mit ausgebildetem Fernmeldepersonal der Führungsgruppe besetzt, sodass bereits initial eine Rufgruppentrennung im Sprechfunkverkehr erfolgen kann[29] und potenziell über Telefon eingehende Einsätze entgegengenommen werden können. Ferner stehen zwei Führungskräfte in der Einsatzzentrale zur Verfügung, der sogenannte »Lagedienst« und der »Leiter der Führungsgruppe«. Für die Koordination einsatzlenkender Maß-

Funktionsbesetzung Führungshaus

Stufe 1
▶ Einrichtung Führungshaus und Teilbetrieb mit „Rumpf-Führungsgruppe"
▶ 4+1 Funktionen in Einsatzzentrale und in Fahrzeughalle

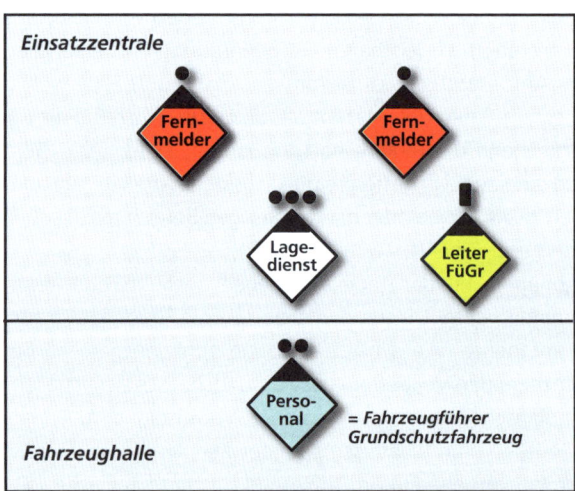

Bild 36: *Die Stufe 1 stellt die wichtigste Stufe im Unwetterkonzept dar, da hier die Weichen für eine effiziente Unwetterbewältigung gestellt werden.*

---

29 Alle Fahrzeuge, die zu nicht zeitkritischen Einsätze ausrücken, wechseln gemäß den Vorgaben selbstständig beim Ausrücken auf die lokale Rufgruppe. Über die Betriebsgruppe findet nur noch die Kommunikation bei zeitkritischen Einsätzen statt.

3.1 Die Organisation des Führungshauses

nahmen sollte für den Lagedienst generell ein dritter Arbeitsplatz zur Verfügung stehen, möglichst mit Funksprechstelle, optional auch mit PC-Ausstattung. Existiert kein dritter Arbeitsplatz, so kann ein solcher auch behelfsmäßig eingerichtet werden, z. B. mit einem mobilen (Steh-)Tisch. Für die Koordination der Einsätze benötigt der Leiter der Führungsgruppe zwei Flipchart-Tafeln (oder alternativ festmontierte Magnetwandtafeln). Diese dienen der Visualisierung von offenen und laufenden Einsätzen, was neben der Einsatz-Priorisierung und Einsatzzuteilung eine primäre Aufgabe einer effizienten Führungshausarbeit darstellt. Die Nutzung von Magnetschildern und transportablen Magnetwänden bietet sich insofern an, als dass bei einer Eskalation nach Stufe 2 der Umzug der Einsatzübersichten problemlos von der Einsatzzentrale in den Führungsraum erfolgen kann.

Eine mögliche Übersicht zur Einsatzkoordination in der Stufe 1 zeigt Bild 37:

Bild 37: *In Stufe 1 findet die Einsatzkoordination und -disposition in der Einsatzzentrale durch den Leiter der Führungsgruppe und den Lagedienst statt.*

Die Einteilung der operativen Kräfte in der Fahrzeughalle übernimmt die dritte Führungskraft, sodass eine geordnete Funktionsbesetzung der Einsatzfahrzeuge mit den zeitversetzt anrückenden Feuerwehrangehörigen sichergestellt wird.

Sofern die Feuerwehr über eine Alarmierungsgruppe (RIC) für die örtliche Führungsgruppe verfügt, sollte diese als Alarmierungsmaßnahme bei der Stufe 1 hinterlegt werden. Mit einer Alarmierung der Führungsgruppe wäre dann für diese Personengruppe erkennbar, dass sie vorrangig für eine Funktion im Führungshaus benötigt wird und nach Möglichkeit zunächst keine Fahrzeuge besetzen sollten.[30]

---

30 Die Besetzung des rückwärtigen Bereiches bei einer (bevorstehenden) Unwetterlage ist für eine effiziente Einsatzbewältigung der Gesamteinsatzlage von großer Bedeutung. Häufig wird von

Sofern aufgrund der Größe der örtlichen Feuerwehr eine Stufe 2 gestellt werden kann, müssen weitere vier Feuerwehrangehörige zur Besetzung der übrigen Führungshausfunktionen in »stand by« zurückgehalten werden, die im Rahmen der Stufe 1 alarmiert wurden.

Stufe 2: Vollbetrieb des Führungshauses mit kompletter Führungsgruppe
Ist ein Aufwachsen der Schadenslage erkennbar, ist vom Feuerwehrkommandant oder dem Leiter der Führungsgruppe die Stufe 2 auszulösen. Kriterien können hierfür beispielsweise sein:

- Eine hohe Taktung an eingehenden Einsätzen in einem kurzen Zeitraum, die ein nicht zeitnahes Beschicken von Einsätzen mit der Folge von entstehenden Wartezeiten nach sich zieht,
- offene Einsätze im zweistelligen Bereich (alle verfügbaren Einheiten der eigenen Gemeinde befinden sich bereits im Einsatz),
- der Einsatz von Einheiten in zweistelliger Größenordnung,
- der Bedarf an weiterer Führungsunterstützung.

Mit der Stufe 2 werden **weitere vier Positionen** besetzt, wie ▶ Bild 38 zeigt.

In Stufe 2 ist das Führungshaus mit allen neun Funktionen besetzt, die für einen Vollbetrieb nach vorliegendem Konzept erforderlich sind. Neben der Verlagerung der Einsatzkoordination aus der Einsatzzentrale in den Führungsraum wird ebenfalls die Anrufannahme aus der Einsatzzentrale ausgelagert. Ab diesem Zeitpunkt dient die Einsatzzentrale nur noch als Fernmeldebetriebsstelle. Als Führungsraum kann ein Wach- oder Schulungsraum dienen, als Telefonie-Raum ein normales Büro mit Schreibtisch und Telefonanschluss.

Wie in ▶ Bild 39 veranschaulicht, wechselt der Leiter der Führungsgruppe mit dem Übergang zur Stufe 2 von der Einsatzzentrale in den Führungsraum. Dies bringt den Vorteil mit sich, dass er bereits über ein vollständiges Lagebild verfügt und seine Arbeit nahtlos im Führungsraum fortsetzen kann. Mit dem Auslösen der Stufe 2 ist es Aufgabe des Leiters der Führungsgruppe, die übrigen vier Funktionen mit geschultem Personal (der Führungsgruppe) zu besetzen. Hierzu kann auf Führungsgruppenange-

---

Seiten des Kreises auch in entsprechenden Konzepten die Besetzung des Führungshauses explizit gefordert. Daher ist diese Aufgabe für ausgebildetes Personal der Führungsgruppe als höherrangig einzustufen und geht der Besetzung von Einsatzfahrzeugen vor – vor allem deshalb, weil es sich bei der überwiegenden Zahl an Einsätzen um unwetterbedingte Einsätze niedriger Priorität handelt. Die Besetzung von Einsatzfahrzeugen bei zeitkritischen Erstalarmen (Menschenleben in Gefahr) bleibt hiervon unberührt. In diesem Fall geht ein konkreter zeitkritischer Einsatz zur Menschenrettung der Besetzung des rückwärtigen Bereiches vor!

3.1 Die Organisation des Führungshauses

Funktionsbesetzung Führungshaus

Stufe 2
- ▶ **Vollbetrieb Führungshaus mit Führungsgruppe**
- ▶ **8+1 Funktionen, Raumtrennung nach Aufgaben**

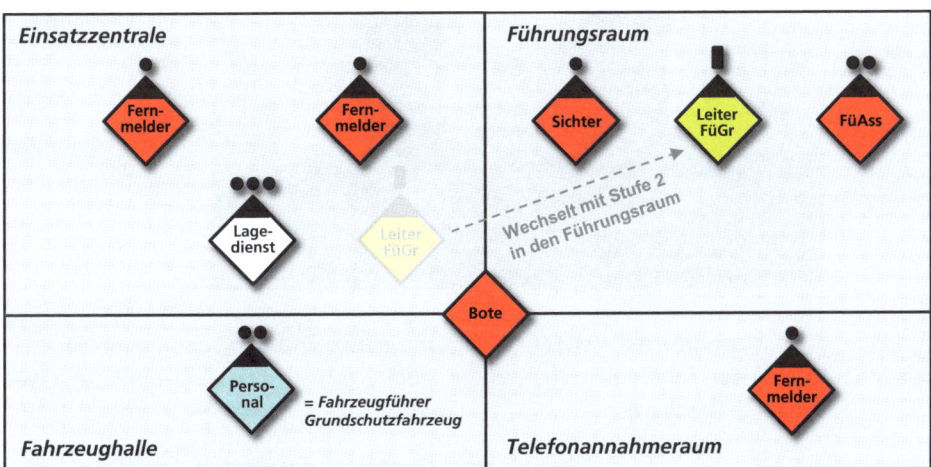

Bild 38: *Eine hohe Anzahl an Einsätzen macht einen vollumfänglichen Führungshausbetrieb auf Gemeindeebene mit neun Funktionen erforderlich.*

hörige zurückgegriffen werden, die in Stufe 1 alarmiert wurden und vorausschauend im Führungshaus für diesen Zweck bereitgehalten werden. Diese Funktionen stellen dann die Einsatzbereitschaft des Führungsraumes und des Telefon-Annahmeraumes her und besetzen anschließend die übrigen vier Positionen der Stufe 2.

In Abhängigkeit der Größe einer Gemeinde bzw. deren Feuerwehr kann ggf. die Stufe 2 nicht mit Feuerwehrangehörigen der eigenen Gemeinde gestellt werden. Dies wird vorwiegend auf **Feuerwehren kleiner Gemeinden** zutreffen, die aufgrund ihrer Größe über verhältnismäßig wenig Feuerwehrangehörige und Einsatzfahrzeuge verfügen. Aller Voraussicht nach dürften in solchen Gemeinden aber auch entsprechend weniger Einsätze resultieren, sodass dort die Anzahl der Einsätze überwiegend mit der Stufe 1 gut bewältigt werden kann. Sollte es in solchen Gemeinden dennoch zu einer größeren Schadenslage mit zahlreichen Einsätzen kommen, die einen vollen Führungshausbetrieb in der Stufe 2 erfordern, so muss hier eine Führungsgruppe des Kreises oder einer anderen, leistungsfähigeren Land- oder Stadtkreisgemeinde angefordert werden. Diese Einheit vervollständigt dann mit einer

3 Konzept zur Bewältigung von Unwetterlagen auf Gemeindeebene

Bild 39: *In Stufe 2 wechselt der Leiter der Führungsgruppe in den Führungsraum, von wo aus er die Einsatzkoordination und -disposition mit einem Führungsassistenten übernimmt.*

Führungsgruppe mit vier Funktionen und entsprechenden Führungsmitteln (z. B. ELW 1) den Führungshausbetrieb zur Stufe 2 gemäß vorliegendem Konzept, wie Bild 40 veranschaulicht.

Stufe 2 bei kleinen Gemeindefeuerwehren

- Mobile Führungseinheit zur Umsetzung des Führungshausbetriebes in Stufe 2 bei kleinen Gemeindefeuerwehren

- Ergänzung durch überörtliche Führungsgruppe mit vier Funktionen und Führungsmitteln eines ELW 1 oder ELW 2

Bild 40: *Kann durch die örtliche Feuerwehr kein vollumfänglicher Führungshausbetrieb entsprechend der Stufe 2 gestellt werden, so muss hierzu eine überörtliche, mobile Führungseinheit angefordert werden.*

3.1 Die Organisation des Führungshauses

Stufe 3: Führungshaus mit Führungsgruppe, ergänzt um eine Verwaltungsgruppe
Die Stufe 3 stellt die zweite Eskalationsstufe des Unwetterkonzeptes dar und wird erforderlich, wenn die vorliegende Schadenslage neben der Führungsgruppe als operativ-taktische Einheit eine Verwaltungsgruppe als administrativ-organisatorische Einheit erforderlich macht (▶ Kapitel 2.2.1.4). Die Stufe 3 hat somit keine Auswirkungen auf den eigentlichen Führungshausbetrieb, dieser läuft gemäß Stufe 2 weiter.

Neben einem vorbestimmten Leiter (Bürgermeister oder benannter Vertreter) sollte sich die Verwaltungsgruppe aus verschiedenen Vertretern der Gemeindeverwaltung mit Entscheidungskompetenzen zusammensetzen, die lageabhängig durch weitere Ämtervertreter, Verbindungspersonen oder Fachberater ergänzt werden können.

Ausführlichere Erläuterungen zur Zusammensetzung, den Aufgaben und dem Sitz der Verwaltungsgruppe finden sich im weiteren Verlauf in ▶ Kapitel 3.7 wieder.

Stufe 4: Führungs- und Verwaltungsgruppe der eigenen Gemeinde, ergänzt um einen mobilen Führungsstab des Kreises oder nach Landeskonzept
Gerade die Erfahrungen aus jüngster Vergangenheit zeigen, dass Unwetterlagen punktuell derartige Ausmaße annehmen können, dass eine überörtliche Führungsunterstützung im operativ-taktischen Bereich durch zusätzliche Führungseinheiten erforderlich wird. Dies kann sowohl ein mobiler Führungsstab nach Landeskonzept oder ein Führungsstab des Kreises sein. Die Verwaltungsgruppe nach Stufe 3 bleibt hierbei auf kommunaler Ebene bestehen, selbst wenn ein Verwaltungsstab auf Kreisebene zum Einsatz kommt. Letzterer nimmt vorrangig gemeindeübergreifende Aufgaben wahr und ist in seiner Einrichtung unabhängig von einer Führungseinheit der Verwaltung auf örtlicher Ebene zu sehen. Einzig der Umfang der Verwaltungsgruppe kann ggf. geringer ausfallen, da u. U. gewisse Aufgaben einheitlich von Seiten des Kreises übernommen werden (z. B. Presse- und Öffentlichkeitsarbeit).

Der Lage und dem Ausmaß entsprechend kann der Führungsstab in kommunalen Räumlichkeiten (z. B. Schule) oder in Räumlichkeiten des Kreises eingerichtet werden, sofern diese in räumlicher Nähe zur Verfügung stehen. Der Führungsstab nimmt **strategische Aufgaben** wahr, die Führungsgruppe taktische Aufgaben; somit besteht trotz des Einsatzes eines Führungsstabes auch nach wie vor die Notwendigkeit einer Führungsgruppe. Der Führungshausbetrieb läuft gemäß Stufe 2 weiter. Der Feuerwehrkommandant bleibt (Technischer) Einsatzleiter, sofern die Einsatzleitung nicht aufgrund einer Gesetzesgrundlage durch eine andere Person übernommen wird.

In Abhängigkeit des Schadenausmaßes kann es notwendig werden, dass mehrere Führungsgruppen innerhalb der Gemeinde eingesetzt werden, die vom Führungsstab einen eigenen Einsatzabschnitt zur eigenverantwortlichen Führung zugeteilt bekommen. Als Örtlichkeit bieten sich wiederum kommunale Räumlichkeiten an, wofür z. B. auch geeignete Feuerwehrhäuser der Gemeinde in Frage kommen, bei denen auf eine i. d. R. geeignete Infrastruktur zurückgegriffen werden kann.

Anzumerken ist, dass die Stufe 4 eine Eskalationsstufe auf Gemeindeebene darstellt und das Handeln auf Grundlage des jeweiligen Feuerwehr- oder Brandschutzgesetzes beruht. Die Stufe 4 ist unabhängig vom Katastrophenfall zu sehen, dieser kann ausschließlich durch die Katastrophenschutzbehörde festgestellt werden, was eine Änderung der Einsatzleitung, der gesetzlichen Grundlagen und der Kostenübernahme zur Folge hat. Auch ist die Stufe 4 nicht der Führungsstufe D gleichzusetzen, sondern der Führungsstufe C, da die Einsatzleitung auf örtlicher Ebene angesiedelt ist. Prinzipiell ist es allerdings nicht ausgeschlossen, dass bei ausgerufenem Katastrophenfall oder bei einer angesiedelten (Gesamt-)Einsatzleitung auf Kreisebene auch parallel dazu die Stufe 4 auf Gemeindeebene »gefahren« wird, weil dort ein Einsatzschwerpunkt liegt und dieser einen Führungsstab als Führungseinheit erfordert. In diesem Fall zählt zur Einsatzleitung der (operativ-taktischen) Gefahrenabwehr ein Führungsstab anstatt einer Führungsgruppe, zu dem parallel die Verwaltungsgruppe organisatorisch-administrative Aufgabenstellungen bewältigt. Die sich dabei ergebende Führungsstruktur ist in ▶ Kapitel 3.2.2 dargestellt.

Nachfolgend werden zur Veranschaulichung die einzelnen Unwetterstufen und beispielhafte Maßnahmen als tabellarische Übersicht dargestellt:

3.1 Die Organisation des Führungshauses

Tabelle 2: Jede der vier Unwetterstufen ist durch unterschiedliche Merkmale gekennzeichnet und beinhaltet gewisse Maßnahmen.

Merkmale	Stufe 1	Stufe 2	Stufe 3	Stufe 4
Stufenkriterium	Zu erwartende Unwetterlage, spätestens bei Eintritt des ersten unwetterbedingten Einsatzes bei einer Risikowetterlage	Erhöhungsstufe mit operativ-taktischer Komponente (Führungsgruppe)	Erhöhungsstufe mit administrativ-organisatorischer Komponente (Verwaltungsgruppe)	Erhöhungsstufe mit stabsmäßiger Führung durch Führungsstab von Kreis oder Land; ggf. Einrichtung eines »gemischten Stabes« auf Gemeindeebene
Veranlassung der Stufenalarmierung	Feuerwehrkommandant oder erste Führungskraft im Führungshaus	Feuerwehrkommandant oder Leiter der Führungsgruppe	Bürgermeister oder bevollmächtigte Person (z. B. Feuerwehrkommandant)	Bürgermeister oder bevollmächtigte Person (z. B. Feuerwehrkommandant)
Umfang der operativ-taktischen Einheit	Rumpf-Führungsgruppe (vier Funktionen in Einsatzzentrale und eine Funktion in Fahrzeughalle), Führungshaus-Teilbetrieb	Führungsgruppe (neun Funktionen) mit Raumtrennung, Führungshaus-Vollbetrieb	Führungsgruppe (Führungshaus-Vollbetrieb, analog Stufe 2)	Führungsstab und mindestens eine Führungsgruppe auf Gemeindeebene
Umfang der administrativ-organisatorischen Einheit	keine	keine	Verwaltungsgruppe in separater Räumlichkeit	Verwaltungsgruppe oder »gemischter Stab« auf Gemeindeebene
Sitz der Führungseinheiten und Raumbedarf	Einsatzzentrale Führungshaus	Einsatzzentrale, Führungsraum, Anrufannahmeraum Führungshaus	Einsatzzentrale, Führungsraum, Anrufannahmeraum Führungshaus	Führungshaus sowie weitere kommunale Räumlichkeiten nach Bedarf

Tabelle 2: Jede der vier Unwetterstufen ist durch unterschiedliche Merkmale gekennzeichnet und beinhaltet gewisse Maßnahmen. – Fortsetzung

Merkmale	Stufe 1	Stufe 2	Stufe 3	Stufe 4
Resultierende Maßnahmen (individuell zu ergänzen)	Alarmierung Führungsgruppe	Besetzung aller neun definierten Funktionen	sowie separater Führungsraum in Führungshaus oder Rathaus	
	Besetzung der Einsatzzentrale mit vier definierten Funktionen und Herstellung Führungshausbetrieb	Ggf. Anforderung einer überörtlichen Führungsgruppe, wenn durch eigene Feuerwehr Stufe 2 nicht leistbar	Alarmierung der Verwaltungsgruppe inkl. Bürgermeister	Überörtliche oder überregionale Anforderung mobiler Führungsstab
	Koordination der ersten Einsätze und Beobachtung der Wetter- und Lageentwicklung	Auslagerung der Einsatzkoordination und der Anruf-Annahme aus der Einsatzzentrale		Einsatz der Verwaltungsgruppe analog Stufe 3; ggf. Einrichtung »gemischter Stab« auf örtlicher Ebene
	Einteilung der Fahrzeugfunktionen in Fahrzeughalle durch Fahrzeugführer Grundschutzfahrzeug (5. Funktion);	Alarmierung von Abteilungsfeuerwehren der Gemeinde (z. B. Gesamtalarm); Information des Bürgermeisters oder dessen Vertreters über die Lage	Aufnahme der admin.-organis. Tätigkeit in vorgeplanter Räumlichkeit	Einsatz Führungstab in geeigneten Räumlichkeiten der Gemeinde
			Einweisung der Verwaltungsgruppe in die Schadenslage, ggf. mit Benennung von Schwerpunkten oder zu entscheidenden Fragestellungen	Einweisung des Führungsstabes in die vorliegende Schadenslage; lageabhängiger Einsatz von Fachberatern und Verbindungspersonen in den Stäben

3.1 Die Organisation des Führungshauses

Tabelle 2: *Jede der vier Unwetterstufen ist durch unterschiedliche Merkmale gekennzeichnet und beinhaltet gewisse Maßnahmen. – Fortsetzung*

Merkmale	Stufe 1	Stufe 2	Stufe 3	Stufe 4
	Eskalation nach Stufe 2 bei Vorliegen eines definierten Kriteriums, wie z. B. • eine hohe Taktung an eingehenden Einsätzen innerhalb von kurzem Zeitraum • offene Einsätze im zweistelligen Bereich • der Einsatz von Einheiten in zweistelliger Größenordnung • der Bedarf an weiterer Führungsunterstützung	Beladung von Transportfahrzeugen mit Modulen (sofern vorhanden)	Feuerwehrkommandant wird Verbindungsperson in Verwaltungsgruppe und hält Kommunikation zur Führungsgruppe bzw. zum Führungshaus	Ggf. Entsendung einer Verbindungsperson der Gemeindeverwaltung für den Verwaltungsstab des Kreises

3.1.3.3 Stufenreduzierung und Auflösung des Führungshauses

Analog zum vorbereitenden Aufbau und der Eskalation der Unwetterstufen ist eine geordnete Rückstufung des Führungshausbetriebes zu organisieren. Aufgrund der mittlerweile statischen Lage kann dies jedoch freier und weniger formalisiert vonstattengehen wie beispielsweise die Eskalation der Stufen bei einem eintretenden Ereignis.

Hat sich die Gesamtlage im Gemeindegebiet entspannt und es gehen keine neuen Einsätze ein, so kann als Orientierung für die Zurückstufung des Führungshausbetriebes von Stufe 2 nach Stufe 1 die Anzahl der noch offenen Einsätze dienen. Liegen diese im einstelligen Bereich, so können diese in der Stufe 1 geführt werden und es können die Positionen der Stufe 2 aufgelöst werden. Die Einsatzorganisation und Koordination wechselt somit wieder in die Einsatzzentrale, ebenso die Anrufannahme. Dies ist allen Beteiligten im Führungshaus zu kommunizieren. Der Leiter der Führungsgruppe organisiert den Rückbau der Räumlichkeiten und Arbeitsplätze, welcher durch die freigewordenen Führungsgruppenfunktionen durchgeführt wird. Bei Bedarf wechselt der Leiter der Führungsgruppe anschließend wieder in die Einsatzzentrale, um den Lagedienst zu unterstützen. Sofern noch abschließende Maßnahmen (Dokumentationsarbeiten, Erstellen einer Einsatz- oder Kräfteübersicht etc.) zu tätigen sind, können die freien Funktionen für derartige Tätigkeiten eingesetzt werden. Zum Zweck der Dokumentation empfiehlt es sich, Tafelbilder und Flipchart-Darstellungen (sofern vorhanden) abzufotografieren. Wird dies regelmäßig gemacht, kann dadurch sehr gut der Verlauf und die Entwicklung einer Lage nachverfolgt werden.

Eine Auflösung des Führungshausbetriebes mit Abmeldung bei der Leitstelle bzw. beim Abschnittshaus erfolgt nach dem Einrücken aller Fahrzeuge durch den Lagedienst.

3.1.4 Aufstellung und personelle Zusammensetzung der Führungsgruppe

Die reguläre Besetzung des Führungshauses sieht eine Führungsgruppe mit neun Funktionen[31] vor. Hierzu wird angemerkt, dass die Größe der Führungseinheit

---

31 In den neun Funktionen ist eine Botenfunktion inbegriffen, die aufgrund der konventionellen Arbeitsweise ohne Einsatzsoftware resultiert. Wird eine Einsatzsoftware genutzt, kann ggf. auf die Botenfunktion verzichtet werden.

3.1 Die Organisation des Führungshauses

zunächst vielleicht als verhältnismäßig groß empfunden werden könnte oder möglicherweise an einen Führungsstab erinnert. Die wahrzunehmenden Aufgaben und die Arbeitsweise lassen jedoch schnell erkennen, dass eher die Kriterien für eine Führungsgruppe als Führungseinheit erfüllt sind, als für einen Führungsstab. Zum einen zeichnet einen Führungsstab eine »stabsmäßige Arbeit« aus, zum anderen ist hierfür stabsmäßig ausgebildetes Personal erforderlich. Dies kann auf Gemeindeebene nicht gestellt werden, sondern nur auf Stadt- oder Landkreisebene (▶ Kapitel 2.2.1.3).

Zu berücksichtigen ist weiterhin, dass von den neun definierten Funktionen eine Funktion in Personalunion mit der Fahrzeugführerfunktion des Grundschutzfahrzeuges wahrgenommen wird (▶ Kapitel 3.1.6) und somit ggf. nur anfänglich zur Verfügung steht. Diese Funktion ist im Führungshaus prinzipiell für die Personaleinteilung der operativen Feuerwehrangehörigen in der Fahrzeughalle zuständig. Die Einteilung sollte bis zu einem potenziellen Einsatz und dem damit verbundenen Wegfall dieser Funktion hinreichend abgeschlossen sein, da üblicherweise das Grundschutzfahrzeug eines der letzten Fahrzeuge sein wird, das zu einem Einsatz ausrückt, wenn alle anderen Einheiten bereits eingesetzt sind.

Das im Führungshaus eingesetzte Personal muss in den strukturierten Abläufen im rückwärtigen Bereich ausgebildet sein, es muss also ein einheitliches Führungs- und Organisationsverständnis existieren. Sofern auf Gemeindeebene eine Führungsgruppe existiert, kann diese sinnvollerweise für die Besetzung des Führungshauses herangezogen werden. Da alle Einsätze vom zentralen Führungshaus der Gemeinde koordiniert und gelenkt werden, ist es durchaus möglich, dass der Führungsgruppe auch Angehörige aller Einsatzabteilungen angehören, um jederzeit auf einen hinreichend großen Personalpool zurückgreifen zu können. Denn planerisch ist davon auszugehen, dass neben der Besetzung des Führungshauses alle Einsatzfahrzeuge der (Gemeinde-)Feuerwehr aufgrund der Schadenslage besetzt werden müssen. Erwähnt werden soll in diesem Zusammenhang, dass nicht alle Angehörigen der Führungsgruppe zwingend eine Führungsausbildung aufweisen müssen. Gemäß FwDV 100 werden Unterstützungsaufgaben, wie z. B. die Lagekartenführung, der Botendienst, die Einsatztagebuchführung oder die Abwicklung des Sprechfunkverkehrs explizit dem sogenannten »Führungshilfspersonal« zugeordnet. Somit sollte die Führungsgruppe auf Gemeindeebene eine Mischung aus Führungskräften und geeignetem, ausgebildetem Führungshilfspersonal der Mannschaft sein. Im Hinblick auf die Auswahl des Führungshilfspersonals eignen sich erfahrungsgemäß Feuerwehrangehörige, die im beruflichen Alltag eine »vergleichbare« (Büro-)Arbeit vollziehen und die persönlich geeignet sind, organisatorische und koordinierende Aufgaben unter erhöhtem Stresslevel wahrzunehmen. Auch sollten primär nicht

3 Konzept zur Bewältigung von Unwetterlagen auf Gemeindeebene

diejenigen Feuerwehrangehörigen als Mitglieder der Führungsgruppe vorgesehen werden, welche aufgrund besonderer Fähigkeiten oder Ausbildungen (z. B. Forstarbeiter oder Maschinisten) vorrangig im operativen Bereich an den Einsatzstellen benötigt werden.

Analog zur Kennzeichnung von Funktionen an einer Einsatzstelle, kann auch eine Kennzeichnung von Schlüsselfunktionen im Führungshaus sinnvoll sein. Dies ist vor allem vor dem Hintergrund der hohen Anzahl an Feuerwehrangehörigen zu sehen, die sich zumindest temporär am Führungshaus in Bereitschaft befinden können. Zur besseren Erkennbarkeit kann der Leiter der Führungsgruppe beispielsweise mit einer gelben und der Lagedienst mit einer weißen Funktionsweste ausgestattet werden. Der mit der Funktionseinteilung beauftragte Fahrzeugführer des Grundschutzfahrzeuges trägt eine blaue Funktionsweste, die Fahrzeugführerweste des Grundschutzfahrzeuges. Die für Erkundungen eingesetzten Zugführer tragen eine übliche Zugführerweste, wofür je nach Landesregelung grün oder rot vorgesehen ist. Somit sind alle Farben eindeutig einer Schlüsselfunktion zuordenbar, wie nachfolgendes Bild 41 veranschaulicht.

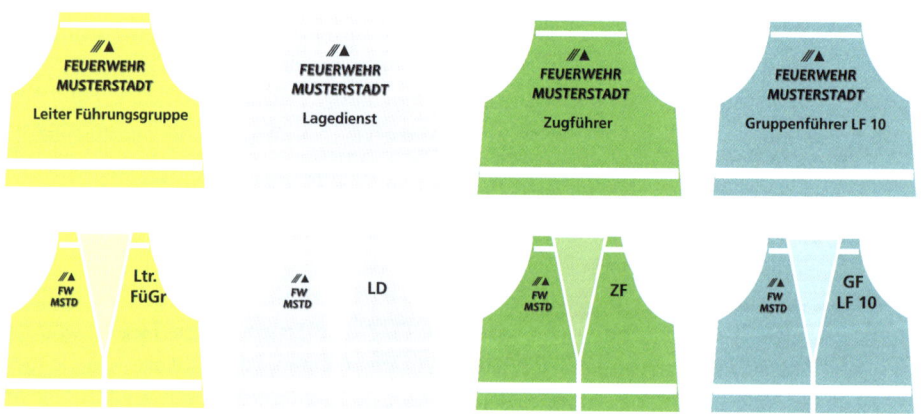

Bild 41: *Zur besseren Erkennbarkeit können Schlüsselfunktionen im Führungshaus durch eine Funktionsweste gekennzeichnet werden.*

Alternativ zu Westen kann eine (weniger auffällige) Funktionskennzeichnung z. B. über farbige Funktionsschilder erfolgen. Hierfür können klassische Ansteckschilder mit Clip oder Nadel genutzt werden oder Umhängebänder mit Ausweishüllen, wie beispielhaft in Bild 42 dargestellt.

3.1 Die Organisation des Führungshauses

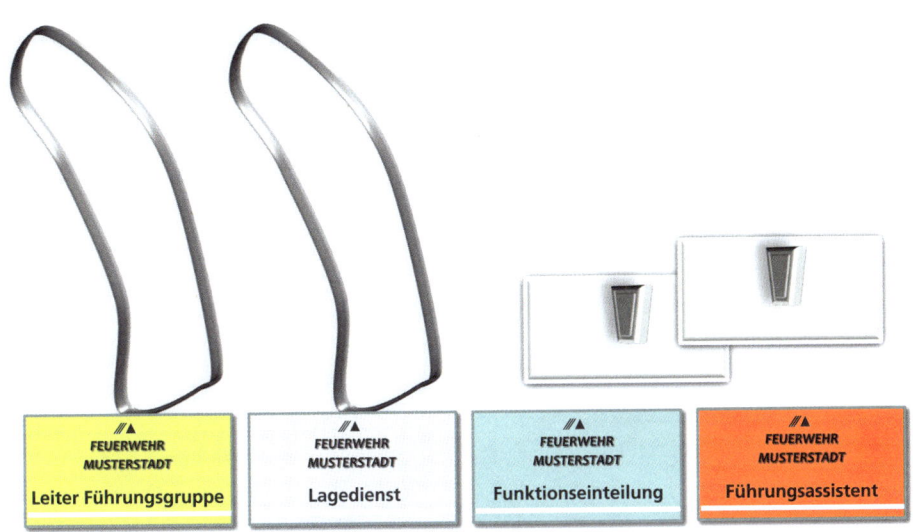

Bild 42: *Alternativ zu Funktionswesten kann auch eine Kennzeichnung einzelner Schlüsselfunktionen über Funktionsschilder mit Umhängeband oder Clip genutzt werden.*

3.1.5 Strukturen und Abläufe

3.1.5.1 Interne Meldewege

Für einen vollen Führungshausbetrieb sind die in ▶ Bild 34 skizzierten Räumlichkeiten und Kommunikationseinrichtungen bzw. Medien erforderlich. Damit die auszuübenden Tätigkeiten ineinandergreifen können, bedarf es organisatorisch festgelegter Meldewege, um ein Funktionieren des konzipierten Systems zu ermöglichen. Dabei gilt es, Wege von der Entgegennahme eines Einsatzes bis hin zum Einsatzabschluss zu beschreiben. In erster Linie werden Einsätze von der Leitstelle im Führungshaus eingehen. Dies erfolgt für unwetterbedingte Einsätze im Normalfall über Fax bzw. E-Mail. Zeitkritische Einsätze gehen über die Betriebsgruppe, ggf. begleitet von einer Alarmierung, ein. Zusätzlich muss davon ausgegangen werden, dass eine u. U. nicht unerhebliche Zahl an Einsätzen direkt über Telefon im Führungshaus eingeht oder direkt von Einwohnern oder Feuerwehrangehörigen gemeldet werden. Meldungen können somit über verschiedene Meldewege (Funk, Fax, E-Mail, Telefon, persönlich) eingehen.

3 Konzept zur Bewältigung von Unwetterlagen auf Gemeindeebene

Da in Stufe 1 die komplette Einsatzkoordination und Kommunikation in der Einsatzzentrale stattfindet, werden dort die Einsätze aufgenommen, fortlaufend nummeriert, priorisiert und anschließend disponiert. Als Aufnahmeformular wird ein sogenannter »Einsatzstreifen« verwendet, welcher eigens für die Aufnahme und die weitere Einsatzbearbeitung konzipiert wurde und aus drei Teilen besteht: einem weißen Originalblatt sowie einem gelben und blauen Durchschreibeblatt. Dieser stellt das Kernstück der Arbeit im Führungshaus dar. Er dient zur Abfrage und Aufnahme von Einsätzen sowie zu deren Disposition, Führung und Dokumentation. Der Einsatzstreifen ist in Bild 43 dargestellt, nähere Ausführungen sowie die Handhabung des Einsatzstreifens finden sich in ▶ Kapitel 3.5.1 wieder.

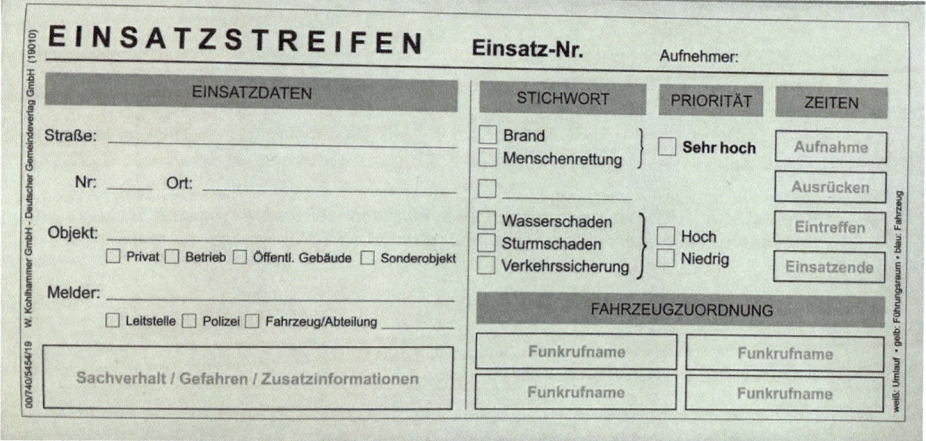

Bild 43: *Der für Unwetterlagen konzipierte Einsatzstreifen kommt im Führungshaus zum Einsatz und dient der Aufnahme, der Disposition und der Dokumentation von Einsätzen.*

Die Stufe 2 ist gekennzeichnet durch eine Auslagerung der Einsatzkoordination in den Führungsraum und der Anrufentgegennahme in einen separaten Annahmeraum. Durch diese räumliche Trennung wird es nun notwendig, die an unterschiedlichen Stellen eingehenden Meldungen mittels Boten zwischen den einzelnen Räumen zu transportieren. Im Führungsraum werden nun ab der Stufe 2 zentral folgende Tätigkeiten wahrgenommen: Die Sichtung der eingehenden Einsätze, die Vergabe einer Einsatznummer für jeden Einsatz(-streifen) sowie die Zuordnung von Einheiten und Ressourcen (1. Teil der Disposition). Eine genaue Beschreibung der Tätigkeiten und Abläufe im Führungsraum wird zu späterem Zeitpunkt in ▶ Kapitel 3.1.6.3 vorgenommen.

3.1 Die Organisation des Führungshauses

Nach erfolgter Zuordnung von Einheiten wird jeweils das weiße Original des Einsatzstreifens zusammen mit dem blauen Durchschlag in die Einsatzzentrale verbracht, sodass dort der Einsatzauftrag an die vorgesehene(n) Einheit(en) übermittelt werden kann. Im Laufe eines Einsatzes werden auf dem weißen Einsatzstreifen vom Fernmeldepersonal die Einsatzzeiten zur Dokumentation eingetragen. Der blaue Durchschlag dient als »Einsatzauftrag« und wird dem zuständigen Fahrzeugführer ausgehändigt, sofern das zugeordnete Fahrzeug seinen Standort am Führungshaus hat und von dort abrückt. Ist dies nicht der Fall und das Fahrzeug wird über Funk abgerufen, so kann der blaue Durchschlag verworfen werden.[32] Die gelben Durchschläge verbleiben im Führungsraum als Merkzettel für »laufende Einsätze« und werden an der hierfür vorgesehenen Magnetwand angebracht. Nach der Rückmeldung eines Fahrzeuges über die Beendigung eines Einsatzes werden die weißen Originale der Einsatzstreifen wieder vom Boten in den Führungsraum gebracht und mit den gelben Durchschlägen zusammengeführt, damit dort ein Einsatz als »abgeschlossener Einsatz« an der Magnetwand angeheftet und das dafür zugeordnete Fahrzeug wieder als freies Einsatzmittel geführt werden kann. Dieses steht nun wieder für die Abarbeitung weiterer Einsätze zur Verfügung, sodass dem entsprechenden Fahrzeug erneut ein Auftrag zugeordnet werden kann.

Zur schematischen Veranschaulichung der Meldewege und des Workflows innerhalb des Führungshauses dient ▶ Bild 44.

Die Stufen 3 und 4 haben prinzipiell keinen Einfluss auf den Führungshausbetrieb und werden erst bei der Kommunikation mit externen Stellen relevant. Dies ist Gegenstand des nachfolgenden Kapitels.

3.1.5.2 Externe Kommunikation

Den Kreisen steht für die Alltagkommunikation mindestens eine digitale Betriebsgruppe im TMO-Modus zur Verfügung. Dies ist in allen Ländern in Deutschland vergleichbar. Zur Trennung des Sprechfunks bei Großschadenslagen existieren je nach landesspezifischer Regelung Zusatzrufgruppen – vergleichbar mit den früheren Lokalkanälen im analogen 4 m-Oberbandbereich. Dabei divergiert die Anzahl der in einem Kreis zur Verfügung stehenden, lokalen Rufgruppen in den einzelnen Ländern

---

32 Eine alternative Verwendung des blauen Durchschlags für Erkundungseinheiten wird in Kapitel 3.5.3 erläutert.

3 Konzept zur Bewältigung von Unwetterlagen auf Gemeindeebene

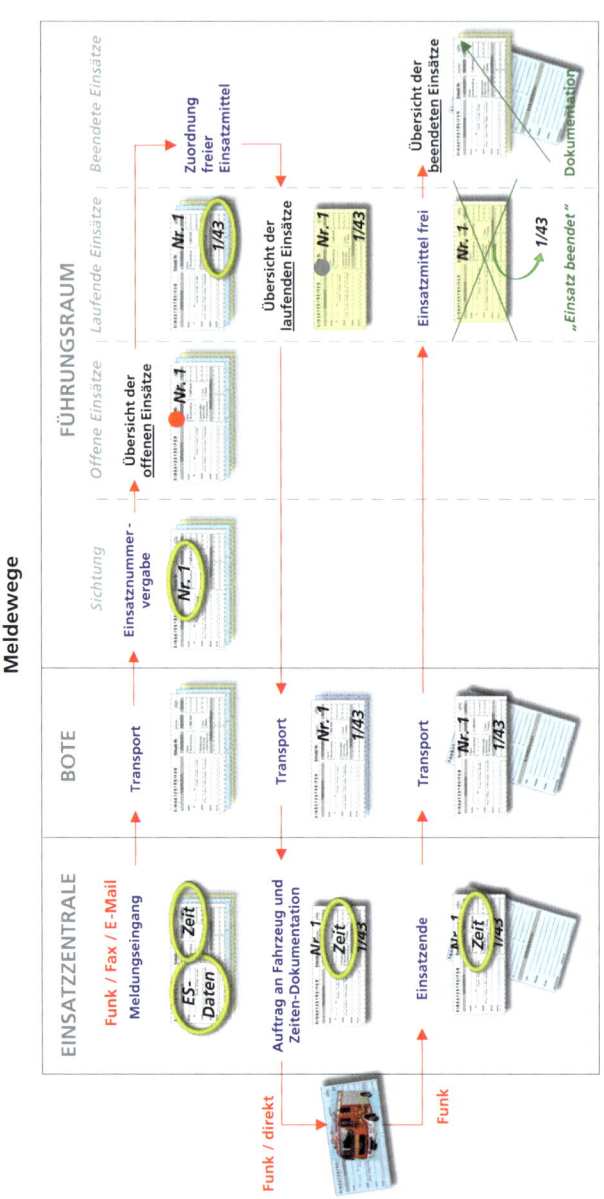

Bild 44: Für eine funktionierende Informations- und Auftragsübermittlung sind die Meldewege innerhalb des Führungshauses zu beschreiben.

3.1 Die Organisation des Führungshauses

und Kreisen, sodass hier keine pauschale Aussage gemacht werden kann.[33] Folglich können die nachfolgenden Betrachtungen nur qualitativer Art sein. Da es jedoch vorrangig um ein Prinzipverständnis geht und weniger um die konkrete Bezeichnung einzelner Rufgruppen, können die hier aufgezeigten Kommunikationsstrukturen jederzeit durch die jeweilige Feuerwehr auf die Vorgaben und Rufgruppenregelung des Kreises angepasst werden.

Sprechfunk
Besonders bei Flächenlagen, bei denen immer mehrere Feuerwehren innerhalb eines Kreises im Einsatz sind, ist die Nutzung einer lokalen Rufgruppe unumgänglich. Nur so ist eine Entlastung des Betriebskanals möglich, über welchen die Kommunikation bei zeitkritischen Einsätzen zwischen operativen Einheiten, der Leitstelle und dem Führungshaus stattfinden soll. Folglich müssen alle Fahrzeuge, die im Rahmen des Unwettergeschehens für nicht-zeitkritische Einsätze eingesetzt werden, mit dem Ausrücken möglichst selbstständig, spätestens jedoch auf Anweisung, auf die lokale Rufgruppe (oder eine von der Leitstelle zugewiesene Rufgruppe) umschalten. Auf dieser erfolgt die Kommunikation zwischen Einheiten und Führungshaus einer jeweiligen Gemeinde.

Einheiten, die entweder von vornherein für zeitkritische Einsätze vorgesehen sind (z. B. Grundschutzfahrzeug) oder die im Bedarfsfall vom Führungshaus ergänzend zu solchen hinzu disponiert werden, nutzen die (alltägliche) Betriebsgruppe bzw. schalten auf diese zurück. Hierfür werden folgende Gründe genannt:

- Über die Betriebsgruppe sind die eingesetzten Fahrzeuge auch für die Leitstelle erreichbar, mit welcher vorrangig die Kommunikation bei zeitkritischen Einsätzen erfolgt (z. B. Informationen zum Einsatzort oder Abgabe von Lagemeldungen).
- In der Leitstelle werden alle Funkgespräche der Betriebsgruppe permanent aufgezeichnet, was auf lokalen Rufgruppen nicht der Fall ist.
- Werden weitere Einheiten im Rahmen der überörtlichen Hilfe angefordert, so muss initial die Kommunikation zwischen den Führungsfahrzeugen, dem Führungshaus und der Leitstelle möglich sein; dies ist einheitlich nur über die Betriebsgruppe gegeben.

---

[33] Die Bildung von sogenannten »Dynamischen Rufgruppen« bzw. die Zuweisung von »taktischen Zusammenarbeitsgruppen« im TMO-Bereich durch die Leitstelle ist prinzipiell möglich, bleibt aber bei den vorliegenden Betrachtungen unberücksichtigt.

Um sowohl für die Leitstelle als auch für die lokalen Einheiten erreichbar zu sein, sind vom Führungshaus die lokale Rufgruppe sowie die reguläre Betriebsgruppe zu schalten. Durch die definierten Anforderungen an ein Führungshaus mit zwei FRT-Geräten (▶ Kapitel 3.1.2) sind hierfür die Voraussetzungen gegeben.

Fahrzeug-Status (Funkmeldesystem)
Neben der Rufgruppenregelung stellt sich weiterhin die Frage nach dem Status im Funkmeldesystem (FMS), den Einsatzfahrzeuge im Unwetterfall einnehmen sollen. Die normale Statusabfolge bei alltäglichen Einsätzen stellt sich als problematisch dar, da die Disposition von Einzeleinsätzen im Führungshaus vorgenommen wird und nicht durch die Leitstelle. In der Leitstelle würden dann permanent Statusmeldungen auflaufen, ohne dass dort ein Zusammenhang zwischen dem Einsatzfahrzeug und einem konkreten Einsatzauftrag besteht. Ferner könnte sich je nach Einsatzleitsystem das Problem ergeben, dass eine Feuerwehr nicht mehr vom Einsatzleitrechner für eine zeitkritische Einsatzdisposition vorgeschlagen wird, wenn von dieser alle Einsatzfahrzeuge im Status 4 »am Einsatzort« – und damit als in einem Einsatz gebunden – gemeldet sind. Insofern muss mindestens das vorgeplante Grundschutzfahrzeug den Status 2 »einsatzbereit am Standort« beibehalten, was bei Vorhaltung eines solchen Fahrzeuges auch gegeben ist. Für die übrigen Fahrzeuge, die im Rahmen von Unwettereinsätzen eingesetzt sind, wäre es dann schlüssig, dass diese bei einem Einsatzauftrag in den Status 1 »frei über Funk« wechseln. Generell sollte eine Abgabe der Fahrzeugstatus 3 und 4 (»Einsatzauftrag übernommen« und »am Einsatzort eingetroffen«) nur bei zeitkritischen Einsätzen erfolgen, da diese auch von der Leitstelle geführt werden. Alle übrigen einsatzrelevanten Zeiten sollten händisch vom Führungshaus bzw. von den Fahrzeugbesatzungen selbst auf Tätigkeitsformularen dokumentiert werden. Letztlich müssen hierzu individuelle Regelungen getroffen werden, die mit den Vorgaben des Kreises und der Leitstelle abgestimmt sind.

Auftragsvergabe und Fahrzeugalarmierung
Vor dem Hintergrund einer potenziell hohen Einsatzzahl sollte als Bereitstellungsraum für alle Fahrzeuge der örtlichen Feuerwehr das Führungshaus bestimmt werden, sofern diese nicht bereits initial einen Einsatzauftrag erhalten. Dadurch können ggf. Einheiten neu zusammengestellt oder überschüssige Funktionen verteilt werden, mit dem Ziel, dass alle Fahrzeuge möglichst funktionsgerecht besetzt sind. Die am Führungshaus befindlichen Fahrzeuge können anschließend z. B. mittels elektrischer Lautsprecheranlage (ELA) abgerufen werden, sobald für diese ein Einsatzauftrag vorliegt. Steht eine solche Haustechnikeinrichtung zur Verfügung, bringt dies den Vorteil, dass sich Feuerwehrangehörige nicht unmittelbar bei dem Fahrzeug

3.1 Die Organisation des Führungshauses

aufhalten müssen, auf dem sie eingeteilt wurden. Somit können sie bei Bedarf auch für Tätigkeiten im Feuerwehrhaus (Beladung von Logistikfahrzeugen, Vorbereitung der Verpflegung etc.) eingesetzt werden.

Befindet sich hingegen ein Fahrzeug außerhalb des Führungshauses »frei über Funk« im Status 1, so erfolgt die Einsatzzuweisung über Funk. Hierfür ist die zugewiesene lokale Rufgruppe zu nutzen[34], welche der örtlichen Feuerwehr gemäß Rufgruppenkonzept des Landes zur Verfügung steht. Alle weiteren Meldungen von Fahrzeugen, wie beispielsweise die Eintreffmeldung, die Nachforderung von weiteren Einheiten oder die Meldung des Einsatzendes, erfolgen ebenfalls über diese Rufgruppe.

Telefon
Rückmeldungen von Unwettereinheiten sollten nur bei Nachforderungen weiterer Einheiten oder Verständigungen von Dritten über die lokale Rufgruppe erfolgen. Die u. U. ausführlicher ausfallenden Rückmeldungen von Erkundungseinheiten sollten über eine zweite Rufnummer getätigt werden. Steht eine solche nicht von Haus aus zur Verfügung, kann hierfür ein Handy mit einer separaten Nummer vorgesehen werden, welche nur internen Kräften (und ggf. der Leitstelle) bekanntgegeben wird. Der Vorteil dabei ist, dass eigene Einheiten über diese zweite Rufnummer direkt in die Einsatzzentrale gelangen und dadurch der Umweg über den Anrufannahmeraum vermieden wird. In letzterem sollten primär Hilfeersuche aus der Bevölkerung oder Anrufe von Dritten entgegengenommen werden.

E-Mail/Fax
Ein weiteres Mittel für die Kommunikation mit externen Stellen stellt der elektronische Mailversand (E-Mail) dar, der auch in Feuerwehren nach und nach den Faxversand ablöst. E-Mails betreffen vorrangig eingehende Einsatzmeldungen, die von der Leitstelle gebündelt an das Führungshaus versendet werden. Einsätze, die direkt in Feuerwehrhäusern von Abteilungswehren eingehen, müssen ebenfalls an das Führungshaus zur dortigen Weiterbearbeitung übersandt werden. Zur Entlastung des Funkverkehrs sollte dies ebenfalls über E-Mail erfolgen, sofern die Abteilungswehren über einen Internetanschluss mit PC verfügen. Hierzu kann ein Vordruck mit einem abgespeckten Einsatzstreifen dienen, wie im Downloadbereich dieses Fachbuches dargestellt. In Abhängigkeit der kreisweiten Regelungen kann

---

34 Ausgenommen hiervon bleibt das Grundschutzfahrzeug, welches über die Betriebsgruppe erreichbar ist.

3 Konzept zur Bewältigung von Unwetterlagen auf Gemeindeebene

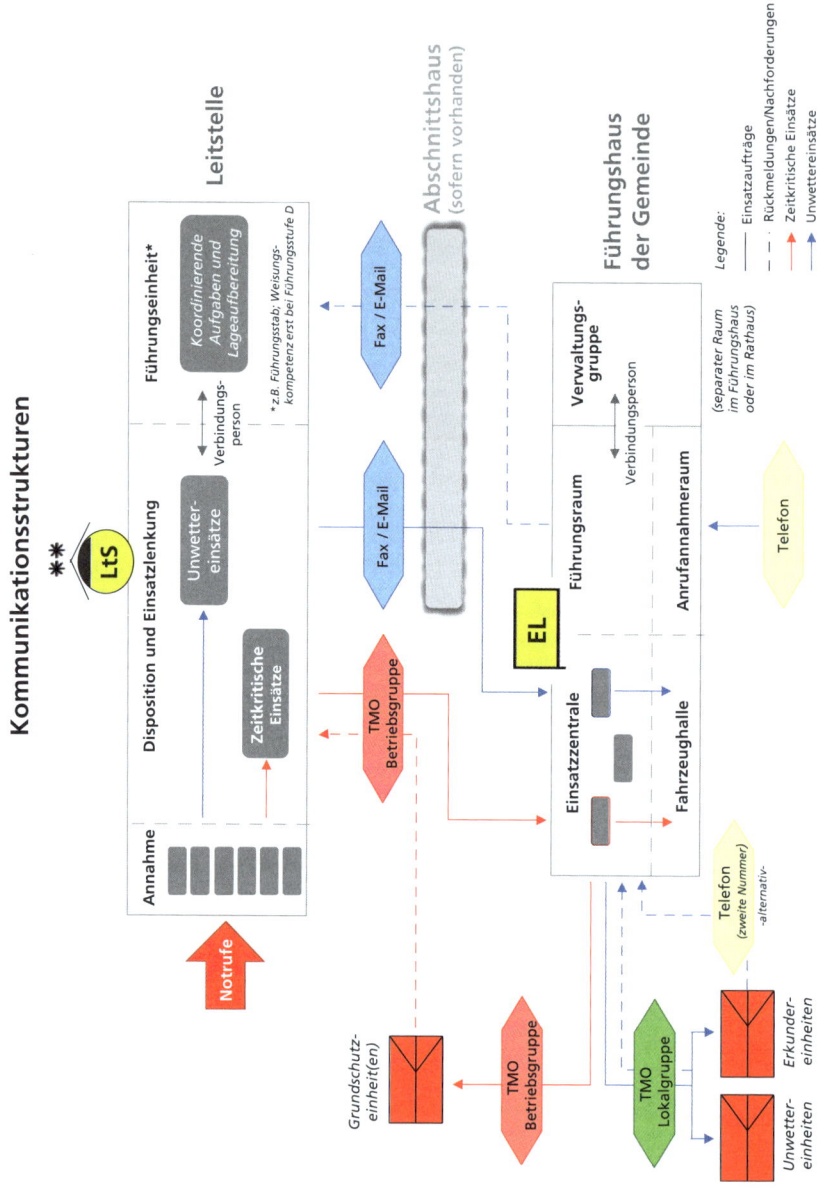

Bild 45: Besonders bei umfangreichen Einsatzlagen müssen Kommunikations- und Fernmeldestrukturen mit allen beteiligten Stellen beschrieben werden.

3.1 Die Organisation des Führungshauses

ggf. auch die Meldungsabgabe per E-Mail an externe Stellen erforderlich sein, so dass beispielsweise regelmäßig Lageberichte an die Leitstelle (oder ggf. ein Abschnittshaus) abgegeben werden müssen.

Verbindungsperson(en)
Neben den zuvor vorwiegend technischen Kommunikationsformen stellt der direkte bzw. persönliche Informationsaustausch in Form von Besprechungen oder über Verbindungspersonen eine weitere wichtige Form der Kommunikation dar. Hierbei ist weniger die innerhalb des Führungshauses stattfindende Kommunikation zwischen Feuerwehrangehörigen gemeint, sondern vielmehr die Kommunikation mit Dritten außerhalb des Führungshauses, sprich mit externen Akteuren oder Beteiligten. Dies betrifft vorrangig die Verwaltungsgruppe, die nach Konzept in der Stufe 3 eingerichtet wird und somit ebenfalls in den Kommunikationsstrukturen berücksichtigt werden muss.

Analog zu potenziellen Stäben empfiehlt es sich auch bei einer eingerichteten Verwaltungsgruppe, dass eine Verbindungsperson die Kommunikation und den Informationsfluss zur Führungsgruppe herstellt. Vorrangig wird es Aufgabe der Verbindungsperson sein, die Verwaltungsgruppe im Rahmen von Besprechungen in die Lage einzuweisen und die Einsatzschwerpunkte darzulegen, für die es ggf. im weiteren Verlauf administrative Entscheidungen bedarf. Weiterhin wird die Verbindungsperson als Vertreter bzw. Fachberater der operativ-taktischen Komponente dienen. Vor dem Hintergrund der wahrzunehmenden Aufgaben sollte daher als Verbindungsperson ein Entscheidungsträger der jeweiligen Feuerwehr fungieren, der nicht nur die Möglichkeiten und Struktur der Gefahrenabwehr kennt, sondern möglichst auch bei den Mitgliedern der Verwaltungsgruppe bekannt ist. Alle Kriterien treffen auf den örtlichen Feuerwehrkommandanten zu, weshalb dieser die Aufgabe als Verbindungsperson zur Verwaltungsgruppe wahrnehmen sollte.

Zur Veranschaulichung der Kommunikationsstrukturen zwischen Führungshaus und externen Einheiten bzw. Stellen dient das Bild 45.

3.1.6 Erforderliche Funktionen und wahrzunehmende Aufgaben

Nachfolgend werden die Tätigkeiten beschrieben, die es im Führungshaus wahrzunehmen gilt. Dabei wird der (vollumfängliche) Führungshausbetrieb in Stufe 2 zugrunde gelegt, bei welchem alle geplanten Funktionen im rückwärtigen Bereich eingesetzt sind. Die Aufgaben werden dabei getrennt nach Räumlichkeiten erläutert.

3.1.6.1 Einsatzzentrale

Die Einsatzzentrale ist bei einem Führungshausbetrieb die Fernmeldebetriebsstelle und nimmt als Ort der einsatzlenkenden Maßnahmen einen hohen Stellenwert als Bindeglied zwischen Führungshaus, den Fahrzeugen vor Ort und der Leitstelle bzw. dem Abschnittshaus ein. Da in der Einsatzzentrale zunächst alle Einsätze und Meldungen eingehen und dort in Stufe 1 auch die Einsatzkoordination wahrgenommen wird, ist diese folglich als erstes mit den vier benannten Funktionen zu besetzen, wobei der Leiter der Führungsgruppe mit der Stufe 2 in den Führungsraum wechselt. Um einer Überlastung bei erhöhtem Kommunikationsaufkommen vorzubeugen, sollten die beiden Funkarbeitsplätze frühzeitig mit zwei Fernmeldern aus dem Pool des Führungshilfspersonals der Führungsgruppe besetzt werden. Neben einer Sprechfunkausbildung sollten beide Feuerwehrangehörige die Ausbildung zum Truppführer haben, um eine gewisse Erfahrung in der Struktur der Feuerwehr sowie in allgemeinen Einsatzabläufen vorweisen zu können. Außerdem müssen sie im Führungshauskonzept ausgebildet sein.

Der **Fernmelder 1** ist primär zuständig für die Kommunikation mit den Einsatzfahrzeugen über Sprechfunk sowie der zugehörigen Dokumentation von Einsatzzeiten. In Abhängigkeit der im Einsatz befindlichen Fahrzeuge erfährt diese Position u. U. eine hohe Auslastung. Als wesentliches Arbeitsmittel steht hierzu der (weiße) Einsatzstreifen zur Verfügung. Folglich hat der Fernmelder 1 auch das sogenannte »Einsatzstreifen-Steckbrett« vor sich, um eine Übersicht über die laufenden Einsätze zu haben und gleichzeitig die Statuszeiten der Einsatzfahrzeuge bei den jeweiligen Einsätzen einzutragen (▶ Bild 46). Die Funkabwicklung erfolgt gemäß den im vorherigen Kapitel aufgezeigten Kommunikationsstrukturen und läuft je nach Prioritätsstufe eines Einsatzes über die lokale Rufgruppe oder die Betriebsgruppe. Eine weitere Aufgabe dieser Funktion ist der zweite Teil der Disposition – die »Alarmierung« bzw. der Abruf der Einheiten – nachdem diese im Führungsraum einem Einsatz zugeordnet wurden. Für Fahrzeuge, die sich außerhalb des Führungshauses befinden, erfolgt der Abruf über Funk, für die am Führungshaus stationierten Fahrzeuge erfolgt ein persönlicher Aufruf des Fahrzeuges durch den Lagedienst oder mittels ELA. Für am Führungshaus befindliche Einheiten steht der blaue Durchschlag des Einsatzstreifens zur Verfügung, welcher als Einsatzauftrag der jeweiligen Einheit direkt übergeben werden kann. Dadurch wird eine doppelte Schreibarbeit vermieden und die Fahrzeugbesatzung erhält die relevanten Einsatzdaten in schriftlicher Form.

| **3.1** | Die Organisation des Führungshauses |

Bild 46: *Zur Disposition und Dokumentation von Einsätzen dient dem Fernmelder 1 ein »Einsatzstreifen-Steckbrett«, wo alle laufenden Einsätze übersichtlich angeordnet sind.*

Der **Fernmelder 2** ist primär zuständig für die Funkabwicklung mit der Leitstelle über die Betriebsgruppe. Dieser nimmt Funkgespräche von (zeitkritischen) Einsätzen entgegen und erstellt hierzu einen Einsatzstreifen (▶ Kapitel 3.5.1). Da von der Leitstelle im Regelfall nur zeitkritische Einsätze direkt per Funk an das örtliche Führungshaus übermittelt werden, ist diese Position geringer frequentiert. Weiterhin werden durch den Fernmelder 2 die nicht-zeitkritischen Einsätze auf den Einsatzstreifen übertragen, die über Fax oder per E-Mail gebündelt von der Leitstelle eingehen. Bei hohem Sprechfunkaufkommen unterstützt dieser den Fernmelder 1, sofern technisch von jedem Funkplatz aus jede Betriebsgruppe angesteuert werden kann. Dadurch soll gewährleistet werden, dass eine ständige Erreichbarkeit für die Fahrzeuge und die Leitstelle über beide Rufgruppen sichergestellt ist. Eine weitere Aufgabe des zweiten Fernmelders besteht in der Annahme von Telefongesprächen, die in Stufe 1 in der Einsatzzentrale angenommen werden.

Neben den beiden Fernmeldern wird die Einsatzzentrale um eine Führungskraft ergänzt, nachfolgend als **Lagedienst** bezeichnet. Dieser erlangt aufgrund seiner Position in der Einsatzzentrale als einsatzlenkende Stelle zwischen rückwärtigem

Bereich und operativen Einheiten einen umfassenden Überblick über das operative Einsatzgeschehen. Unabhängig davon sei angemerkt, dass es sich auch bei alltäglichen Einsatzlagen von Vorteil erweisen kann, eine verantwortliche Führungskraft in der Einsatzzentrale für Entscheidungen vorzuhalten. In größeren Leitstellen ist hierfür beispielsweise die Funktion des sogenannten »Lagedienstführers« vorgesehen.

Neben der koordinierenden Funktion kann der Lagedienst die beiden Fernmelder bei ihrer Arbeit unterstützen und bei zeitkritischen Fragestellungen zeitnahe Entscheidungen treffen. Beim Eingang zeitkritischer Einsätze kann dieser z. B. die Grundschutzeinheit alarmieren und ggf. die Abkömmlichkeit weiterer Einheiten über Funk erfragen lassen. Sofern die Einsatzzentrale über einen dritten Funkarbeitsplatz verfügt, kann dieser bei hohem Kommunikationsaufkommen auch unterstützend tätig werden. Weiterhin stellt der Lagedienst das Bindeglied zwischen Einsatzzentrale und Führungsraum her und kann bei Bedarf auf kurzem Wege Rücksprachen mit dem Führungsraum nehmen. Ist eine Anmeldung des Führungshauses bei der Leitstelle vorgesehen (z. B. »FMS by Phone« oder über Statusmeldung), so wird dies durch den Lagedienst vollzogen. Ebenso versendet dieser die regelmäßigen Lageberichte an die Leitstelle oder das Abschnittshaus, sofern dies von Seiten des Kreises organisatorisch vorgesehen ist.

Aufgrund der zentralen Stellung sollte die Funktion des Lagedienstes nach Möglichkeit mit einem Mitglied der Führungsgruppe mit Zugführerqualifikation besetzt werden. Steht diese anfänglich nicht zur Verfügung, kann interimsmäßig eine andere Führungskraft diese Position besetzen, die in den Abläufen des Führungshausbetriebes unterwiesen ist.

In der Einsatzzentrale sollten zwei verschiedenfarbige Ablagefächer (»Eingang« [rot] und »Ausgang« [grün]) bereitgestellt werden, in welche offene und abgeschlossene Einsätze (Einsatzstreifen) sowie sonstige Meldungsnotizen abgelegt werden können.

Nachfolgendes Bild 47 veranschaulicht beispielhaft die Arbeitsplatzanordnung einer Einsatzzentrale mit den vier dort vorgesehenen Funktionen.

3.1 Die Organisation des Führungshauses

Bild 47: *In der Stufe 1 werden alle Aufgaben in der Einsatzzentrale mit einer Rumpf-Führungsgruppe von vier Personen wahrgenommen.*

3.1.6.2 Anrufannahme

Bei hohem Kommunikationsaufkommen ist es aus akustischen Gründen sinnvoll, die Anrufannahme von der Einsatzzentrale zu entkoppeln und in einen benachbarten Raum auszugliedern. Hierfür eignet sich im Besonderen ein Büro, da hier ein entsprechender Arbeitsplatz mit Schreibtisch und Telefon von Haus aus gegeben ist. Durch den Telefonisten werden primär alle eingehenden Telefongespräche über die offiziell vorhandene Rufnummer des Führungshauses entgegengenommen, was erfahrungsgemäß Anfragen oder Meldungen von Einwohnern sein werden. Dadurch werden die Fernmelder in der Einsatzzentrale entlastet und es können fernmündlich eingehende Einsätze in einer ruhigen Umgebung abgefragt werden. Anrufe von Einsatzkräften gelangen über eine zweite (geheime) Nummer direkt in die Einsatzzentrale, wie im vorherigen Kapitel beschrieben. Feuerwehrangehörige, welche die Position der Anrufannahme besetzen, sollten ebenfalls eine Ausbildung zum Truppführer haben und aus dem Pool des Führungshilfspersonals der Führungsgruppe stammen.

3 Konzept zur Bewältigung von Unwetterlagen auf Gemeindeebene

Bild 48: *Die Annahme von Telefongesprächen und Abfrage von Einsätzen findet in Stufe 2 in einem separaten Raum statt.*

Zur Ablage der Einsatzstreifen mit »offenen Einsätzen« sollte auch hier ein Ablagefach »Ausgang an Führungsraum« vorgesehen werden, damit diese gebündelt gesammelt und vom Boten in den Führungsraum transportiert werden können. Ausgenommen hiervon sind zeitkritische Einsätze, die nach der Aufnahme vom Aufnehmer selbst in den Führungsraum verbracht werden, um den Zeitraum zwischen Einsatzaufnahme und Disposition so kurz wie möglich zu halten.

Die Einsatzabfrage sollte möglichst strukturiert und entsprechend dem in ▶ Bild 49 dargestellten Schema erfolgen. Außerdem ist vom Aufnehmer eine Priorität entsprechend der vorgegebenen Beispiele zu vergeben, da aufgrund des »direkten« Anruferkontaktes bei dieser Funktion der größte Informationswert zu einem Einsatz vorliegt. Als Hilfsmittel für eine strukturierte Einsatzabfrage dient der konzipierte Einsatzstreifen, auf dem alle anfänglich relevanten Daten festgehalten werden können. Erläuterungen zum Aufbau sowie zum Ausfüllen des Einsatzstreifens finden sich in ▶ Kapitel 3.5.1 wieder.

3.1 Die Organisation des Führungshauses

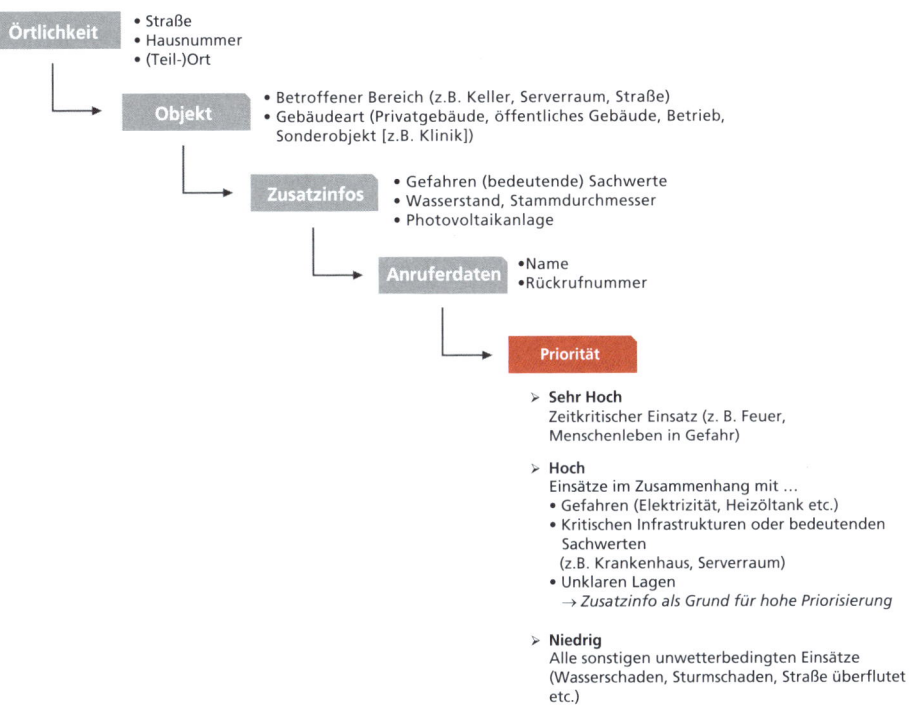

Bild 49: *Über Telefon im Führungshaus eingehende Einsatzmeldungen müssen strukturiert abgefragt und die Daten auf dem Einsatzstreifen erfasst werden.*

3.1.6.3 Führungsraum

Bei Unwetterlagen ist der Führungsraum innerhalb des Führungshauses von zentraler Bedeutung. Entsprechend den in ▶ Kapitel 3.1.5.1 definierten Meldewegen müssen alle aufgenommenen Einsätze für die weitere Koordination in den Führungsraum transportiert werden. Da die Konzipierung der rückwärtigen Führungsorganisation auf einem konventionellen System ohne Einsatzführungssoftware mit PC-Netzwerk fußt, ist der Einsatz eines Boten erforderlich, welcher die Einsatzstreifen vom Aufnahmeort (Einsatzzentrale bzw. Anrufannahmeraum) in den Führungsraum übergibt und umgekehrt die disponierten Einsätze vom Führungsraum in die Ein-

3 Konzept zur Bewältigung von Unwetterlagen auf Gemeindeebene

satzzentrale befördert, damit dort die jeweiligen Fahrzeuge abgerufen werden können.

Damit jederzeit ein Überblick über die Anzahl der Einsätze besteht, muss im Führungsraum als zentrale Stelle jedem Einsatz eine fortlaufende Nummer zugeordnet werden. Dies erfolgt durch einen **Sichter** am Eingang zum Führungsraum. Als Arbeitsplatz eignet sich hier ein quer aufgestellter Tisch, der gleichzeitig eine Art »Barrierefunktion« zum Führungsraum einnimmt, wie ▶ Bild 50 veranschaulicht. Als Hilfsmittel zur Nummerierung eignet sich hierfür das vorgefertigte Formular »Einsatznummer-Vergabe«, welches im Downloadbereich zur Verfügung gestellt ist. Eine fortlaufende Nummerierung bringt den Vorteil, dass anhand dieser Nummer eindeutige Aussagen zu einem Einsatz getroffen werden können, was die Kommunikation erleichtert und Missverständnisse vermeidet. Daher macht es Sinn, Einsätze weniger über Einsatzadressen zu definieren, sondern vielmehr über die örtliche vergebene Einsatznummer. Dies ist v. a. dann von Relevanz, wenn mehrere Einsatzstellen eine gleiche oder ähnliche Adresse aufweisen. Die fortlaufende Nummerie-

Bild 50: *In Stufe 2 werden alle Einsätze zentral von einem Sichter fortlaufend nummeriert und dokumentiert, der zusammen mit dem Leiter der Führungsgruppe und einem Führungsassistenten im Führungsraum tätig ist.*

3.1 Die Organisation des Führungshauses

rung von Einsätzen leistet ferner einen Beitrag zur chronologischen Dokumentation von Einsätzen, da die Anfertigung eines chronologisch fortlaufenden Einsatzprotokolls (zusätzlich zu den vorhandenen Einsatzstreifen) nicht vorgesehen ist. Zu berücksichtigen ist, dass sich diese Einsatznummer lediglich auf das aktuelle Schadenereignis bezieht und unabhängig von der Jahresstatistik ist.

Die durch den Sichter nummerierten Einsatzstreifen werden anschließend an der Wandtafel »offene Einsätze« mittels eines Farbmagneten angebracht. Einsätze mit niedriger Priorität erhalten einen gelben Magneten, Einsätze mit hoher Priorität einen roten. Somit heben sich priorisierte Einsätze von weniger dringlichen Unwettereinsätzen auf einen Blick visuell ab. Einsätze mit sehr hoher Priorität, wie zum Beispiel Brandeinsätze oder Verkehrsunfälle, müssen sofort disponiert werden und können folglich nie einen »offenen Einsatz« darstellen. Daher wird für diese höchste Prioritätsstufe keine eigene Magnetfarbe vorgehalten. Stehen für zeitkritische Einsätze mit sehr hoher Priorität keine eigenen Einheiten (in ausreichender Zahl) zur Verfügung, so muss hier bei der Leitstelle (oder einem Abschnittshaus) überörtliche Unterstützung angefordert werden. Zur Veranschaulichung der Tafel mit offenen Einsätzen dient exemplarisch ▶ Bild 51.

Eine weitere Aufgabe des Sichters besteht in der fortlaufenden Dokumentation der Einsätze, um eine tabellarische Gesamtübersicht aller Einsätze zu erhalten. Näheres wird im weiteren Verlauf erläutert. Personen, die die Funktion des Sichters wahrnehmen, sollten über eine Truppführerausbildung verfügen und aus dem Pool des Führungshilfspersonals der Führungsgruppe stammen.

Der **Leiter der Führungsgruppe** nimmt aufgrund seiner Stellung und seiner Dispositionsaufgabe eine Schlüsselfunktion im Führungshaus ein. Für die Disposition von Einheiten dient als Orientierungshilfe die zu späterem Zeitpunkt in ▶ Kapitel 3.3.2 vorgestellte Dispositionsreihenfolge. Gleichzeitig ist er für die Sicherstellung des Grundschutzes für zeitkritische Einsätze verantwortlich, was mittels einem am Führungshaus zurückgehaltenem Fahrzeug erfolgen sollte. Weitergehende Ausführungen hierzu finden sich in ▶ Kapitel 3.3.7 wieder. Sind kritische Infrastrukturen oder besondere Einrichtungen von einer Schadenslage betroffen wie z. B. Krankenhäuser, Altenheime etc., so müssen vom Leiter der Führungsgruppe Einsatzschwerpunkte festgelegt und bei Bedarf überörtliche Ressourcen angefordert werden. In diesem Zusammenhang wird ihm auch die Aufgabe zuteil, Einsatzabschnitte zu bilden und diesen Einheiten zuzuweisen. Nähere Ausführungen zur Einsatzabschnittsbildung werden in ▶ Kapitel 3.3.3 genannt.

3 Konzept zur Bewältigung von Unwetterlagen auf Gemeindeebene

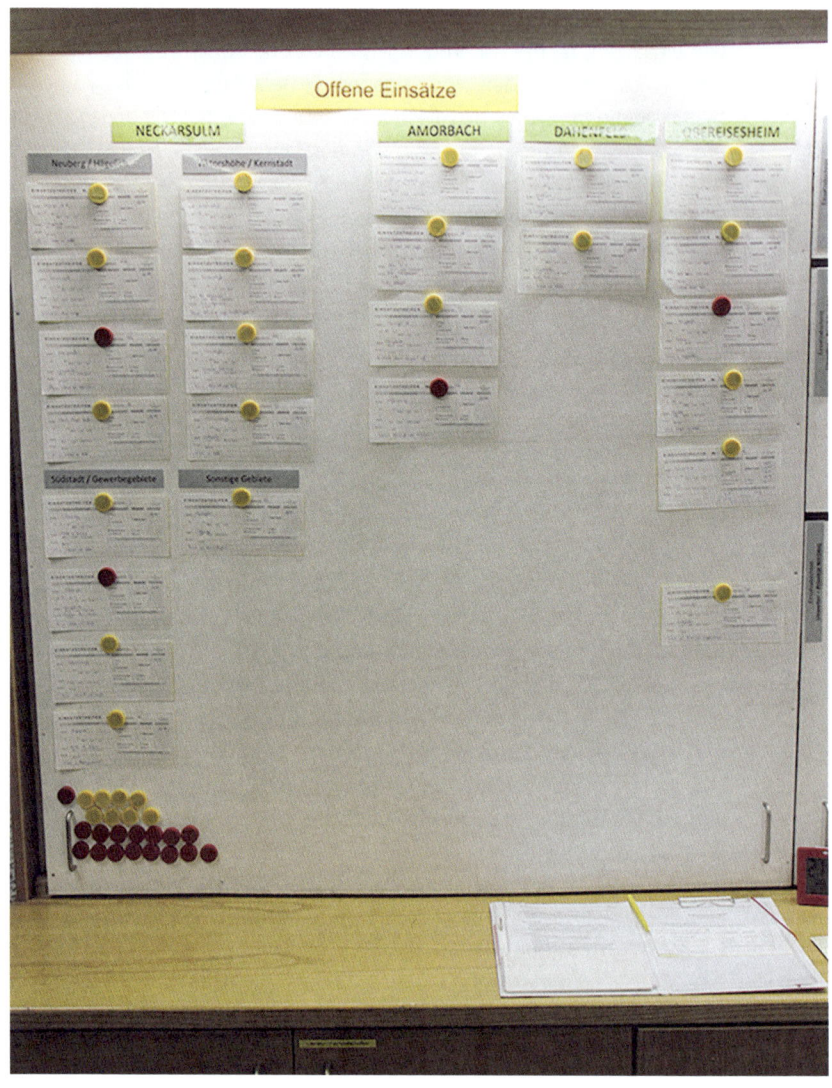

Bild 51: *Eine systematische Darstellung offener Einsätze stellt die Weichen für eine effiziente Einsatzdisposition.*

3.1 Die Organisation des Führungshauses

Als Arbeitsmittel für die Disposition und Einsatzkoordination dient eine magnetische Wandtafel (z. B. Whiteboard), auf derer der Status von Einsätzen und Einsatzmitteln systematisch dargestellt ist:

Bild 52: *Kernstück der Arbeit im Führungshaus ist eine magnetische Wandtafel, die als Führungsmittel für die Disposition, Koordination und Visualisierung von Einsätzen dient.*

Als Hilfsmittel eignen sich verschiedene Magnete bzw. laminierte Papierschilder mit rückseitigen Klebemagneten. Fahrzeuge und Ressourcen können am besten in Form von beschrifteten Magnetplättchen dargestellt werden. Hierfür können sowohl auf dem Markt erhältliche Produkte (taktische Zeichen) genutzt werden als auch selbst hergestellte Magnetplättchen, die auf einfache Weise mittels beschrifteter Langmagnete oder Magnetleisten hergestellt werden können. Solche Magnetleisten sind beispielsweise im Baumarkt als Meterware in unterschiedlicher Breite erhältlich und in nachfolgendem Bild 53 veranschaulicht:

3 Konzept zur Bewältigung von Unwetterlagen auf Gemeindeebene

Magnetleiste (Meterware)   Ausdruck   Taktisches Zeichen als Magnetplättchen

Bild 53: *Zur Darstellung von Fahrzeug-Zustandsanzeigen eignen sich Magnetschilder mit taktischen Zeichen, die als fertige Produkte gekauft oder selbst hergestellt werden können.*

Mit dieser visuellen Gliederung besteht jederzeit ein Überblick, welche Fahrzeuge zur Disposition der »offenen Einsätze« zur Verfügung stehen. Wird schließlich ein Fahrzeug einem Einsatz zugeordnet, so wandert der entsprechende Einsatzstreifen von der Wandtafel »offene Einsätze« zur Wandtafel »laufende Einsätze« und kann dort mit dem entsprechenden Fahrzeugmagneten angeheftet werden. Gleichzeitig werden die zugeordneten Fahrzeuge an der entsprechenden Stelle auf dem Einsatzstreifen schriftlich eingetragen.

Wie bereits in ▶ Kapitel 3.1.5.1 erläutert, verbleibt der gelbe Durchschlag des Einsatzstreifens im Führungsraum als Merkzettel für »laufende Einsätze«. Ist ein Einsatz beendet, so gelangt das weiße Original des Einsatzstreifens mit den dokumentierten Status-Zeiten von der Einsatzzentrale wieder in den Führungsraum und wird mit dem gelben Durchschlag zusammengeführt. Die zugeordneten Fahrzeuge können daraufhin als freie Einsatzmittel aus der Liste der laufenden Einsätze entfernt und der zusammengehörige Einsatzstreifensatz an die nächste Wandtafel »abgeschlossene Einsätze« überführt werden.[35] Die abgeschlossenen Einsätze können nun im weiteren Verlauf fortlaufend vom Sichter erfasst werden. Hierfür kann das Formular »Dokumentation Unwettereinsätze« genutzt werden, welches im Downloadbereich veranschaulicht ist. Die tabellarische Dokumentation kann alternativ in digitaler Form mittels PC oder Notebook erfolgen, wofür eine einfache Excel-Tabelle ausreicht.

Aufgrund der Aufgabenwahrnehmung und des Stellenwertes der Funktion sollte der Leiter der Führungsgruppe eine Verbandführerqualifikation haben, mindestens

---

35 Anmerkung: Liegen keine Einsätze mit hoher oder sehr hoher Priorität vor, so kann es sinnvoll sein, mehrere Einsatzstellen in räumlicher Nähe durch eine Einheit abarbeiten zu lassen. In diesem Fall kann eine Vorplanung sinnvoll sein, d. h. die jeweilige Einheit erhält einen Sammelauftrag, der mehrere Einsatzstellen beinhaltet.

3.1 Die Organisation des Führungshauses

jedoch die Qualifikation Zugführer. Da dieser die örtlichen Gegebenheiten wie auch die Leistungsfähigkeit von einzelnen Einheiten der örtlichen Gefahrenabwehr sehr gut kennen muss, käme für diese Position z. B. ein stellvertretender Feuerwehrkommandant in Frage, dem vom Feuerwehrkommandanten im Vorfeld entsprechende Entscheidungskompetenzen übertragen werden können (Vgl. z. B. Hildinger/Rosenauer 2017, S. 280, Rn. 5). Der Feuerwehrkommandant sollte als (Technischer) Einsatzleiter nach Möglichkeit in keine Funktion innerhalb des Führungshauses fest eingebunden werden, sodass dieser sich nach freiem Ermessen im Führungshaus oder an einer größeren Einsatzstelle bewegen kann. Dieser wird auch Ansprechpartner für den politischen Gesamtverantwortlichen (Bürgermeister bzw. Oberbürgermeister) oder die Presse sein, was eine notwendige Flexibilität bedingt. Eine feste Funktion für den Feuerwehrkommandanten wird erst ab der Stufe 3 vorgesehen, wenn eine Verwaltungsgruppe oder ein Stab zusammentritt. Dann ist dieser als Verbindungsperson der örtlichen Feuerwehr dort vorgesehen.

Um alle koordinierenden Aufgaben bei einer hohen Anzahl an Einsätzen und eingesetzten Kräften erfüllen zu können, benötigt der Leiter der Führungsgruppe eine Unterstützungsfunktion. Die FwDV 100 definiert einen Führungsassistenten als eine verantwortliche Führungskraft innerhalb einer Führungseinheit, die den Einsatzleiter unterstützt. Obgleich es sich nach vorliegendem Konzept nicht um die Unterstützung des Einsatzleiters handelt, sondern nur um die des Leiters der Führungsgruppe, wird dennoch eine zweite Führungskraft im Führungsraum als **Führungsassistent** benötigt. Dieser sollte möglichst eine Zugführer-, mindestens jedoch Gruppenführerqualifikation aufweisen.

Die Aufgabenteilung zwischen diesen beiden Führungskräften kann im Vorfeld festgeschrieben oder lageabhängig festgelegt werden. Ziel sollte dabei sein, dass die Aufgabenmenge möglichst gleich verteilt ist und kein »Flaschenhals« bei der Disposition entsteht. Denkbar wäre z. B. eine Aufgabenteilung nach Einsatzabschnitten, indem sich der Leiter der Führungsgruppe um den Einsatzabschnitt »Prioritätseinsätze« sowie »Grundschutz/zeitkritische Einsätze« kümmert und der Führungsassistent um den Einsatzabschnitt »Niedrige Priorität«. Somit würden beide Kräfte zu Einsatzabschnittsleitern im rückwärtigen Bereich, denen dann – in Abhängigkeit der den Einsatzabschnitten zugeordneten Fahrzeugen – definierte Einheiten und Ressourcen zur Verfügung stehen, die sie primär einsetzen können. Eine alternative Aufgabenteilung könnte derart aussehen, dass sich der Leiter der Führungsgruppe ausschließlich um die Disposition der Einheiten kümmert und der Führungsassistent zuarbeitet.

Zur Veranschaulichung der Arbeitsabläufe im Führungsraum dient nachfolgendes Bild 54. Auf die Handhabung von weiteren Formularen wie z. B. des »Erkundungs-

3 Konzept zur Bewältigung von Unwetterlagen auf Gemeindeebene

streifens« oder des »Notizzettels« wird im weiteren Verlauf in ▶ Kapitel 3.5 ausführlich eingegangen.

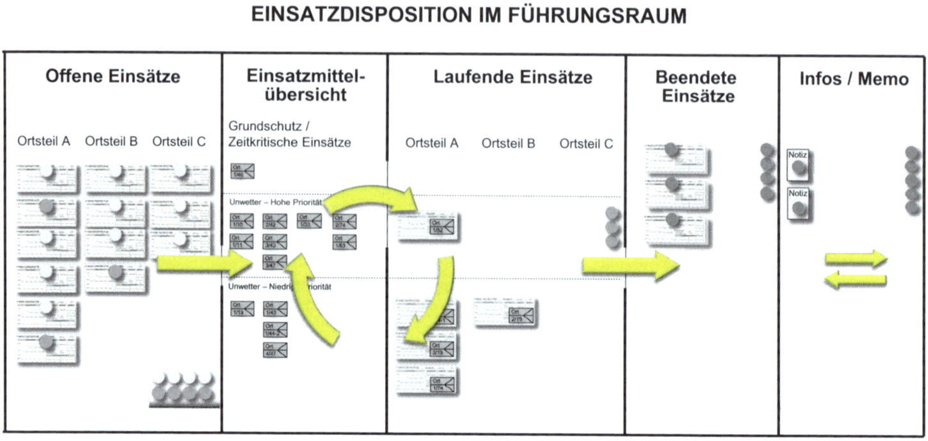

EINSATZDISPOSITION IM FÜHRUNGSRAUM

Offene Einsätze	Einsatzmittel-übersicht	Laufende Einsätze	Beendete Einsätze	Infos / Memo
Ortsteil A Ortsteil B Ortsteil C	Grundschutz / Zeitkritische Einsätze Unwetter – Hohe Priorität Unwetter – Niedrige Priorität	Ortsteil A Ortsteil B Ortsteil C		

Bild 54: *Die Priorisierung und Disposition von Einheiten stellt die zentrale Aufgabe im Führungshaus dar.*

Analog zur Einsatzzentrale sind auch hier verschiedenfarbige Ablagefächer bereitzustellen, in denen ein- oder ausgehende Meldungen für einen anschließenden Transport abgelegt werden können. Neben den beiden Ablagefächern »Eingang« [rot] und »Ausgang« [grün] sollte eine dritte Ablage »Eingang beendete Einsätze« [blau] vorgesehen werden, um eine geordnete Trennung zwischen dem Eingang von offenen und beendeten Einsätzen herzustellen. Dies erleichtert die Arbeit und beugt Verwechslungsgefahren vor. Unabhängig davon ist jederzeit durch die Zeiteintragung auf dem Einsatzstreifen der Status eines Einsatzes ersichtlich.

Um den Boten auf einen neuen Botenauftrag aufmerksam zu machen, hat sich der Einsatz einer sogenannten »Rezeptionsglocke« in den drei Räumen bewährt. Nähere Ausführungen zu den genannten Führungsmitteln finden sich in ▶ Kapitel 3.5.7. Sofern sich ggf. der Führungsraum in einer anderen Etage als die Einsatzzentrale oder Telefonannahme befindet, eignet sich als Signalisierung für einen Botenauftrag auch beispielsweise eine elektrische »Funktürklingel« mit abgesetzter Bedientaste, die in eine Steckdose gesteckt wird.

3.1.6.4 Fahrzeughalle

Neben dem rückwärtigen Bereich im Führungshaus müssen auch alle Einsatzfahrzeuge der jeweiligen Feuerwehr funktionsgerecht besetzt werden. Hierzu ist es notwendig, frühzeitig die Besetzung der Einsatzfahrzeuge zu koordinieren und eine **Funktionseinteilung** vorzunehmen. Diese sollte möglichst vor dem Eingang potenzieller Einsätze erfolgen, damit verhindert wird, dass die erstausrückenden Fahrzeuge »funktionsüberbesetzt« sind und dadurch ein Funktionsmangel bei später benötigten Fahrzeugen entsteht. Im Regelfall lässt sich eine Funktionseinteilung in der Praxis nur dann realisieren, wenn es sich bei der ersten Unwetter-Alarmierung nicht um einen zeitkritischen Einsatz handelt.

Für eine funktionierende Funktionseinteilung muss im Vorfeld die Zuständigkeit geregelt werden, damit frühzeitig mit der Einteilung begonnen werden kann. Vor dem Hintergrund des Stellenwertes dieser Aufgabe sollte diese von einer Führungskraft wahrgenommen werden. Da bereits drei Führungskräfte in den Funktionen im rückwärtigen Bereich vorgesehen sind und planerisch alle Fahrzeuge funktionsgerecht besetzt werden müssen, soll für diese Aufgabe nicht eine zusätzliche Führungskraft eingeplant werden. Als praktikable Lösung wird daher diese Aufgabe in Personalunion mit einer Fahrzeugführerfunktion vorgesehen.

Im vorliegenden Konzept wird hierfür die ersteintreffende Führungskraft, die keine Funktion innerhalb der Führungsgruppe wahrnimmt, für die Aufgabe der Funktionseinteilung vorgesehen. Wird die ersteintreffende Führungskraft für einen zeitkritischen Einsatz als Fahrzeugführer benötigt, so geht die Aufgabe der Funktionseinteilung an die nächste Führungskraft über, die nicht für einen zeitkritischen Ersteinsatz als Fahrzeugführer benötigt wird. Um die Funktionseinteilung möglichst abschließen zu können, sollte diese Führungskraft mit einem der letzteren Fahrzeuge ausrücken. Hierfür ist das im Führungshaus zurückgehaltene Grundschutzfahrzeug prädestiniert, da dieses in seiner Funktion erst dann eine Bedeutung erlangt, wenn alle anderen Einheiten im Einsatz gebunden sind. Somit macht die Besetzung dieser Funktion in Personalunion mit der **Fahrzeugführerfunktion des Grundschutzfahrzeuges** Sinn. Kommt es zu einem Einsatz des Grundschutzfahrzeuges und die Personaleinteilung ist noch nicht abgeschlossen, so muss diese z. B. vom Lagedienst fortgeführt werden.

Als Hilfsmittel für die Personal- und Funktionseinteilung kann z. B. ein Whiteboard in der Fahrzeughalle dienen, auf dem die Fahrzeug- bzw. Funktionseinteilung dargestellt wird. Hierzu eignen sich Magnetschilder, welche die Namen und Funktionen aller Feuerwehrangehörigen beinhalten. Nähere Ausführungen hierzu finden sich in ▶ Kapitel 3.5.4 wieder.

3.1.7 Umsetzung bei Feuerwehren kleiner Gemeinden

Das vorliegende Konzept sieht als Führungseinheit eine Führungsgruppe mit neun Funktionen für die Aufgaben im Führungshaus vor. Allerdings soll nicht der Umstand verkannt werden, dass Feuerwehren kleiner Gemeinden mit einer insgesamt geringen Anzahl an Feuerwehrangehörigen diese Einheit nicht vollumfänglich stellen können. Dieser Tatsache wurde u. a. damit Rechnung getragen, dass das vorliegende Konzept unterschiedliche Stufen definiert und mit der Stufe 1 eine Art »Führungshausbetrieb light« umgesetzt werden kann, der auch von Feuerwehren kleiner Gemeinden leistbar ist, wie exemplarisch die Bilder 55 und 56 veranschaulichen sollen:

Bild 55: *Die Stufe 1 kann als »Führungshausbetrieb-light« angesehen werden, was für Feuerwehren einer jeden Gemeinde leistbar ist.*

Vor dem Hintergrund der weichenstellenden Aufgaben, die im Unwetterfall im Führungshaus der Gemeinde unumgänglich wahrgenommen werden müssen, darf der Einsatz dieser Führungseinheit als Bestandteil der Einsatzleitung nicht vernachlässigt oder gar auf deren Etablierung verzichtet werden, da von der rückwärtigen Steuerung und Koordination im Führungshaus die effiziente Bewältigung der Gesamteinsatzlage abhängen wird! Insofern muss es ein Anliegen der verantwortlichen Entscheidungsträger innerhalb jeder Feuerwehr sein, bei Unwetterlagen mindestens diese »Rumpf-Führungsgruppe« als Führungseinheit einzusetzen, welche die Kernaufgaben im Führungshaus wahrnimmt – unabhängig davon, wie klein die Gemeinde bzw. deren Feuerwehr ist! Diese Größe entspricht dabei derer, die z. B. in Baden-Württemberg für eine Führungsgruppe (mindestens) vorgesehen ist (vgl. LFS BW, 2021).

3.1 Die Organisation des Führungshauses

Bild 56: *Die Umsetzung der Stufe 1 erfolgt entsprechend der örtlichen Verhältnisse einer jeden Feuerwehr.*

Aufgrund des vermutlich kleineren Gemarkungsgebietes und der geringeren Einwohnerzahl werden in kleineren Gemeinden in aller Regel weniger Einsätze für die örtliche Feuerwehr resultieren. Dass aber auch in kleinsten Gemeinden Extremereignisse eintreten können, hat beispielsweise die Unwetterlage im baden-württembergischen Braunsbach gezeigt, bei welcher sich im Frühjahr 2016 zwei kleine Bäche zu reißenden Strömen verwandelt haben und in der 2 500-Einwohner-Gemeinde über 100 Einsätze bewältigt werden mussten.

Im Falle einer hohen Anzahl an vorliegenden Einsätzen im Gemeindegebiet ist gemäß dem vorgesehenen Konzept eine Eskalation in die Stufe 2 vorzunehmen, was die Erweiterung der Führungseinheit und die räumliche Trennung der einsatztaktischen von den fernmeldetechnischen Aufgaben zur Folge hat. Kann dies personell, technisch und/oder baulich nicht von der betroffenen Feuerwehr einer Gemeinde selbst gestellt werden, muss unweigerlich auf eine Führungseinheit des Kreises (Führungsgruppe) mit einer mobilen Führungsstelle (ELW 1 oder 2) zurückgegriffen und diese angefordert werden, sodass letztlich ein vollumfänglicher Führungshausbetrieb der Stufe 2 möglich ist. Steht eine solche Einheit aufgrund der flächendeckenden Gesamtlage im Kreis nicht zur Verfügung, so wird die Einrichtung eines übergeordneten Abschnittshauses durch den Kreis notwendig, von welchem aus zentral die Koordination der Einsätze für mehrere (kleine) Gemeinden übernommen wird (▶ Kapitel 2.2.1.6).

Die bei der Stufe 1 innerhalb der Einsatzzentrale vorgesehene Einsatzkoordination kann bei räumlich engen Verhältnissen auch innerhalb der Fahrzeughalle wahrgenommen werden, sofern kein weiterer (Führungs-)Raum in unmittelbarer Nähe zur

Einsatzzentrale zur Verfügung steht. Eine Realisierung kann auf einfache Weise mittels zweier Flipcharts erfolgen, wie nachfolgendes Bild 57 veranschaulicht. Somit zeigt sich anhand dieses Beispiels, dass die Grundsystematik des vorliegenden Konzeptes unabhängig von den örtlichen Verhältnissen anwendbar ist und die Umsetzung auf individuelle Weise erfolgen kann.

Bild 57: *Alternativ zur Einsatzzentrale kann die Einsatzkoordination in der Stufe 1 behelfsmäßig auch in der Fahrzeughalle mit zwei Flipchart-Tafeln stattfinden.*

Angemerkt wird, dass die Funktion des Führungsgruppenleiters bei Feuerwehren kleiner Gemeinden u. U. vom Feuerwehrkommandanten selbst wahrgenommen werden muss, sofern nur dieser über eine höhere Führungsausbildung zum Verbandführer (oder Zugführer) verfügt.

3.2 Die Erstellung einer unwetterspezifischen Führungsstruktur auf Gemeindeebene

Voraussetzung für eine effiziente Bewältigung von Feuerwehreinsätzen ist eine definierte Führungsstruktur. Dies gilt auch für flächige Unwetterlagen, für die eine Führungsstruktur auf Gemeindeebene im Vorfeld eines Ereignisses erstellt werden

3.2 Erstellung einer unwetterspezifischen Führungsstruktur

sollte. Basierend auf den Grundlagen zur Führungsorganisation der FwDV 100 wird nachfolgend eine Führungsstruktur auf Gemeindeebene vorgestellt, welche sich für eine Flächenlage ableiten lässt und die bereits im Vorfeld einer Unwetterlage definiert werden kann. Hierbei wird davon ausgegangen, dass die Einsatzleitung auf Gemeindeebene wahrgenommen wird (Führungsstufe C).

3.2.1 Führungsstruktur mit Führungsgruppe (Stufe 2 und 3)

Für Unwetterlagen lässt sich auf Gemeindeebene die in Bild 58 dargestellte Führungsstruktur ableiten. Diese berücksichtigt sowohl die im Führungshaus eingesetzte Führungsgruppe als auch Einsatzabschnitte, die sich planerisch bei einer unwetterbedingten Flächenlage ergeben. Nähere Ausführungen mit Erläuterungen zur Einsatzabschnittsbildung finden sich in ▶ Kapitel 3.3.3.

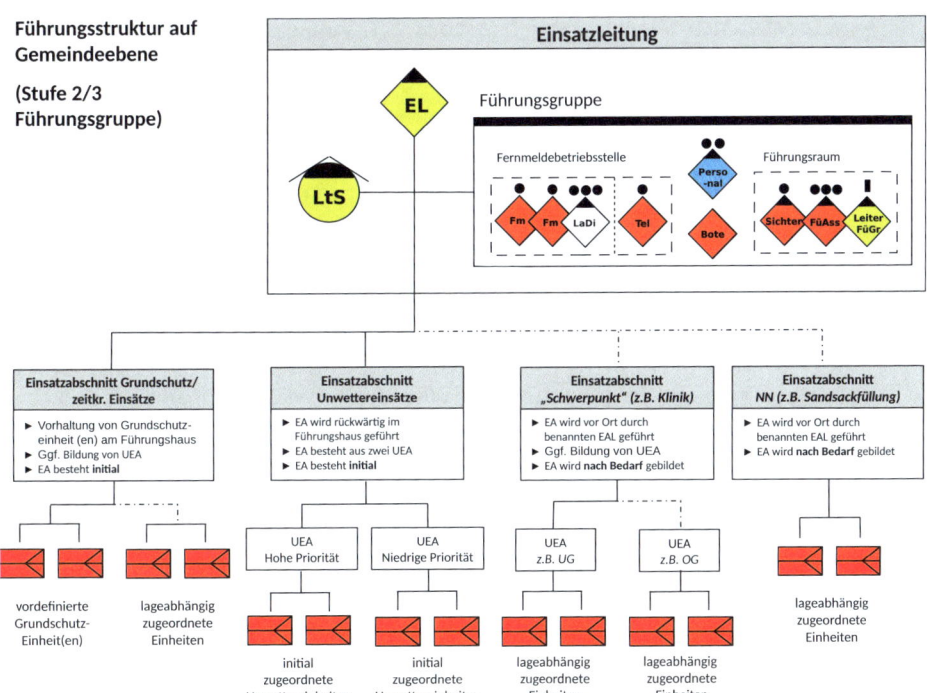

Bild 58: *Zur effizienten Bewältigung von Unwetterlagen sollte im Vorfeld eines Ereignisses eine Führungsstruktur auf örtlicher Ebene definiert werden.*

Die Führungsgruppe setzt sich aus den in ▶ Kapitel 3.1.4 beschriebenen Personen zusammen und bildet zusammen mit dem Einsatzleiter und einer Kommunikationseinrichtung – formell ergänzt um die Leitstelle – nach FwDV 100 die Einsatzleitung. Die Besonderheit in der Führungsstruktur bei flächigen Unwetterlagen liegt darin, dass die Einsatzabschnitte der Flächenlage »von hinten«, also aus dem Führungshaus, geführt werden, größere punktuelle Schadenslagen mit eigenem Einsatzabschnitt hingegen »von vorne«, d. h. direkt an der Einsatzstelle. Eine Führung »von hinten« ist im Bereich der Feuerwehr – insbesondere auf Gemeindeebene – eher unüblich und kann daher als Besonderheit bezeichnet werden. Planerisch kommt ansonsten eine Führung »von hinten« nur bei einem eingesetzten Führungsstab zum Tragen, der gemeindeübergreifend von zentraler Stelle aus führt (Führungsstufe D). Insofern beinhaltet die Führungsstruktur bei Flächenlagen durchaus eine Veränderung gegenüber der gängigen Führungsphilosophie bei Feuerwehren ähnlich zur Polizei. Dort werden beispielhaft alle größeren Einsätze im Rahmen einer »Besonderen Aufbauorganisation« (BAO) »von hinten« geführt, da sich der eigentliche Einsatzleiter (Polizeiführer vom Dienst oder ein Führungsstab) im zentralen Führungs- und Lagezentrum befindet, nicht hingegen vor Ort an der Einsatzstelle.

Formell betrachtet befinden sich die Einsatzabschnittsleiter der Flächenlage im Führungshaus, die Einsatzabschnittsleiter von punktuellen Einsatzabschnitten direkt vor Ort an der Einsatzstelle. Die Einsatzleitung befindet sich im Führungshaus der Gemeinde, dieses wird dadurch gemäß FwDV 100 zur Befehlsstelle. Als Teil der Einsatzleitung ist der Einsatzleiter (EL) für die Gesamtlage verantwortlich, was im Regelfall der örtliche Feuerwehrkommandant oder ein benannter Einsatzleiter ist. Daneben gibt es für jede Einsatzstelle einen zuständigen Einsatz(abschnitts-)Leiter, der nach FwDV 100 die Verantwortung für die Einsatzdurchführung an einer einzelnen Einsatzstelle hat. Dem Einsatzleiter vor Ort obliegen gemäß FwDV 100 die eigenverantwortliche Leitung der unterstellten Einsatzkräfte und die Koordination aller bei der Gefahrenabwehr beteiligten Stellen. Hier regeln die länderspezifischen Feuerwehr- und Brandschutzgesetze, wem die Einsatzleitung obliegt. Im Regelfall ist die ranghöchste Führungskraft vor Ort Einsatzleiter, was ein Trupp- oder Gruppenführer im Bereich kleinerer Einsatzstellen oder ein Zug- bzw. Verbandführer bei Einheiten in oder über Zugstärke sein kann. Letztere fungieren dann bei einer Flächenlage als EAL oder UEAL, wie in vorheriger Grafik dargestellt.

3.2 Erstellung einer unwetterspezifischen Führungsstruktur

3.2.2 Führungsstruktur mit Führungsstab (Stufe 4)

Wird ein Führungsstab auf Gemeindeebene eingesetzt (Stufe 4), so resultiert daraus die nachfolgende Führungsstruktur. Diese Führungsstruktur ist auch auf Stadtkreise mit eingesetztem Führungsstab und eingerichteten Abschnittsführungsstellen (▶ Kapitel 2.2.1.6) übertragbar.

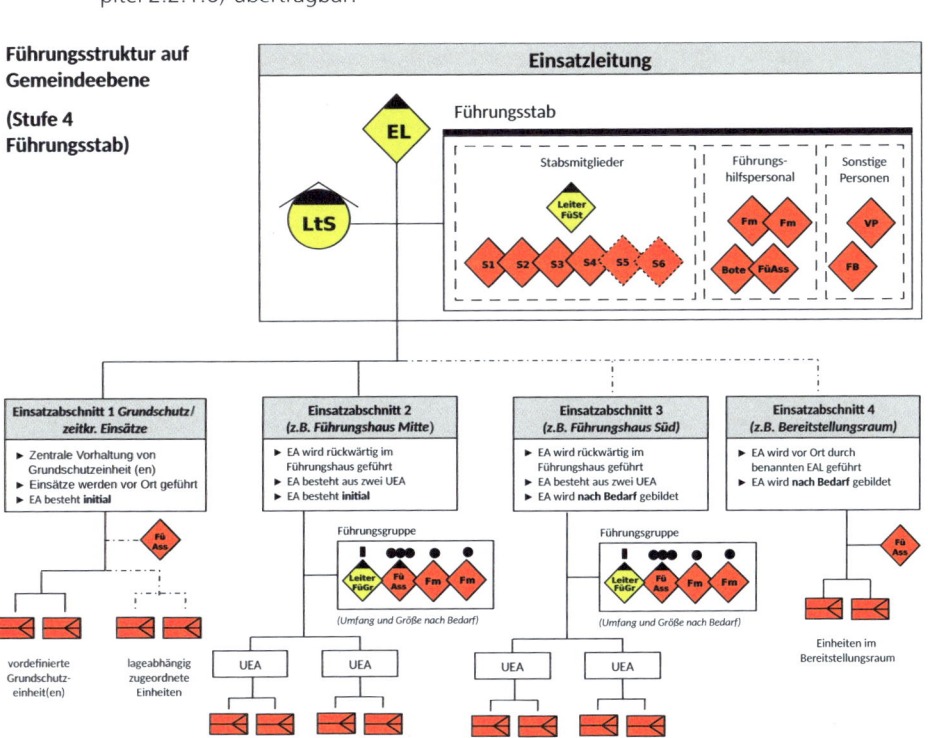

Bild 59: *Die Führungsstruktur der Stufe 4 mit eingesetztem Führungsstab ist auch auf Stadtkreise mit eingerichteten Abschnittsführungsstellen übertragbar.*

Der in Stufe 4 vorhandene Führungsstab wird zur Führungseinheit der Einsatzleitung auf Gemeindeebene. Darunter werden Einsatzabschnitte innerhalb des Gemeindegebietes gebildet, deren Einsatzabschnittsleitungen unterschiedlich große Führungseinheiten besitzen. Der Umfang der Führungsgruppen bei den nachgeordneten Führungshäusern muss lageabhängig und individuell für jede Gemeinde festgelegt

3 Konzept zur Bewältigung von Unwetterlagen auf Gemeindeebene

werden. Als Richtwert kann jedoch eine Führungsgruppe mit vier Feuerwehrangehörigen entsprechend des Umfangs der Stufe 1 angenommen werden.

Die hier schematisch dargestellten Untereinsatzabschnitte könnten in Prioritäts- und Bagatelleinsätze unterteilt werden. Der Grundschutz sowie zeitkritische Einsätze werden zentral in einem eigenen Einsatzabschnitt »Grundschutz/zeitkritische Einsätze« angesiedelt. In Abhängigkeit der örtlichen Strukturen könnte diese Aufgabe u. U. auch bei einem Sachgebiet im Führungsstab angesiedelt sein und von einer Stabsfunktion (z. B. S 3) übernommen werden. Bei Bedarf kann – analog zur Führungsstruktur der Stufe 2 und 3 – ein weiterer Einsatzabschnitt gebildet werden, z. B. ein Einsatzabschnitt »Schwerpunkt«. Neben einer eigenen Einsatzabschnittleitung wird hier eine separate Führungseinheit kleineren Umfangs (z. B Führungsassistent) vorgesehen.

3.3 Einsatztaktische Aspekte und Hinweise für eine effiziente Bewältigung von Unwetterlagen

Nachdem sich die beiden vorangegangenen Kapitel der grundlegenden Führungshausorganisation sowie der Führungsstruktur widmeten, werden ergänzend dazu verschiedene einsatztaktische Aspekte betrachtet und Hintergründe erläutert, die im Zusammenhang mit einer effizienten Einsatzbewältigung von Unwetterlagen stehen. Damit verbunden werden Hinweise gegeben, die Führungskräften als Arbeits- und Entscheidungshilfen dienen sollen.

3.3.1 Priorisierung von Einsätzen

Wie bereits in den vorherigen Ausführungen an unterschiedlichster Stelle ersichtlich wurde, stellt die Priorisierung von Einsätzen bei Unwetterlagen eine der wichtigsten Aufgaben dar. Insgesamt werden dadurch die Weichen für eine effiziente Gesamteinsatzbewältigung gestellt, da eine effiziente Lagebewältigung nicht daran zu messen ist, dass »kein Einsatz in der Menge aller Einsätze verloren geht« oder dass letztlich »in der Summe alle Einsätze abgearbeitet wurden«. Dies sollte selbstverständlich sein, hat aber mit einer effizienten Einsatzbewältigung nur mittelbar etwas zu tun. Vielmehr geht es darum, dass diejenigen Einsatzstellen zuerst bearbeitet werden, welche eine Gefahrenlage für Menschen oder Tiere aufweisen oder bei denen größere Folgeschäden bei einer verzögerten Bearbeitung drohen. Prin-

3.3 Einsatztaktische Aspekte/Hinweise für effiziente Bewältigung

zipiell ist dies ein regulärer Teil der Beurteilung des Einsatzleiters im Rahmen des Führungsvorgangs nach FwDV 100, was bei jedem Einsatz Anwendung findet. Zwar erfolgt die erste Priorisierung für zeitkritische Einsätze bereits durch die Leitstelle; für nicht-zeitkritische – oder direkt im Führungshaus eingehende – Einsätze ist das Führungshaus jedoch selbst zuständig. Insofern ist das Thema Priorisierung von zentraler Bedeutung für die Arbeit im Führungshaus.

Bild 60: *Digitale Visualisierung von Prioritätseinsätzen mittels einer (auf den Boden projizierten) 3D-Stadtkarte. (Quelle: Feuerwehr Leonberg)*

Mit dem vorliegenden System wird gewährleistet, dass bereits bei der Einsatzaufnahme eine Priorisierung vorgenommen wird und die Priorität durch eine farbliche Unterscheidung der Einsatzstreifen-Anhaftung erkennbar wird. Insofern wird diesem entscheidenden Aspekt durch organisatorische Regelungen bereits Rechnung getragen.

Um sich zunächst bei Beginn einer Unwetterlage einen Überblick verschaffen zu können, ist es zielführend, die eingehenden Einsätze zunächst nur zu sammeln und ausschließlich die zeitkritischen Einsätze sofort mit Einheiten zu beschicken. Zu berücksichtigen ist, dass es in Abhängigkeit des Unwetterausmaßes in der Erstphase nach Ereignisbeginn zu mehreren zeitkritischen Einsätzen kommen kann, was u. U. frühzeitig die Reduzierung der Einsatzmittelkette für die Beschickung von Einsatzstellen erforderlich macht (▶ Kapitel 3.3.5). Liegen einige Einsätze vor, werden anschließend die priorisierten Unwettereinsätze (»Priorität hoch«, roter Magnet) in Abhängigkeit der verfügbaren Einsatzmittel und der Schadensart disponiert. Ggf. kann bei diesen auch eine vorausgeschaltete Erkundung durch eine Erkundungseinheit sinnvoll sein, worauf noch näher in ▶ Kapitel 3.3.6 eingegangen wird.

In Abhängigkeit der Anzahl offener Einsätze und deren Priorität kann die Folge sein, dass zunächst nur zeitkritische Einsätze oder hoch priorisierte Unwettereinsätze mit den verfügbaren Einheiten beschickt werden können und niedrig priorisierte Einsätze nur gesammelt werden. Aber auch dies stellt letztlich eine effiziente Bearbeitung der Lage dar, da gewährleistet ist, dass immer die höchstpriorisierten Einsätze zuerst beschickt werden – unabhängig von der Anzahl offener Einsätze.

3.3.2 Disposition von Einheiten

Die Priorisierung von Einsätzen dient als wichtiges Hilfsmittel für die Reihenfolge der Disposition von Einheiten und findet bereits bei der Entgegennahme eines Einsatzes statt. Mit den definierten Prioritäten »niedrig«, »hoch« und »sehr hoch« ergibt sich eine erste (grobe) Gliederung der offenen Einsätze, die primär gut als Rangfolge für die Disposition herangezogen werden kann. Gerade bei vielen Einsätzen mit gleicher Priorität werden jedoch weitere Kriterien für die Dispositionsreihenfolge benötigt, um dem Anspruch einer effizienten Dispositionsarbeit gerecht zu werden. Als Hilfestellung für die **Dispositionsreihenfolge** von Einsätzen kann nachfolgende Reihenfolge als Orientierung dienen:

1. Zeitkritische Einsätze

Zeitkritische Einsätze mit der Priorität »sehr hoch« müssen sofort disponiert werden, möglichst ohne Verzögerung. Hierunter fallen Einsätze mit Menschenleben in Gefahr[36] oder Schadenfeuer. Zu letzterer Gruppe zählen auch Alarme von automatischen Brandmeldeanlagen, die für eine unbestätigte Feuermeldung stehen.

Für diese zeitkritischen Einsätze steht prinzipiell als Ersteinheit mindestens ein Grundschutzfahrzeug zur Verfügung (▶ Kapitel 3.3.7). Die Einheit ist durch den Leiter der Führungsgruppe zu benennen. Hierüber sind die betreffende Einheit und der Lagedienst in Kenntnis zu setzen, damit alle relevanten Stellen im Ereignisfall wissen, welche Einheit die jederzeit erstabrückende ist. Dies ermöglicht beim Eingang eines zeitkritischen Einsatzes die unverzügliche Alarmierung des Grundschutzfahr-

---

[36] Hierbei inbegriffen ist auch die (technische) Rettung von Tieren aus lebensbedrohlichen Lagen entsprechend der länderspezifischen Gesetzesregelungen.

3.3 Einsatztaktische Aspekte/Hinweise für effiziente Bewältigung

zeuges durch den Lagedienst in der Einsatzzentrale. Dadurch wird bei zeitkritischen Einsätzen zunächst organisatorisch eine unverzügliche Alarmierung dieser bereits vorgeplanten und benannten Ersteinheit sichergestellt. Dies verschafft anschließend Zeit für den erforderlichen Abgleich zwischen Meldebild und benötigter Einheiten, also ob neben dem Grundschutzfahrzeug noch weitere Einheiten entsendet werden müssen. Ist dies der Fall, muss unverzüglich die Suche nach verfügbaren (geeigneten) Einheiten erfolgen. Hierzu muss vom Lagedienst in erster Linie bei Einheiten der eigenen Feuerwehr über Funk deren Abkömmlichkeit angefragt werden. Wichtig ist in diesem Zusammenhang, dass nicht nur die generelle Abkömmlichkeit, sondern auch die Zeitdauer bis zur Herstellung der Einsatzbereitschaft erfragt wird. Stehen eigene Einheiten zur Verfügung, werden diese vom Lagedienst als nächstverfügbare Einheiten für den vorliegenden, zeitkritischen Einsatz disponiert. Sind hingegen alle eigenen Einheiten innerhalb der Gemeinde im Einsatz gebunden, muss überörtliche Hilfe durch den Lagedienst nach Rücksprache mit dem Leiter der Führungsgruppe bei der Leitstelle oder beim Abschnittshaus angefordert werden. Die potenzielle Umdisposition ist anschließend dem Führungsraum mitzuteilen, damit eine möglicherweise »verlassene Einsatzstelle« wieder als offener Einsatz geführt werden kann.

Insgesamt wird deutlich, dass ein zeitkritischer Einsatz im Wesentlichen vom Lagedienst organisiert wird, weshalb für diese Funktion möglichst eine Führungskraft mit Zugführerqualifikation vorzusehen ist. Somit könnte gedanklich der Einsatzabschnitt »Grundschutz« auch zunächst beim Lagedienst angesiedelt werden.

2. Unwetterbedingte Einsätze mit hoher Priorität
Liegen keine zeitkritischen Einsätze mit sehr hoher Priorität vor, so werden als nächstes alle unwetterbedingten Einsätze mit der Priorität »hoch« disponiert. Hierfür stehen zunächst alle Einheiten der eigenen Gemeinde zur Verfügung (mit Ausnahme des Grundschutzfahrzeuges). Bei fraglicher Priorität oder bei unklaren Lagen kann der Einsatz einer Erkundungseinheit mit Erkundungsauftrag sinnvoll sein (▶ Kapitel 3.3.6). Weitere Einheiten werden in diesem Fall dann gezielt in Abhängigkeit der Rückmeldung der Erkundungseinheit disponiert.

Angemerkt wird, dass eine Erkundung auch dann erforderlich werden kann, wenn für hoch priorisierte Einsätze keine verfügbaren Einheiten innerhalb der Gemeinde zeitnah zur Verfügung stehen. In diesem Fall wird es von der Rückmeldung der Erkundungseinheit abhängig sein, ob für die Schadensbewältigung des hoch priorisierten Einsatzes überörtliche Hilfe in Anspruch genommen und vom Führungshaus entsprechende Unterstützung bei der Leitstelle oder beim Abschnittshaus angefordert werden muss. Als Unterstützung kommen hierbei neben Feuerwehren auch Einheiten beispielsweise des Technischen Hilfswerkes (THW) in Betracht, die als

Bundesbehörde über spezielle Einsatzmittel und Einheiten mit besonderen Fachkenntnissen insbesondere für große Einsatzlagen verfügen.

Je nach Art und Ausmaß der Schadenslage können mehrere Prioritätseinsätze vorliegen, zwischen denen wiederum eine Reihenfolge festgelegt werden muss. Dies betrifft bereits die Erkundung, wo entschieden werden muss, in welcher Reihenfolge die Einsatzstellen erkundet werden sollen. Als Hilfestellung empfiehlt sich folgende Reihenfolge der Disposition innerhalb der Prioritätseinsätze:

2 a) Einsätze im Bereich kritischer Infrastruktureinrichtungen
(z. B. Wassereintritt in Versorgungszentrale einer Klinik)
Die Sicherung kritischer Infrastrukturen nimmt einen sehr hohen Stellenwert ein, deren Gefahren- bzw. Schadensbeseitigung letztlich der Schadenabwendung für eine große, u. U. sogar einer unbestimmten Anzahl an Menschen dient. Unter kritischen Infrastrukturen werden dabei vereinfacht alle wichtigen Organisationen und Einrichtungen verstanden, deren Ausfall erhebliche Folgen für die Sicherheit oder Versorgung für das Gemeinwesen hätten. Hierunter fallen z. B. Einrichtungen des Gesundheitswesens, der Energie- und Wasserversorgung oder der öffentlichen Sicherheit (vgl. Schneider 2016, S. 27 f). Folglich werden derartige Einsätze an erster Stelle der Prioritätseinsätze angesiedelt und müssen vorrangig mit Einheiten disponiert werden. In Abhängigkeit des Schadenausmaßes und des Kräfteansatzes resultiert hieraus im weiteren Verlauf u. U. auch ein Einsatzschwerpunkt.

2 b) Einsätze mit einem gefahrendrohenden Zustand im öffentlichen Bereich
(z. B. Baugerüst, das umzustürzen droht)
Diese Einsätze sollten – abgesehen von zeitkritischen Einsätzen, bei denen bereits ein Schaden eingetreten ist – ebenfalls möglichst sofort beschickt werden, um die Gefahr zu beseitigen oder die Einsatzstelle zumindest abzusichern. Im Gegensatz zu den in 2 a) genannten Einsätzen kann hier häufig eine einfache Absperrmaßnahme den gefahrendrohenden Zustand bereits beseitigen, wodurch sich die Dringlichkeit des Einsatzes weiterer Einheiten herabstufen lässt oder ein Einsatz der Feuerwehr sogar entfallen kann. Eine Absperrung kann z. B. durch eine Erkundungseinheit mittels Absperrband schnell und einfach bewerkstelligt werden. Anschließend ist durch die Führungskraft vor Ort zu entscheiden, ob die Feuerwehr prinzipiell tätig werden darf (rechtliche Zuständigkeit) oder werden kann (geeignete Gerätschaften) oder u. U. erst zu späterem Zeitpunkt tätig wird (Zeitaufwand in Anbetracht des Ressourcenmangels). Alternativ kann für Absperrmaßnahmen auch unterstützend die Polizei oder der Gemeindevollzugsdienst tätig werden.

3.3 Einsatztaktische Aspekte/Hinweise für effiziente Bewältigung

2 c) Einsätze mit einem gefahrendrohenden Zustand innerhalb eines Gebäudes
(z. B. aufschwimmender Heizöltank in überflutetem Bereich)
Schadenfälle, die innerhalb eines Gebäudes vorliegen, stellen eine Gefahr für eine begrenzte Anzahl an Personen (konkret die Bewohner) oder einen begrenzten Bereich (konkret das Gebäude) dar. Hier geht es beim Tätigwerden vorrangig um die Absicherung der Einsatzstelle (z. B. bei elektrischen Gefahren) oder um die Verhinderung einer Schadenausweitung (z. B. bei drohenden Umweltgefahren). Diese Einsätze sind an dritter Stelle der Prioritätseinsätze zu disponieren.

2 d) Einsätze im Bereich Industrie-, Gewerbe- oder Landwirtschaftsbetriebe
(z. B. überfluteter Produktions- oder Serverbereich)
Diese Einsätze stehen an vierter Position und erlangen daher eine hohe Priorität, da davon ausgegangen werden muss, dass ein Schaden infolge eines größeren Wassereintrittes zu einem potenziellen Betriebsausfall führen kann. Dies wiederum kann mittelfristig zu einer Insolvenz mit anschließender Betriebsschließung und dem Verlust von Arbeitsplätzen in der Gemeinde führen. Entsprechend einer US-Studie stellen bei Brand- oder Wasserschäden weniger die Schäden an Gebäuden oder Maschinen das eigentliche Problem dar, sondern vielmehr die betriebswirtschaftlichen Folgeschäden, welche aus einer Unterbrechung der permanenten Lieferfähigkeit resultieren (vgl. Sprint Industries 2009).

2 e) Einsätze in öffentlichen Gebäuden oder Sonderobjekten
(z. B. Wasserschaden in Kindergarten)
Öffentliche Gebäude und Sonderobjekte haben i. d. R. aufgrund ihrer Art oder Nutzung einen besonderen Stellenwert, deren Schadenbeseitigung einen nachhaltigen Nutzen für alle Einwohner (z. B. Verwaltungsstellen) oder einen bestimmten Nutzerkreis (z. B. Kindergarten) haben kann. Bei der Priorisierung sollte die Art und Nutzung des öffentlichen Gebäudes oder des Sonderobjektes – und damit verbunden die Tragweite der Schadenbeseitigung – eine Rolle spielen. So wird faktisch z. B. die Einsatzbearbeitung eines Wassereintrittes im örtlichen Rathaus oder eines Stadtarchives eine höhere Priorität haben, wie andere öffentliche Gebäude in der Gemeinde.

3. Unwetterbedingte Einsätze mit niedriger Priorität
Sind weder zeitkritische Einsätze noch hoch priorisierte Unwettereinsätze als offene Einsätze vorhanden, so beginnt die Disposition aller übrigen unwetterbedingten Einsätze, die mit Priorität »niedrig« versehen sind.

3 Konzept zur Bewältigung von Unwetterlagen auf Gemeindeebene

Achtung:
In diesem Zusammenhang wird erneut eindringlich darauf hingewiesen, dass zu Beginn eines Unwettereintrittes diese Einsätze zunächst nur gesammelt werden, da davon ausgegangen werden muss, dass höher priorisierte Einsätze folgen, deren Beschickung mit Einheiten dringlicher ist!

Um jedoch nicht alle Einheiten »auf Verdacht« zurückhalten zu müssen, können gemäß dem Konzept in ▶ Kapitel 3.3.5 einzelne Einheiten mit untergeordnetem taktischen Einsatzwert für die Beschickung von niedrig priorisierten Einsätzen vorgeplant und disponiert werden. Da diese Einsätze vermutlich den Großteil aller Einsätze darstellen, muss auch hier wieder ein Ranking für die Dispositionsreihenfolge gefunden werden. Grundsätzlich sind mehrere Kriterien zur Festlegung der Reihenfolge denkbar, weshalb nachfolgend eine mögliche Abfolge für die Vorplanung und Disposition von niedrig priorisierten »Bagatelleinsätzen« (z. B. Windbrüche, Wasserschäden, Überflutungen) vorgestellt wird. Zu berücksichtigen sind dabei auch der Aufwand bzw. die zeitliche Bindung von Ressourcen, die ein Einsatz zur Folge hat. Ein hoher Zeit- oder Ressourcenaufwand kann ggf. eine nachrangige Abarbeitung eines Bagatelleinsatzes bedeuten.

3 a) Nach infrastrukturellen Gesichtspunkten
Einsätze im Bereich bedeutender Zufahrts- oder Ausfallstraßen inklusive Hauptverkehrsstraßen von Rettungsfahrzeugen werden vorrangig bedient mit dem Ziel der Wiederherstellung der Befahrbarkeit.

3 b) Nach topografischen Gesichtspunkten
Sind keine a)-Kriterien-Einsätze mehr offen, werden Einsätze in räumlicher Nähe nacheinander abgearbeitet. Dies wird vorrangig in einer späteren Phase zum Tragen kommen, wenn nur noch zahlreiche Bagatelleinsätze vorliegen und diese strukturiert nacheinander abgearbeitet werden müssen. Hier kann es auch sinnvoll sein, »Unwetterzüge« (z. B. MTW mit Zugführer, (H)LF, LF-KatS und GW-L) zusammenzustellen und mit der Abarbeitung eines Paketes an Einsätzen (z. B. in einem gesamten Straßenzug) zu beauftragen (Sammelauftrag).

3 c) Nach Meldungseingang
Sind keine Einsätze des Kriteriums a) oder b) mehr offen, werden Einsätze anschließend dem zeitlichen Eingang nach abgearbeitet. Dies kommt jedoch erst dann zum Tragen, wenn nur noch wenige offene Einsatzstellen räumlich über das Stadt-

3.3 Einsatztaktische Aspekte/Hinweise für effiziente Bewältigung

gebiet verteilt existieren. Ansonsten wird die räumliche Nähe von Einsatzstellen (Kriterium b) das maßgebende Kriterium für die Dispositionsreihenfolge sein.

Nachfolgendes Bild 61 fasst die zuvor genannten Ausführungen zur Dispositionsreihenfolge nochmals grafisch zusammen.

Unabhängig von zuvor genannten Gesichtspunkten ist bei unwetterbedingten Einsätzen anhand des Meldebildes bzw. dem aufgenommenen Sachverhalt (z. B. Wasserstand oder Windbruchgröße) vor der Disposition von Feuerwehreinheiten zu hinterfragen, ob eine Tätigkeit der Feuerwehr überhaupt erforderlich ist, oder ob aufgrund der Geringfügigkeit auch eine Beseitigung der Störung durch Passanten oder Besitzer möglich ist. Dies wäre z. B. gegeben, wenn ein kleiner Ast auf der Fahrbahn liegt oder der Wasserstand in einem Privatgebäude nur wenige Zentimeter beträgt. Beides kann ohne Gerätschaften der Feuerwehr beseitigt werden und muss infolgedessen nicht zwingend in einem Einsatz münden – vor allem, wenn insgesamt eine Vielzahl an Einsätzen in der Gemeinde vorliegt.

Als Hilfsmittel für die Dispositionstätigkeit dient der Führungsvorgang nach FwDV 100, welcher in ▶ Kapitel 2.2.2 erläutert wurde. Die offenen Einsätze, deren Priorität sowie deren regionale Verteilung stellen die Lage dar, welcher Einsatzmittel zuzuordnen sind. Im Rahmen der Beurteilung geht es um die Fragen:

- Welche Einheiten stehen zur Verfügung? (Freie Einsatzmittel)
- Welche Einheiten sind die geeignetsten? (Entsprechend taktischem Einsatzwert)
- Müssen weitere Faktoren berücksichtigt werden? (Z. B. zusätzliche Einheit oder der Bedarf an überörtlicher Unterstützung)

Stehen anfänglich noch alle vorhandenen Einsatzmittel zur Verfügung, so wird sich dies mit zunehmendem Einsatzverlauf ändern. Daher sollte bereits bei den ersten Fahrzeugdispositionen berücksichtigt werden, dass früher oder später ein Ressourcenmangel eintreten wird, wenn mehr (offene) Einsätze vorliegen, als beschickt werden können. Um für später eingehende Prioritätseinsätze universell einsetzbare Lösch- und Hilfeleistungseinheiten ([H]LF) zur Verfügung zu haben, sollten zunächst alle »Unwettereinheiten«, also Fahrzeuge mit untergeordnetem taktischen Einsatzwert und speziellen Unwettereinsatzmitteln als Zusatzbeladung (▶ Kapitel 3.6.1), disponiert werden, wenn diese geeignet sind, die gemeldete Schadenslage zu bewältigen. Um weiterhin zu vermeiden, vorschnell taktisch hochwertige Einheiten für Bagatelleinsätze zu verbrauchen, sollte frühzeitig der Einsatz von Erkundungseinheiten erfolgen. Diese kommen spätestens dann zum Einsatz, wenn alle Einheiten eingesetzt sind und offene Einsatzstellen mit hoher Priorität erkundet werden müssen.

3 Konzept zur Bewältigung von Unwetterlagen auf Gemeindeebene

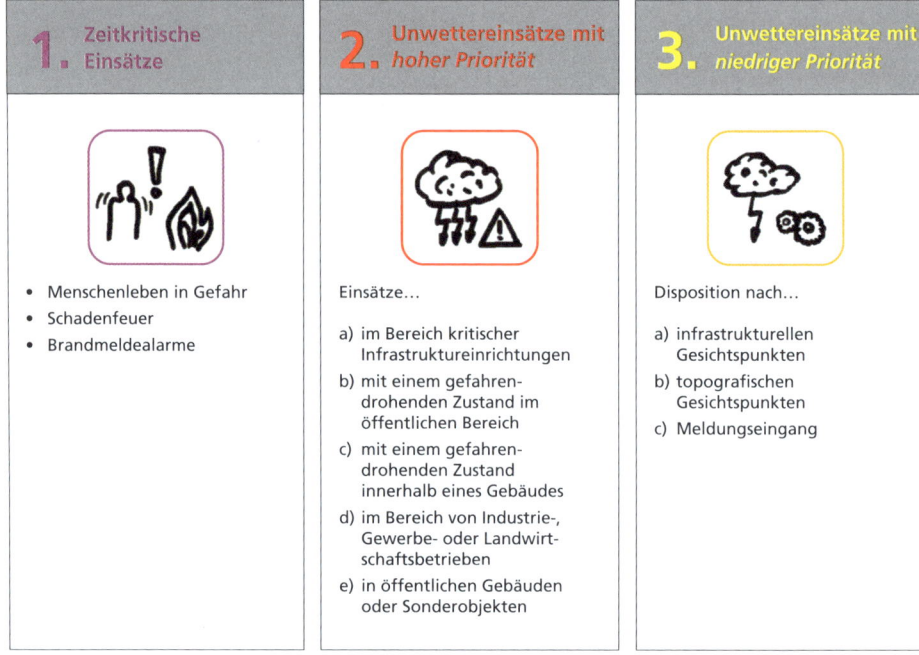

Bild 61: Für eine effiziente Bewältigung der Gesamteinsatzlage ist die Reihenfolge der Einsatzabarbeitung von entscheidender Bedeutung, welche im Führungshaus festgelegt wird.

3.3.3 Bildung von Einsatzabschnitten

Nach der FwDV 100 sieht die Führungsorganisation beim Einsatz eines Verbandes die Bildung von Einsatzabschnitten (EA) bei punktuellen Großschadenslagen vor. Diese werden von benannten Einsatzabschnittsleitern (EAL) geführt.

Um der Logik der Einsatzabschnittsbildung zur Gliederung einer Einsatzstelle zu folgen, ist es vor dem Hintergrund des möglichen Ausmaßes einer Flächenlage sinnvoll, bereits im Vorfeld eines Ereignisses Einsatzabschnitte zu definieren, welche vom rückwärtigen Bereich im Führungshaus geführt werden. Der Schwerpunkt der Tätigkeit liegt hierbei auf der Zuteilung und Verwaltung der Ressourcen im Hinblick auf den zu erwartenden Ressourcenengpass oder -mangel. Die Bildung von Einsatzabschnitten bei größeren (punktuellen) Einsatzstellen vor Ort bleibt hiervon unberührt und findet bei Bedarf wie gewohnt statt.

3.3 Einsatztaktische Aspekte/Hinweise für effiziente Bewältigung

Durch die Gliederung einer Flächenlage in **Einsatzabschnitte mit initialer Einsatzmittelzuordnung** wird erreicht, dass einerseits Ressourcen für hoch priorisierte Unwettereinsätze oder einen zeitkritischen Einsatz zurückgehalten werden. Andererseits kann aber auch frühzeitig mit der Abarbeitung von nicht-zeitkritischen Bagatelleinsätzen begonnen werden, sofern die Ressourcen nicht bereits von Anfang an für Prioritätseinsätze benötigt werden. Denn erfahrungsgemäß werden unwetterbedingte Bagatelleinsätze den Großteil der Einsätze bei einer Unwetterlage darstellen. Da jederzeit mit zeitkritischen Einsätzen oder Unwettereinsätzen mit hoher Priorität gerechnet werden muss, müssen bei der Ressourcenplanung zwingend Einsatzmittel zurückgehalten werden! Auch sollten planerisch Einsatzschwerpunkte einkalkuliert werden, an denen mehrere Einsatzmittel benötigt werden. Dies können z. B. Einsätze in kritischen Infrastruktureinrichtungen (Krankenhaus, Wasserwerk etc.) sein.

Wie in ▶ Bild 58 veranschaulicht, sollten primär die beiden Einsatzabschnitte »Unwettereinsätze« und »Zeitkritische Einsätze/Grundschutz« definiert werden, denen bereits im Vorfeld bestimmte Einsatzmittel zugeordnet werden, die planerisch innerhalb der Gemeinde zur Verfügung stehen. Hierzu wird angemerkt, dass eine Abschnittsbildung nach Prioritäten einer räumlichen Abschnittsbildung bewusst vorgezogen wird, da die Priorisierung von Einsätzen – begleitet von einer priorisierten Einsatzbearbeitung – als wesentlicher Aspekt für eine effiziente Einsatzbewältigung angesehen wird, eine räumliche Abarbeitung von Einsatzstellen hingegen erst ein untergeordnetes Kriterium der »Priorität 3 b)« darstellt (▶ Kapitel 3.3.2).

Die Einsatzmittelzuordnung kann dann im weiteren Verlauf lageabhängig angepasst werden. Durch diese vordefinierte Einsatzabschnittsbildung stehen von Beginn an einzelne Einheiten für die Abarbeitung von Bagatelleinsätzen zur Verfügung. Der Großteil der Einheiten wird jedoch zunächst für höher priorisierte, ggf. später eingehende Einsätze zurückgehalten. Dies können unwetterbedingte Prioritätseinsätze, zeitkritische Einsätze oder Einsatzschwerpunkte sein.

3.3.3.1 Einsatzabschnitt Unwettereinsätze

Mit Ausnahme der Grundschutzeinheit (▶ Kapitel 3.3.7) beinhaltet dieser Einsatzabschnitt zunächst alle verfügbaren Einheiten der örtlichen Feuerwehr. Der Einsatzabschnitt wird in zwei Unterabschnitte (UEA) gegliedert: »Niedrige Priorität« und »Hohe Priorität«.

In den Unterabschnitt »Niedrige Priorität« fallen alle unwetterbedingten Einsätze, die weder hoch priorisiert noch zeitkritisch sind und im Regelfall mit einer Einheit abgearbeitet werden können. Zunächst werden Einsätze in diesem Einsatzabschnitt mit den eigenen vorhandenen Einheiten der örtlichen Feuerwehr entsprechend der in vorherigem Kapitel genannten Reihenfolge abgearbeitet.

Dem Unterabschnitt »Hohe Priorität« werden alle (unwetterbedingten) Einsätze zugeordnet, die aufgrund der Lage oder gemäß den Vorgaben als höher priorisiert eingestuft wurden und vorrangig abgearbeitet oder aufgrund einer unklaren Lage zunächst erkundet werden müssen. In Abhängigkeit der Anzahl an eigenen verfügbaren Einheiten und der Anzahl an vorliegenden (offenen) Einsätzen können diese Einsätze entweder mit eigenen Kräften bewältigt werden oder es müssen bei der Leitstelle (oder dem Abschnittshaus) zeitnah überörtliche Unterstützungseinheiten angefordert werden.

3.3.3.2 Einsatzabschnitt Zeitkritische Einsätze/Grundschutz

Diesem Einsatzabschnitt sollte von Anfang an (mindestens) ein Fahrzeug zugeordnet werden, welches zur sofortigen Bearbeitung von zeitkritischen Einsätzen im Führungshaus zurückgehalten wird. Sinnvoller Weise sollte hierfür ein taktisch universell einsetzbares Fahrzeug vorgesehen werden, mit dem sowohl Brandeinsätze als auch Hilfeleistungseinsätze mit einer Ersteinheit bewältigt werden können. Dies stellt z. B. ein staffelbesetztes (H)LF 10 dar, welches lageabhängig durch weitere Einheiten ergänzt wird.

Kommt es im Verlauf der Flächenlage zu zeitkritischen Einsätzen, so werden die zur Schadensbewältigung erforderlichen Einheiten diesem Einsatzabschnitt zugeordnet. Das benannte Grundschutzfahrzeug wird folglich lagebedingt durch eigene (eventuell zeitversetzt) nachrückende Einheiten ergänzt oder es werden Einheiten der überörtlichen Hilfe erforderlich, wenn eigene Einheiten nicht ausreichen, eigene Einheiten bereits in Einsätzen gebunden sind oder weitere Lösch- oder Sonderfahrzeuge benötigt werden.

3.3.3.3 Einsatzabschnitt »Schwerpunkt« (nach Bedarf)

Nach FwDV 100 wird als Einsatzschwerpunkt die entscheidende Stelle der Gefahrenabwehr bezeichnet, an der durch Zusammenfassung von Kräften und Mitteln ein nachhaltiger Erfolg erzielt werden soll. Ergibt sich folglich im Rahmen der Unwetterlage eine Einsatzstelle, die aufgrund der zahlenmäßig eingesetzten Einheiten einen Einsatzschwerpunkt darstellt oder die aufgrund der Bedeutung der Gefahrenlage als

Einsatzschwerpunkt benannt wurde, so sollte hierfür ein eigener Einsatzabschnitt definiert und die eingesetzten Einheiten diesem zugeordnet werden. Obgleich der Einsatzabschnitt im Voraus formal definiert ist, wird dieser erst bei Bedarf gebildet. Folglich sind diesem anfänglich auch keine Einheiten zugewiesen.

Je nach Lage und Einsatzaufkommen im eigenen Gemeindegebiet kann es erforderlich sein, dass für diesen Einsatzabschnitt Einheiten im Rahmen der überörtlichen Hilfe angefordert werden müssen. Dies können z. B. Sonderfahrzeuge mit Pumpen, Stromerzeugern oder Deichbaumaterial sein. Entgegen den beiden vorherigen Einsatzabschnitten wird dieser Einsatzabschnitt von einem benannten Einsatzabschnittsleiter an der Einsatzstelle geleitet, da hier eine Punktlage innerhalb der Flächenlage vorliegt (▶ Kapitel 3.2). Der Einsatzabschnittsleiter ist vom Einsatzleiter einzusetzen bzw. zu benennen.

3.3.3.4 Einsatzabschnitt Bereitstellungsraum (nach Bedarf)

In Abhängigkeit des flächendeckenden Schadenausmaßes kann der Einsatz überörtlicher Einheiten notwendig werden. Hierfür kann die Einrichtung eines Bereitstellungsraumes erforderlich werden, wofür die Bildung eines eigenen Einsatzabschnittes sinnvoll ist. Nähere Ausführungen hierzu finden sich im weiteren Verlauf in ▶ Kapitel 3.3.4.

3.3.3.5 Zusammenfassende Hinweise zur Abschnittsbildung

Die vordefinierte Zuteilung der Ressourcen zu den Einsatzabschnitten muss letztlich individuell anhand der vorhandenen Ressourcen innerhalb der Feuerwehr einer jeden Gemeinde erfolgen. Folgende taktische Überlegungen sollten jedoch berücksichtigt werden:

- Im Unterabschnitt »Niedrige Priorität« sollten zunächst nur wenige Fahrzeuge vorgesehen werden, die einen einsatztaktisch untergeordneten Wert haben. Dies können z. B. ältere Löschfahrzeuge (z. B. ohne Wassertank) oder Mannschaftstransportwagen (MTW) sein, die mit einer unwetterspezifischen Zusatzbeladung taktisch aufgerüstet werden. Nähere Ausführungen finden sich hierzu in ▶ Kapitel 3.6.1. In Abhängigkeit der Gesamtlage können dann im weiteren Verlauf sukzessive zusätzliche Fahrzeuge diesem Einsatzabschnitt zugeordnet werden, wenn sich die

anfängliche Chaosphase entspannt hat und keine höher priorisierten Einsätze mehr vorliegen bzw. in größerer Anzahl zu erwarten sind.
- Der Schwerpunkt der vorgeplanten Ressourcen sollte primär im Unterabschnitt »Hohe Priorität« liegen, da unbedingt vermieden werden muss, dass alle Einheiten bei Bagatelleinsätzen gebunden sind und ein zeitlich später eingehender Einsatz mit höherer Priorität nicht zeitnah beschickt werden kann. Das Zurückhalten von Einheiten ist in diesem Fall in Anbetracht der Gesamtlage sicherlich gerechtfertigt und geht der zeitnahen Beschickung von Bagatelleinsätzen nach dem Gesichtspunkt des chronologischen Meldungseinganges vor. In diesem Unterabschnitt sind alle übrigen Ressourcen der örtlichen Feuerwehr einzuplanen, die nicht im Unterabschnitt »Niedrige Priorität« oder im Einsatzabschnitt »Zeitkritische Einsätze/Grundschutz« vorgesehen sind.
- Die in ▶ Kapitel 3.3.7 definierte Grundschutzeinheit sollte im Führungshaus der Gemeinde stationiert sein. Durch kurze Meldewege kann dieses Fahrzeug zeitnah bei Eingang eines zeitkritischen Einsatzes zur Einsatzstelle entsendet werden. Gleichzeitig stehen im Führungshaus noch Feuerwehrangehörige in einer Staffel- oder Gruppengröße zur Verfügung, die beispielsweise bei logistischen Aufgaben unterstützend tätig werden können. Die Alarmierung dieser Kräfte über ELA oder Funkmeldempfänger muss dabei jederzeit sichergestellt sein, um Verzögerungen im Einsatzfall zu vermeiden.

3.3.4 Festlegung zentraler Orte im Gemeindegebiet

3.3.4.1 Bereitstellungsräume für überörtliche Einsatzkräfte

Für die Bereitstellung gemeindeeigener Feuerwehreinheiten steht als zentrale Stelle das Führungshaus der Gemeinde zur Verfügung (▶ Kapitel 3.1.1). Werden aufgrund der Schadenslage zahlreiche überörtliche Einheiten zur Unterstützung angefordert, so kann es sinnvoll sein, diese zunächst zu einem definierten Punkt zu beordern und dort zu sammeln.

Die FwDV 100 definiert derartige Punkte als sogenannte Bereitstellungsräume, die der vorsorglichen Bereitstellung, der Reserve oder auch dem unmittelbar bevorstehenden Einsatz von Einheiten dienen können. Als Bereitstellungsraum sollte ein gut erreichbarer Ort außerhalb des Zentrums gewählt werden, wie z. B. ein Festplatz, ein Sportplatz oder eine Sporthalle, die zum gegenwärtigen Zeitpunkt freie Flächen

3.3 Einsatztaktische Aspekte/Hinweise für effiziente Bewältigung

bieten. Hierzu können bereits im Vorfeld zwei bis drei dezentrale Räume definiert werden, die aus unterschiedlichen, möglichst entgegengesetzten Zufahrtsstraßen erreicht werden können. Nachdem die Einheiten dort eingetroffen sind, können diese entweder einen unmittelbaren Einsatzauftrag erhalten und in den Einsatz gebracht oder zunächst nur gesammelt und gegliedert werden, um dann anschließend einen Einsatzauftrag in einem zugewiesenen Einsatzabschnitt zu erhalten.

Zur Führung des Bereitstellungraumes ist eine Führungskraft als verantwortlicher Einsatzabschnittsleiter einzusetzen, der gleichzeitig als Ansprechpartner für das Führungshaus[37] dient. Zusätzlich dazu wird mindestens ein Führungsgehilfe benötigt, mit dessen Hilfe die ankommenden Einheiten registriert und der Einsatzleitung gemeldet werden können. Als Führungsmittel kann ein gut erkennbares Feuerwehrfahrzeug mit Funkausstattung dienen, wie beispielsweise ein MTW. Hierfür können vorgefertigte Schreib- bzw. Konferenzmappen (»Mappen für externe Kräfte«) sinnvoll sein, die im Bereitstellungsraum den externen Einheiten (mit fehlender Ortskenntnis) bei Ankunft übergeben werden. Die Mappen sollten mindestens folgende Bestandteile beinhalten:

- Merkblatt mit den »Organisatorischen Regelungen bei Unwettereinsätzen«, aus dem beispielsweise die festgelegte Einsatzabarbeitung sowie die vordefinierte Kommunikationsstruktur hervorgeht,
- Stadtplan der Gemeinde,
- Rapportzettel für die Dokumentation von abgearbeiteten Einsätzen,
- optional ein Formular zur Vereinbarung der Kostenübernahme bei Arbeitsleistungen,
- Bleistift und Kugelschreiber mit einem Notizblock (DIN A4 oder DIN A5).

Alternativ zu solchen »mobilen« Bereitstellungsräumen eignen sich bei ausgedehnten Flächenlagen auch Feuerwehrhäuser von Abteilungswehren, die als Sammelstelle oder Bereitstellungsraum dienen können. Diese bieten den Vorteil, dass dort eine entsprechende Infrastruktur, wie z. B. Sanitär- und Kommunikationseinrichtungen sowie Sozial- und Besprechungsräumlichkeiten vorhanden sind. Diese strukturellen Gegebenheiten stellen insbesondere bei länger andauernden Einsätzen einen wichtigen Aspekt dar und sollten bei der Auswahl eines Bereitstellungsraumes bedacht werden.

Unabhängig von der Nutzung als Bereitstellungsraum müssen zuvor genannte Feuerwehrhäuser von Abteilungswehren auch als Anlaufstelle für hilfesuchende

---

37 Angemerkt wird, dass die Einrichtung eines Bereitstellungsraumes aufgrund einer hohen Anzahl überörtlicher Kräfte sicherlich mit der Stufe 4 einhergehen wird, bei welcher ein Führungsstab als Teil der Einsatzleitung notwendig wird.

Einwohner gedanklich berücksichtigt werden und sollten daher bei flächendeckenden Schadenslagen – vom Unwetterereignis bis hin zum Stromausfall – mit mindestens einer, besser zwei Personen besetzt sein. Gerade im ländlichen Bereich wird nämlich das örtliche Feuerwehrhaus voraussichtlich eine der ersten Anlaufstellen sein, wenn es z. B. zu einem Ausfall von Kommunikationsverbindungen kommt, was Inhalt des nachfolgenden Kapitels ist.

Analog zum Führungshaus sollte der Ablauf bei direktem Eingang einer Einsatzmeldung in einem Feuerwehrhaus einer Abteilung ebenfalls organisatorisch geregelt sein. Für eine strukturierte Aufnahme der Einsatzdaten kann ebenfalls ein Einsatzstreifen dienen, der beispielsweise eingescannt per Mail an das Führungshaus zur weiteren Bearbeitung gesendet wird. Voraussetzung hierfür wäre ein Multifunktionsgerät mit Kopier-/Scanfunktion und Internetanbindung. Als Alternative wäre auch ein digitaler Einsatzstreifen in ausfüllbarem PDF-Format denkbar, welcher per E-Mail an das Führungshaus versandt wird. Ein Musterexemplar findet sich hierzu im Downloadbereich. Verfügt die Abteilung über kein Multifunktionsgerät oder Internetanschluss, so muss die Einsatzübermittlung alternativ über Telefon oder Sprechfunk erfolgen. Letzteres gilt auch für zeitkritische Einsätze, die immer per Sprechfunk (oder per Telefon) an das Führungshaus übermittelt werden sollten, da es beim E-Mailversand oder beim Lesen der E-Mails zu zeitlichen Verzögerungen kommen kann.

3.3 Einsatztaktische Aspekte/Hinweise für effiziente Bewältigung

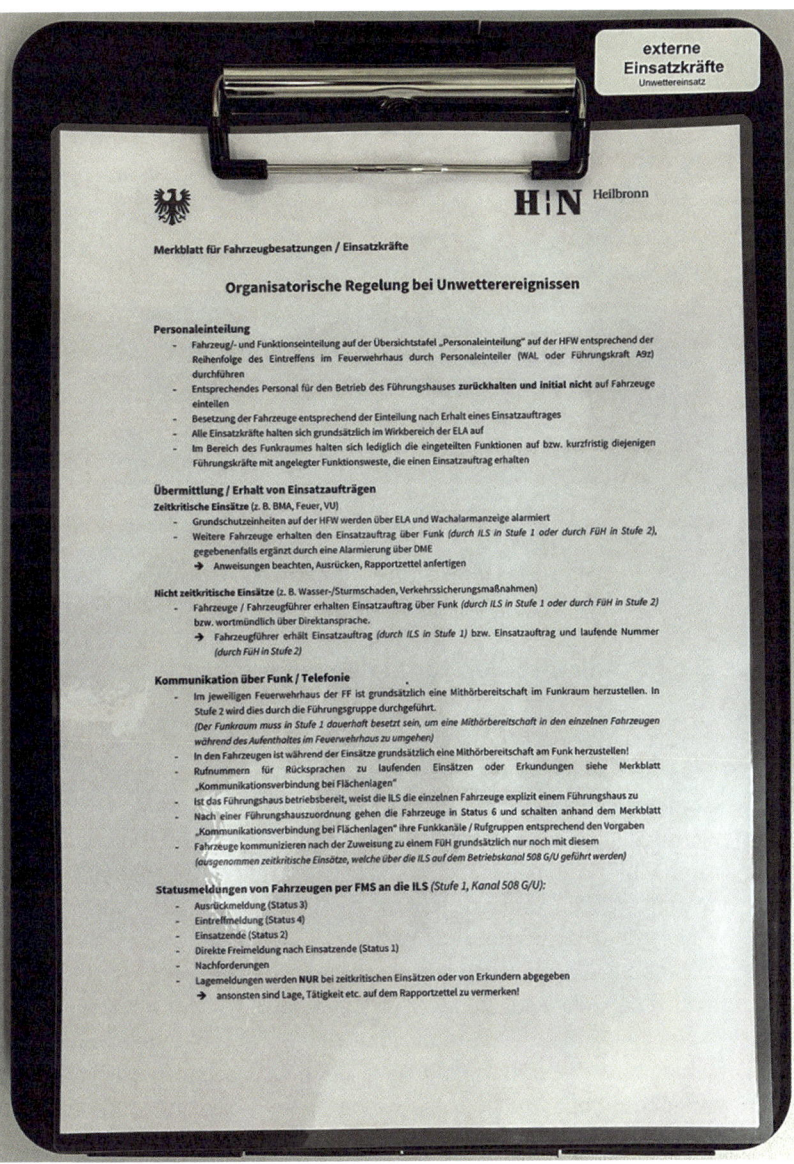

Bild 62: »Mappen für externe Kräfte« können externen (fremden) Einheiten im Bereitstellungsraum übergeben werden und beinhalten neben einem Stadtplan auch die wesentlichen Regelungen für die Abarbeitung von Einsätzen.

3   Konzept zur Bewältigung von Unwetterlagen auf Gemeindeebene

Bild 63: *Feuerwehrhäuser von Abteilungswehren können aufgrund der vorhandenen Infrastruktur bei Flächenlagen als Bereitstellungsräume oder Abschnittsführungsstellen dienen. (Quelle: Feuerwehr Neckarsulm)*

3.3.4.2 Anlaufstellen für die Bevölkerung

Im Falle flächendeckender Schadenslagen, die u. U. mit einem Stromausfall oder einer Schädigung der Infrastruktur einhergehen und zu einem längeren Ausfall der Kommunikation (Telefon, Handy, Fax, E-Mail) führen, ist mit einem hohen Informationsbedürfnis der betroffenen Bevölkerung zu rechnen. Dies wird sich zunächst in Form von zunehmenden Notrufen in den Integrierten Leitstellen und den Polizeileitstellen äußern und anschließend zu Anfragen an örtliche Verwaltungsstellen oder Einrichtungen der Gefahrenabwehr (Feuerwehren, Polizeidienststellen etc.) führen – insbesondere dann, wenn eine Störung des Telefon- oder Mobilfunknetzes vorliegt. Daher darf die Bedeutung einer **Bevölkerungsinformation** nicht unterschätzt werden, die zu einer **Kernaufgabe der Gefahrenabwehrbehörden** zählt. Eine Information der Bevölkerung sollte bei entsprechenden Ereignissen von der Verwaltungsgruppe übernommen werden, sofern dies nicht von höherrangiger Stelle bereits veranlasst wurde. Je früher eine proaktive Information der Bevölkerung erfolgt, desto einfacher wird sich der weitere Einsatzverlauf für alle Beteiligten gestalten. Informationen können beispielsweise über Bürgertelefone, die »NINA

3.3 Einsatztaktische Aspekte/Hinweise für effiziente Bewältigung

Warn-App« des Bundes oder Internetseiten der jeweiligen Gemeinde zur Verfügung gestellt werden.

Unabhängig davon sollte die Besetzung zentraler Stellen der Verwaltung (Rathaus, Bürgerbüros, Verwaltungsstellen oder ggf. Abteilungs-Feuerwehrhäuser) gewährleistet sein; zudem sollten diese miteinander in Kontakt stehen. Als Voraussetzung hierfür müssten die Anlaufstellen mit Sprechfunkgeräten ausgestattet sein, worüber die Weitergabe von Notfallmeldungen an das zentrale Führungshaus der Feuerwehr erfolgen kann. Von dort aus kann wiederum geeignete Hilfe entsendet oder bei der Leitstelle angefordert werden.

Anlaufstellen für die Bevölkerung bei einem länger andauernden Stromausfall

In engem Zusammenhang mit der Einrichtung zentraler Anlaufstellen innerhalb der Gemeinde steht auch das Projekt »KatLeuchttürme«, welches sich dem Thema notstromversorgter Gebäude als Anlaufstellen für die Bevölkerung im Falle eines länger andauernden Stromausfalles widmet. Nähere Informationen zu dieser Thematik finden sich z. B. online auf der eigens hierfür eingerichteten Homepage: https://www.komre.de/

Aufgrund des ansteigenden Risikos eines länger andauernden Stromausfalles durch Hackerangriffe, Brände, Unfälle oder Naturkatastrophen, wurden in jüngster Vergangenheit konkrete Empfehlungen für Städte und Gemeinden zur Vorplanung solcher Anlaufstellen auf freiwilliger Basis für die Bevölkerung veröffentlicht. Ein Beispiel hierfür ist eine »Rahmenempfehlung für die Planung und den Betrieb von Notfalltreffpunkten für die Bevölkerung in Baden-Württemberg (Rahmenempfehlung Notfalltreffpunkte)« (vgl. Ministerium des Innern, für Digitalisierung und Kommunen, 2022).

Im Kontext der **Einrichtung von Anlaufstellen** bei einem Strom- oder Notrufausfall empfiehlt sich als Notfallstruktur für die Praxis ein **dreistufiges Konzept**, da zu Beginn eines Notruf- oder Stromausfalles die Dauer häufig nicht absehbar ist und die Einrichtung eines Notfalltreffpunktes aufgrund der längeren Vorlaufzeit erst bei einem länger andauernden Stromausfall Sinn macht. Die Einrichtung einer Anlaufstelle für das Absetzen eines Notrufes bei einem Notrufausfall (»Notfallmeldestelle«) ist hingegen als zeitkritische Maßnahme von großer Bedeutung, die der Einrichtung eines Notfalltreffpunktes vorgeschaltet werden sollte.

Stufe 1: Einrichtung von Notfallmeldestellen für einen möglichen Ausfall des Notrufs (unabhängig der Ursache)

Kommt es bei einem flächendeckenden Ausfall der Notrufnummer »112« und »110«

sowie bei einem flächendeckenden Stromausfall zu einem Ausfall der normalen Notrufmeldestruktur, sollten schnellstmöglich sogenannte »Notfallmeldestellen« eingerichtet werden, deren primäre Aufgabe es ist, Notfallmeldungen aus der Bevölkerung aufzunehmen und diese an die Integrierte Leitstelle per Funk weiterzugeben.

Die Notfallmeldestellen sollten gleichmäßig über das Stadt- bzw. Gemeindegebiet an vordefinierten und vorab kommunizierten Orten verteilt sein. Zweckmäßiger Weise sollte je Stadt- bzw. Ortsteil mindestens eine Notfallmeldestelle vorgeplant werden. In Abhängigkeit der Größe eines Stadt- bzw. Ortsteils können jedoch auch mehrere Notfallmeldestellen notwendig sein.

Als markante Orte eignen sich in erster Linie Feuerwehrgerätehäuser, da diese in der Bevölkerung bekannt sind, schnell besetzt werden können und über eine entsprechende Infrastruktur samt Funkanbindung an die Integrierte Leistelle verfügen. Müssen aufgrund der Gebietsgröße weitere Notfallmeldestellen vorgeplant werden, sollten hierfür markante Einrichtungen in Erwägung gezogen werden wie beispielsweise Bürgerämter oder Sporthallen, die schnellstmöglich mit Fahrzeugen der Feuerwehr besetzt werden (z. B. MTW). Alternativ können hier auch Standorte von Hilfsorganisationen in Frage kommen oder die Besetzung von vordefinierten Örtlichkeiten mit BOS-Fahrzeugen.

Bei der Planung geeigneter Orte sollte neben örtlichen Gesichtspunkten (Gleichverteilung über die Fläche) auch die Eignung einer Einrichtung für die Erweiterung zu einem Notfalltreffpunkt bedacht werden, sollte es zu einem länger andauernden Stromausfall kommen. Insofern sind Gebäude mit einer Grundinfrastruktur (z. B. WC) öffentlichen Plätzen (z. B. Marktplatz) vorzuziehen.

Zur Aufnahme von Hilfeersuchen bietet es sich an, Notfallmeldestellen mit vorgefertigten Formularen zur »Notrufaufnahme« auszustatten, um die wichtigsten Informationen für eine anschließende Hilfeentsendung zu erfassen. Ein Musterbeispiel für ein solches Formular ist im Downloadbereich verfügbar.

Sofern Notfallmeldestellen auch mit Personal von anderen Hilfsorganisationen besetzt werden sollten, besteht beispielsweise in Baden-Württemberg die Möglichkeit, zur helferrechtlichen Absicherung des eingesetzten Personals eine »Außergewöhnliche Einsatzlage« nach § 35 LKatSG auszurufen.

Stufe 2: Einrichtung von Notfalltreffpunkten ohne Verweilmöglichkeit für die Bevölkerung
(»Soll-Leistungen« eines Notfalltreffpunktes nach Rahmenempfehlung am Beispiel des Landes Baden-Württemberg)
Primäre Aufgabe der Notfalltreffpunkte sind neben einer Informationsweitergabe an

3.3 Einsatztaktische Aspekte/Hinweise für effiziente Bewältigung

die Bevölkerung auch die Herstellung von Kommunikationsmöglichkeiten sowie einer rudimentären Notversorgung. Die Rahmenempfehlung des Landes Baden-Württemberg sieht dafür sogenannte »Soll-« und »Kann-Leistungen« vor.

Die Mindestanforderungen (»Soll-Leistungen«) beziehen sich im Wesentlichen auf die Versorgung der eigenen Räumlichkeiten mit Strom und sichtbarer Beleuchtung, der Erteilung aktueller Informationen und Verhaltenshinweisen, der Koordination und Vermittlung von Hilfe sowie einer Notversorgung mit Trinkwasser und Toiletten.

Als erweiterte Leistungen (»Kann-Leistungen«) sind u. a. die Möglichkeit zum wettergeschützten, wärmenden Kurzaufenthalt, die Bereitstellung von Getränken und Nahrung, die Durchführung von Erste-Hilfe-Maßnahmen sowie Gesprächsangebote für alleinstehende und beunruhigte Personen vorgesehen.

Als Grundausstattung sollten für eine erste Betriebsaufnahme mindestens vorhanden sein:

- Stromerzeuger,
- Kabeltrommel,
- Baustrahler,
- portabler Heizlüfter,
- 20 l Reservekanister mit Kraftstoff,
- Alubox zur Aufbewahrung des Materials,
- Plakate/Wegweiser (z. B. nach Vorgabepaket des Landes BW).

Ziel dieser Grundausstattung soll eine provisorische Beleuchtung eines kleinen Teils der Einrichtungen (z. B. Vorraum/Foyer) sein, in welchem die Mindestanforderungen abgebildet werden können. Neben der sachlichen Ausstattung bedarf es zur Einrichtung und Aufrechterhaltung eines Notfalltreffpunktes ausreichend Personal, das dienstplanmäßig organisiert ist. Ferner müssen die Betriebszeiten geregelt werden, wobei anfänglich eher von einem 24-Stunden-Betrieb auszugehen ist.

Für den Aufbau und den Betrieb eines Notfalltreffpunktes sollten je Schicht mindestens nachfolgende Personen/Funktionen vorgesehen werden:

- 1 × Leiter Notfalltreffpunkt (Anforderung siehe unten),
- 2 × Ansprechpartner für Informationen (z. B. Mitarbeiter aus dem Bürgeramt),
- 2 × Angehörige einer BOS-Organisation für die Annahme von Notfallmeldungen und für Erste-Hilfe-Leistungen (bereits aus Stufe 1 vorhanden),

- 2 × Security-Personal (z. B. Mitarbeiter kommunaler Ordnungsdienste oder private Sicherheitsfirma),
- 1 × Psychosoziale Betreuungskraft (z. B. von Notfallseelsorge o. ä.).

Bei der Auswahl eines Leiters für einen Notfalltreffpunkt sollte ein besonderes Augenmerk darauf gelegt werden, dass geeignete Personen im Vorfeld ausgesucht und im Ereignisfall eingesetzt werden. Hier gilt es von Seiten der Gemeindeverwaltung, geeignete Personen oder ortsbekannte »Persönlichkeiten« zu finden und zu benennen, die andere Menschen führen und (an-)leiten, organisieren und bei Bedarf auch improvisieren sowie klare Ansagen machen können.

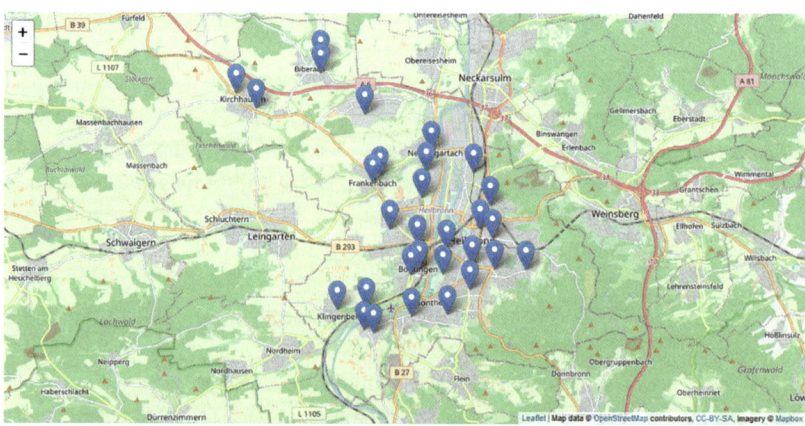

Bild 64: *Die Orte von Notfallmeldestellen (und ggf. Notfalltreffpunkten) sollten dauerhaft auf städtischen Websites »beworben« werden. (Quelle: Stadt Heilbronn)*

3.3 Einsatztaktische Aspekte/Hinweise für effiziente Bewältigung

Stufe 3: Einrichtung von »Notfalltreffpunkten+« mit Verweilmöglichkeit für die Bevölkerung
(»Kann-Leistungen« eines Notfalltreffpunktes nach Rahmenempfehlung am Beispiel des Landes Baden-Württemberg)

Um einen Notfalltreffpunkt zu einem »Notfalltreffpunkt+« aufzurüsten, muss dort dauerhaft eine Notstromversorgung mittels stationärer Netzersatzanlage vorhanden sein. Ferner bedarf es einer Verpflegungslogistik sowie der Vorhaltung von u. a. Tischen, Stühlen und Liegen sowie der baulichen Abtrennung von gesonderten Bereichen (z. B. für stillende Mütter). Insbesondere bauliche Maßnahmen gehen mit einem größeren Planungs- und Finanzaufwand einher und sind somit nicht kurzfristig zu realisieren.

Um im Bedarfsfall die vorgesehenen Anlaufstellen auffinden zu können, ist eine unterjährige Information außerhalb einer Einsatzlage zwingend notwendig. Hierzu bedarf es permanenter Informationen auf den städtischen Presse- und Medienkanälen (z. B. Gemeindeblatt, Website der Gemeinde, Social-Media-Kanäle) durch die Pressestelle der Gemeindeverwaltung. Da Feuerwehren erfahrungsgemäß auch großen Zuspruch auf ihre Onlineauftritte erfahren, wird einer zusätzlichen Publikation von Anlauf- und Notfallmeldestellen auf Onlineplattformen und -kanälen der örtlichen Feuerwehr empfohlen.

3.3.5 Definition von »Leistungseinheiten« und unwetterspezifische Regelungen zur AAO

Bei Alltagseinsätzen greift eine festgelegte AAO, die vom Feuerwehrkommandant als Verantwortlichem bestimmt wird. Dabei werden vorgegebenen Einsatzstichworten fest definierte Einheiten mit einer definierten Ausrück-Reihenfolge zugeordnet. Beispielsweise besteht die Einsatzmittelkette bei einem Brandmeldealarm aus ELW 1, HLF 10, DLA(K) 23/12, LF 20 oder bei einem Sturmschaden aus KdoW, RW und DLA(K). Aufgrund der bei einer Unwetterlage zahlreich zu erwartenden Paralleleinsätze und dem daraus absehbar resultierenden Ressourcenmangel ist es sinnvoll, sich im Vorfeld über abweichende Einsatzmittelketten für standardmäßig zu erwartende Einsatzlagen Gedanken zu machen. Dies erleichtert den eingesetzten Kräften im Führungshaus die Arbeit bei der Disposition und sorgt für eine einheitliche Verfahrensweise – mit dem Ziel eines einheitlichen Standards bei vergleichbaren Schadenslagen.

Als praktikables Hilfsmittel kann sich z. B. die Definition von sogenannten »Leistungseinheiten« erweisen, die mit ihrem taktischen Einsatzwert entweder allein oder zusammen mit weiteren Leistungseinheiten eine Einsatzstelle bedienen. Da-

3 Konzept zur Bewältigung von Unwetterlagen auf Gemeindeebene

durch kann flexibel auf unterschiedliche Einsatzlagen durch die Zusammenstellung von Leistungseinheiten reagiert werden. Zur Veranschaulichung möglicher Leistungseinheiten dient nachfolgende Grafik.

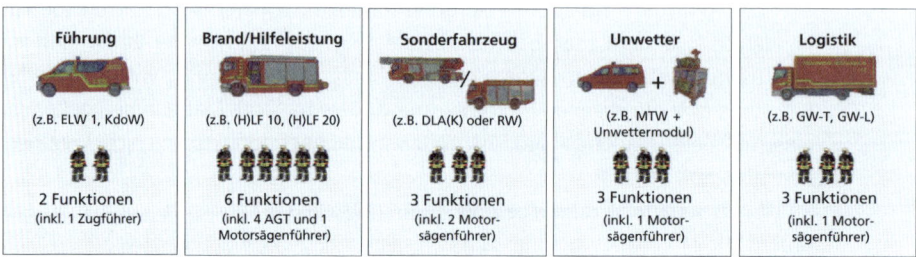

Bild 65: Die Definition von »Leistungseinheiten« erleichtert die Disposition im Führungshaus und hilft bei der Erstellung einer unwetterspezifischen AAO.

Wie aus der Grafik erkennbar, definiert sich eine Leistungseinheit durch ihren taktischen Einsatzwert, der sich aus einem Fahrzeug mit spezifischen Gerätschaften und Funktionen zusammensetzt. Mit der fünfgliedrigen Unterteilung lassen sich auf Gemeindeebene die wesentlichen Fahrzeuge innerhalb einer Feuerwehr klassifizieren. Eine Führungseinheit besteht aus zwei, eine Brand- bzw. Hilfeleistungseinheit aus sechs Funktionen. Alle übrigen Einheiten, also Sonderfahrzeug-, Unwetter- und Logistikeinheiten bestehen i. d. R. aus drei Funktionen. Dies erleichtert die Funktionseinteilung dahingehend, dass z. B. nachgeordnete Logistik- oder Sonderfahrzeuge (Schlauchwagen, Wechselladerfahrzeuge, sonstige Gerätewagen etc.) als Poolfahrzeuge nach Bedarf durch »Pooltrupps« besetzt werden können. Ein Pooltrupp besteht aus einem Fahrzeugführer, einem Maschinisten und einem sonstigen Feuerwehrangehörigen.

Durch die Bildung eines Pools mit nachgeordneten Fahrzeugen können zunächst taktisch wichtige Einsatzfahrzeuge entsprechend einer definierten Reihenfolge besetzt werden. Sind diese funktionsgerecht besetzt, können anschließend fahrzeugunabhängig die Pooltrupps zur Besetzung der Poolfahrzeuge eingeteilt werden. Durch die zunächst fahrzeugunabhängige Einteilung wird eine gewisse Flexibilität erreicht und die Pooltrupps können auf denjenigen Sonder- oder Logistikfahrzeugen eingeteilt werden, die lageabhängig jeweils als nächstes benötigt werden.

Das ▶ Bild 66.1 zeigt exemplarisch eine AAO für Unwetterlagen. Dort werden verschiedenen Szenarien, die überwiegend zu erwarten sind, einzelne Leistungs-

3.3 Einsatztaktische Aspekte/Hinweise für effiziente Bewältigung

einheiten zugeordnet. Je nach Lage und Rückmeldung können dann weitere Leistungseinheiten aus der eigenen Gemeinde ergänzend hinzudisponiert oder bei Bedarf überörtliche Unterstützungseinheiten angefordert werden.

Szenario	Leistungseinheiten				
	Führung	Brand/TH	Sonder-Fahrzeug	Unwetter	Logistik
Brand innerhalb Gebäude	1	2	z. B. DLA(K), RW, SW ▲ keine standardmäßige Einplanung von Sonderfahrzeugen; lagebedingte Disposition gemäß (Rück-)Meldung		
Brand außerhalb Gebäude		1			
Brandmeldealarm	1	1			
Unwettereinsatz klein (niedrige Priorität)				1	
Unwettereinsatz groß (hohe Priorität)	1	1			1
TH klein		1			
TH groß	1	1			
Erkundung	1				

Bild 66.1: *Eine unwetterspezifische AAO kann über die Zuordnung von Leistungseinheiten zu definierten Szenarien erreicht werden.*

Die Kennzeichnung als entsprechende Leistungseinheit kann z. B. visuell über zusätzlich angebrachte Magnetschilder auf den Fahrzeugmagneten erfolgen, wie ▶ Bild 66.2 exemplarisch veranschaulicht:

3 Konzept zur Bewältigung von Unwetterlagen auf Gemeindeebene

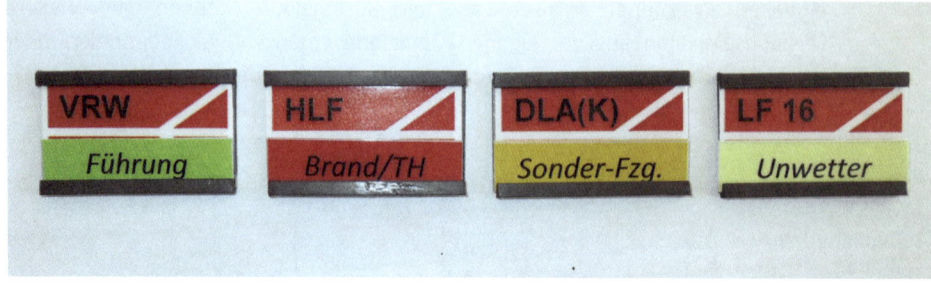

Bild 66.2: *Die Klassifizierung von Fahrzeugen in unterschiedliche Leistungseinheiten erfolgt auf einfache Weise über eine zusätzliche Kennzeichnung.*

Diese Klassifizierung von Fahrzeugen in Leistungseinheiten wird jeweils individuell entsprechend der aktuellen Lage von der für die Disposition zuständigen Führungskraft vorgenommen. Neben einer Vereinfachung der AAO können durch eine solche Klassifizierung weitere Ziele erreicht werden:

- Ein taktisch geringwertigeres oder für Unwetterlagen vorrangig prädestiniertes Fahrzeug (hier z. B. ein LF 16 mit einer Tragkraftspritze als örtliche Zusatzbeladung) erhält die Klassifikation »Unwetter«. Dieses kann somit vorrangig für die Abarbeitung von unwetterbedingten Einsätzen niedriger Priorität eingesetzt werden. Entgegen den übrigen staffelbesetzten Löschfahrzeugen, die mit »Brand/TH« klassifiziert und mit vier Atemschutzgeräteträgern besetzt sind, könnte die Besatzung z. B. aus nur zwei Atemschutzgeräteträgern, dafür aber zusätzlich aus zwei erfahrenen Motorsägenführern bestehen.
- Ein mit zusätzlichen Gerätschaften ausgestattetes Logistikfahrzeug (▶ Kapitel 3.6.1) erhält die Klassifikation »Unwetter« und kann somit für Unwettereinsätze kleineren Umfanges eingesetzt werden. Gleiches gilt auch für Sonderfahrzeuge, die lagebedingt in ihrer eigentlichen Funktion nicht benötigt werden (z. B. SW 2000).
- Durch die Klassifikation kann auf eine besondere Fachkunde bzw. Qualifikation der Besatzung hingewiesen werden. Wird beispielsweise ein Vorausrüstwagen (VRW) mit einem Zugführer als Fahrzeugführer besetzt, so kann dieses Fahrzeug mit der Klassifikation »Führung« auch als Führungseinheit zu Erkundungen eingesetzt werden.

Als weitere Maßnahme hinsichtlich einer unwetterspezifischen AAO kann vom Feuerwehrkommandant im Vorfeld generell festgelegt werden, dass z. B. Löschgruppenfahrzeuge – abweichend von Alltagseinsätzen – zunächst nur in Staffel- anstatt in Gruppenstärke[38] besetzt werden, wenn insgesamt nicht genügend Feuerwehrangehörige zur Besetzung aller Funktionen zur Verfügung stehen. Dadurch werden kleine, schlagkräftige Einheiten geschaffen, mit denen nach FwDV 3 alle Aufgaben des ersten Angriffes bei Brand- und Hilfeleistungseinsätzen durchgeführt werden können. Lageabhängig müssen diese Einheiten dann um weitere Einheiten ergänzt werden.

3.3.6 Erkundung von Einsatzstellen

Welche Bedeutung die Erkundung von Einsatzstellen insbesondere bei Großschadens- oder Flächenlagen hat, bestätigen nicht nur jahrelange Erfahrungswerte von internationalen (Erdbeben-)Rettungsteams, sondern hat sich zuletzt bei der extremen Hochwasserlage im Sommer 2021 im südlichen Nordrhein-Westfalen und in Rheinland-Pfalz gezeigt. Wird eine Einsatzlage von zentraler Stelle geführt, stellt die Erkundung eines Schadensgebietes oder von einzelnen Einsatzstellen eine wichtige Grundlage für die weitere Einsatzplanung dar (vgl. Grebner, 2021).

Aber auch bei Ereignissen weit unterhalb der Katastrophenschwelle kann eine Voraberkundung von Einsatzstellen sinnvoll oder notwendig sein. Übersteigt die Anzahl an parallel vorliegenden Einsatzstellen die zur Verfügung stehenden Ressourcen, kommt es zu Wartezeiten, bis Einsatzstellen bearbeitet werden können. Um einerseits die knappen Ressourcen zielgerichtet einsetzen zu können und andererseits bei unklaren Lagen eine Konkretisierung des Lagebildes zu erhalten, kann es sinnvoll – bzw. ab einem gewissen Zeitpunkt sogar erforderlich – sein, Einsatzstellen im Zusammenhang mit unwetterbedingten Schäden zunächst durch eine Führungskraft erkunden zu lassen. Eine Erkundung ist auch vor dem Hintergrund eines erfahrungsgemäß voneinander abweichenden Melde- und Lagebildes von Vorteil, da Geschädigte aufgrund der Ausnahmesituation die Schadenslage dramatischer einschätzen und schildern, als sie sich bei objektiver Betrachtung darstellt. Weiterhin ist eine konkretisierende Lagebeschreibung bei der Einsatzübermittlung der Leitstelle über E-Mail nicht immer gegeben, sodass lediglich eine Einsatzadresse und ein Einsatzstichwort bekannt sind.

---

38 Da in der Praxis häufig auch bei Alltagseinsätzen Gruppenfahrzeuge nur mit einer Staffeleinheit besetzt werden, würde sich hier bei Unwetterlagen kein Unterschied ergeben.

Nach erfolgter Erkundung kann die entsandte Führungskraft anschließend eine genaue Rückmeldung mit einer konkreten Einsatzmittelanforderung an das Führungshaus abgeben oder erste Absperrmaßnahmen vornehmen, um eine drohende Gefahr zu beseitigen. Alternativ könnte aber auch das Ergebnis der Erkundung sein, dass keine Tätigkeit der Feuerwehr erforderlich ist.

Mit der durch das Führungshaus veranlassten Erkundung wird auch in gewisser Weise der Garantenpflicht Rechnung getragen, indem Einsatzstellen nach Meldungseingang nicht mehrere Stunden unerkundet bleiben! Das Erscheinen der Feuerwehr, verbunden mit der Information zur allgemeinen (Gesamt-)Schadenslage, der voraussichtlichen Dauer bis zum Tätigwerden der Feuerwehr und ggf. einem Hinweis auf Kostenpflicht der Maßnahmen, kann zu einem besseren Verständnis der Einwohner für die Wartezeit beitragen und Folgeanrufe oder Beschwerden vermeiden. Ferner können hierbei Hinweisblätter (z. B. Flyer) an die Betroffenen ausgegeben werden, in denen Selbsthilfemaßnahmen oder weitere Folgemaßnahmen nach einem Schadenereignis aufgeführt sind. Ein Musterbeispiel für ein solches Hinweisblatt ist im Downloadbereich verfügbar.

Zur Erkundung von Einsatzstellen eignen sich alle Kleinfahrzeuge, wie z. B. ein KdoW, ELW 1 oder MTW, die mit einem Zugführer (und sinnvoller Weise einem Fahrer) besetzt werden, wie exemplarisch in Bild 67 veranschaulicht. Voraussetzung hierfür ist, dass insgesamt ausreichend Führungskräfte zur Verfügung stehen. Zur Erkundung von Schadensgebieten (»Flächenerkundung«) kann alternativ der Einsatz einer Drohne in Erwägung gezogen werden, sofern eine solche in der örtlichen Feuerwehr vorhanden ist, ausgebildete Drohnenführer verfügbar sind und die Drohne witterungsbedingt einsetzbar ist.

Für Erkundungsaufträge kann das in ▶ Kapitel 3.5.3 dargestellte Erkundungsformular, der sogenannte »Erkundungsstreifen«, genutzt werden. Eine Erkundung sollte spätestens dann veranlasst werden, wenn

- Lagen unklaren Schadenausmaßes vorliegen und eine Priorisierung von Einsatzstellen vorgenommen werden muss,
- keine freien Einheiten zur zeitnahen Entsendung verfügbar sind oder
- sich die generelle Frage nach einem Tätigwerden der Feuerwehr aufgrund fehlender Zuständigkeit oder »Bagatellität« stellt.

Erkundungseinheit

Führungsfahrzeug

(z.B. ELW 1)

2 Funktionen
(inkl. 1 Zugführer)

- Zur Erkundung von Einsatzstellen (und ggf. Erstabsicherung)
- Einheit fordert lageabhängig weitere Kräfte nach oder gibt Hinweise an Betroffene (z.B. Kostenpflicht oder Wartezeit)
- Führungsfahrzeug bei zeitkritischen Einsätzen

Bild 67: *Die Erkundung von Einsatzstellen ermöglicht bei unwetterbedingten Einsatzstellen eine zielgerichtete Disposition von Einheiten.*

3.3.7 Sicherstellung des Grundschutzes

3.3.7.1 Vorhaltung einer Grundschutzeinheit

Die Sicherstellung des Grundschutzes innerhalb der Gemeinde zählt zu den grundlegenden Aufgaben einer jeden Feuerwehr. Diese Aufgabe darf auch bei Großschadenslagen nicht unberücksichtigt bleiben! So muss gerade bei flächigen Unwetterlagen davon ausgegangen werden, dass es infolge des Unwetterereignisses zu einem zeitkritischen Einsatz kommen kann. Beispielsweise kann hier ein Dachstockbrand infolge eines Blitzeinschlages oder eine im Fahrzeug eingeschlossene Person infolge eines umgestürzten Baumes genannt werden. Derartige Einsätze können in jeder Gemeinde auftreten und müssen nicht zwingend die zuerst eingehenden Einsätze darstellen. Vielmehr ist anzunehmen, dass nach Beginn eines Unwetterereignisses zunächst Einsätze mit untergeordneter Priorität eingehen, die im öffentlichen Bereich schnell erkannt und gemeldet werden.

Diesem Umstand sollte dahingehend Rechnung getragen werden, dass eine sogenannte »Grundschutzeinheit« vorgeplant und am Führungshaus als zentrale Stelle innerhalb der Gemeinde zurückgehalten wird. Damit soll erreicht werden, dass gesichert eine Ersteinheit sowohl für Brandeinsätze als auch für zeitkritische Hilfeleistungseinsätze zur Verfügung steht und ohne Verzögerung nach Meldungseingang ausrücken kann, um erste Maßnahmen bei einem zeitkritischen Einsatz bis zum Eintreffen weiterer Einheiten durchzuführen. Die Vorhaltung einer Grundschutzeinheit sollte zumindest über die »heiße Phase« erfolgen, in welcher alle Einheiten der Gemeinde in Einsätzen gebunden sind.

Die Frage, welchen Umfang eine Grundschutzeinheit umfassen sollte, lässt sich nicht pauschal für alle Gemeinden beantworten, da hierzu individuell das örtliche Gefahrenpotenzial einer jeden Gemeinde betrachtet und bewertet werden muss. Im Hinblick auf die erforderliche Mindestausstattung kann allerdings eine Orientierung an den Hinweisen zur Leistungsfähigkeit der Feuerwehr des Landesfeuerwehrverbandes und des Innenministeriums Baden-Württemberg[39] erfolgen, welche als Mindesteinheit für die Ersteinsatzmaßnahmen bei einen Standardbrand und einer Standardhilfeleistung eine Staffel mit einem Tragkraftspritzenfahrzeug – Wasser (TSF-W) oder ein Staffellöschfahrzeug (StLF 10/6) ansehen, die lageabhängig um weitere Einheiten ergänzt werden muss (vgl. Innenministerium und Landesfeuerwehrverband Baden-Württemberg, 2008). Die Ergänzung der Grundschutzeinheit muss dabei in Abhängigkeit des Schadenszenarios bzw. Meldebildes vom Führungshaus vorgenommen werden. Bei Bedarf sind entweder weitere Einheiten der eigenen Gemeinde zu entsenden, sofern diese aus Einsätzen herausgelöst werden können, oder es muss überörtliche Unterstützung bei der Leitstelle (oder beim Abschnittshaus) angefordert werden. In Abhängigkeit des örtlichen Risikopotenziales kann es ggf. notwendig sein, die zuvor genannte Mindesteinheit personell zu verstärken (z. B. Gruppe in Form von staffelbesetztem (H)LF und DLA(K)) oder eine Mindestanforderung an die Art oder Größe des Löschfahrzeuges zu stellen (z. B. LF 10 mit dreiteiliger Schiebleiter). Die Grundschutzeinheit muss im Vorfeld individuell für jede Gemeinde festgelegt werden. Eine mögliche Zusammensetzung zeigt Bild 68.

Sollten aufgrund der flächenmäßigen Ausdehnung der Gemeinde oder durch unwetterbedingte Schäden auf wichtigen Verbindungsstraßen zu lange Anfahrtszeiten zwischen Führungshaus und einzelnen Ortsteilen resultieren, so ist vom Leiter der Führungsgruppe lageabhängig zu entscheiden, ob eine Grundschutzeinheit für ein entlegenes Gebiet außerhalb des Führungshauses stationiert wird oder eine Abteilungswehr in ihrem Feuerwehrhaus beispielsweise eine Sitzbereitschaft durchführt.

Um insgesamt der Demotivation der auf dem Grundschutzfahrzeug eingesetzten Feuerwehrangehörigen entgegenzuwirken, kann bis zu einem Einsatz des Grundschutzfahrzeuges die Besatzung zur Unterstützung von z. B. Logistikaufgaben inner-

---

39 Anmerkung: Die Hinweise zur Leistungsfähigkeit befinden sich aktuell in der Überarbeitung.

| 3.3 | Einsatztaktische Aspekte/Hinweise für effiziente Bewältigung |

Grundschutzeinheit

- Standort einsatzbereit am Führungshaus
- Erstfahrzeug bei zeitkritischen Einsätzen (Brände und Menschenleben in Gefahr)
- Einheit wird lageabhängig durch weitere Einheit(en) ergänzt

Bild 68: *Auch bei flächigen Unwetterlagen muss der Grundschutz sichergestellt werden, wofür eine definierte Grundschutzeinheit vorzusehen ist.*

halb des Führungshauses eingesetzt werden. Weiterhin kann ein stündlicher Personalwechsel in Form eines rotierenden Systems mit anderen Löschfahrzeugen in Erwägung gezogen werden (z. B. in Verbindung mit einer Pause im Führungshaus). Auf die funktionsgerechte Besetzung des Grundschutzfahrzeuges mit vier Atemschutzgeräteträgern ist in diesem Fall allerdings zu achten.

3.3.7.2 Umsetzung in Feuerwehren kleiner Gemeinden

Insbesondere in kleinen Gemeinden, die insgesamt nur über eine vergleichsweise geringe Anzahl an Fahrzeugen und Feuerwehrangehörigen verfügen oder keine Ortsteile haben, kann das Zurückhalten eines taktisch hochwertigen Löschfahrzeuges zur Sicherstellung des Grundschutzes problematisch sein.

Eine gezielte Zurückhaltung dürfte erst ab einer Größenordnung von insgesamt mehr als zehn Fahrzeugen innerhalb der Gesamtfeuerwehr realisierbar sein. Aber auch in Feuerwehren kleiner Gemeinden darf der Grundschutz nicht zugunsten der Bewältigung von unwetterbedingten Bagatelleinsätzen vernachlässigt werden. Hier sollte ebenfalls eine praktikable Lösung entsprechend der örtlichen Gegebenheiten angestrebt werden, was in erster Linie dadurch erfolgen kann, dass vom Führungshaus eine Grundschutzeinheit definiert und die damit verbundene Aufgabe allen

3 Konzept zur Bewältigung von Unwetterlagen auf Gemeindeebene

Bild 69: *Auch Feuerwehren in kleinen Gemeinden ohne Ortsteile müssen eine Grundschutzeinheit definieren, die ständig erreichbar ist und jederzeit von einer Einsatzstelle abrücken kann.*

Beteiligten kommuniziert wird. Neben den Führungskräften im Führungshaus muss auch die Besatzung des Grundschutzfahrzeuges ihre bedeutsame Aufgabe kennen, sodass jederzeit die Erreichbarkeit dieser Einheit über Funk und ggf. Meldeempfänger sichergestellt und ein sofortiges Abrücken möglich ist. Somit kann der Einsatz eines Grundschutzfahrzeuges für die Abarbeitung kleinerer Einsatzstellen einen praktikablen Kompromiss darstellen, ohne dass der Grundschutz vernachlässigt wird. Hierbei ist jedoch zwingend auf eine funktionsgerechte Besetzung (insbesondere mit vier Atemschutzgeräteträgern) zu achten. Der Einsatz dieser Einheit zur Abarbeitung eines Bagatelleinsatzes sollte jedoch immer eine Einzelfallentscheidung nach gründlicher Abwägung durch den Leiter der Führungsgruppe bleiben und nicht übliche Praxis sein.

3.3.8 Sicherer Umgang mit elektrischen Gefahren an Einsatzstellen

3.3.8.1 Gefahr der Elektrizität bei Unwettereinsätzen

Einsatzstellen sind prinzipiell gefahrenbehaftet. Stehen bei Alltagseinsätzen im Regelfall die Gefahren »Erkrankung/Verletzung«, »Ausbreitung« oder »Atemgifte« entsprechend der bekannten Gefahrenmatrix im Vordergrund, so resultieren bei Unwettereinsätzen verschiedene Einsatzlagen, bei denen die »Gefahr der Elektrizität« eine besondere Rolle spielt. Klassischer Weise sind hier der Wassereintritt in

3.3 Einsatztaktische Aspekte/Hinweise für effiziente Bewältigung

Gebäude oder sturmbedingte Schäden an Gebäuden, Photovoltaikanlagen oder Freileitungen zu nennen. Das größte Problem der Elektrizität stellt dabei die Unsichtbarkeit des elektrischen Stromes und die damit verbundenen Gefahren für Personen dar. Diese Tatsache ist eine Besonderheit, wodurch sich die Gefahr der Elektrizität von anderen Gefahren der Einsatzstelle unterscheidet. Ein erster Schutz wird prinzipiell durch einen ausreichenden Abstand zu spannungsführenden Teilen erreicht. Allerdings kann ein ausreichender Abstand nur dann eingehalten werden, wenn die Gefahr der Elektrizität erkannt wurde, weil sie offensichtlich ist, was beispielsweise bei herabhängenden Freileitungen der Fall ist.

Bild 70: *Elektrische Gefahren können bei Unwettereinsätzen häufig nur über Sekundärerscheinungen erkannt oder aufgrund der Einsatzlage vermutet werden (wie hier aufgrund der eindeutig herabhängenden Hochspannungsleitung). (Quelle: Feuerwehr Heilbronn)*

Anders verhält es sich bei wasserbedingten Einsätzen in Gebäuden, wie Bild 71 exemplarisch veranschaulicht.

Hier ist die Gefahr der Elektrizität schwer einzustufen, weil sie nicht direkt erkennbar ist, sondern höchstens über Sekundärerscheinungen (z. B. Dampf- oder Rauchentwicklung aus Verteilerkasten). Für eine Aufnahme der Tätigkeit muss im Verlauf eines Einsatzes im Regelfall der Schadensbereich betreten werden, sodass ein ausreichender Abstand in der Praxis nicht durchweg eingehalten werden kann.

Daher kommen einer Erkundung und Einstufung der Gefahrenlage eine wesentliche Bedeutung zu. Zur Sicherheit sollte ein betroffener Bereich vor Aufnahme der Arbeiten durch die Feuerwehr oder elektrisch ausgebildetes Fachpersonal spannungsfrei geschaltet werden. Des Weiteren sind gewisse Sicherheitsregeln einzuhalten, die in den nachfolgenden Kapiteln näher betrachtet werden.

Bild 71: *Bei überfluteten Räumen kann die Gefahr der Elektrizität häufig nicht ohne spezielle Gerätschaften erkannt werden. (Quelle: Feuerwehr Neckarsulm)*

Bild 72: *Ein überfluteter Bereich darf zur Aufnahme einer Wasserschadensbekämpfung erst dann betreten werden, wenn die Gefahr der Elektrizität ausgeschlossen oder beseitigt wurde. (Quelle: Feuerwehr Neckarsulm)*

3.3 Einsatztaktische Aspekte/Hinweise für effiziente Bewältigung

Hinweise zum Einsatz von Spannungswarnern für überflutete Bereiche

Hinweise zum Einsatz von »Spannungswarnern« finden sich bei der Gesetzlichen Unfallversicherung in der DGUV-Publikation »Fachbereich Aktuell« FBFHB-002. Der DIN-Normenausschuss Feuerwehrwesen (FNFW) weist jedoch explizit darauf hin, dass zur sicheren Verwendung solcher Geräte zwingend die einschlägigen Vorschriften sowie die Einsatzgrenzen zu beachten sind. Für eine sichere Anwendung solcher Geräte sind die umfangreichen Anforderungen hinsichtlich Gebrauchsanleitung und Produktschulung zu beachten, die im Prüfgrundsatz GS-ET-43 »Grundsätze für die Prüfung und Zertifizierung von zweipoligen Spannungswarnern für überflutete Bereiche« genannt sind.

3.3.8.2 Grundsätzliche Nutzung von Stromerzeugern der Feuerwehr

Gemäß der FwDV 1 und der DGUV-Vorschrift 49 »Unfallverhütungsvorschrift Feuerwehren« (§ 29) sind grundsätzlich Stromerzeuger der Feuerwehr zu verwenden, wenn eine Einsatzstelle mit elektrischer Energie zu versorgen ist. Mit der Verwendung eines Stromerzeugers ist eine netzunabhängige Schutztrennung sichergestellt, wodurch die Betriebssicherheit und der elektrische Personenschutz im Störungsfall deutlich erhöht werden.

Bei Stromerzeugern der älteren Generation wurde eine Isolationsüberwachung noch nicht verbaut. Es bestand bei diesen lediglich ein drahtgebundenes einfaches Messverfahren zur Prüfung der ordnungsgemäßen Funktion des Schutzleitersystems innerhalb des Stromerzeugers. Zur erweiterten Erhöhung des Personenschutzes wird bei Stromerzeugern der neueren Generation eine elektronische Isolationsüberwachung im Stromerzeuger eingesetzt. Diese überwacht beim Betrieb des Stromerzeugers zu jeder Zeit den Isolationswiderstand des gesamten angeschlossenen Systems, sprich Stromerzeuger, Leitungssystem (Kabeltrommel) und Endgeräte. Beim Unterschreiten des fest eingestellten Isolationswiderstandswertes wird ein optisches Signal als Vorwarnung sowie ein optisches und akustisches Signal bei Gefahr (zu niedriger Isolationswert) erzeugt. In letzterem Fall erkennt die Isolationsüberwachung somit einen gefährlichen Systemstatus, bei dem eine lebensbedrohliche Situation für die Einsatzkräfte bestehen könnte. Die Gefährdung kann dabei sowohl durch einen Defekt im Stromerzeuger, im Leitungsweg oder im Endgerät – z. B. durch Wassereintritt, einer mechanischen Beschädigung oder einen Isolationsfehler – hervorgerufen, als auch durch äußere Einflüsse der Einsatzstelle ausgelöst werden. In diesem Fall sollte umgehend der Stromerzeuger außer Betrieb genommen und alle elektrischen Verbraucher vom diesem getrennt werden (vgl. Kern, 2018).

3.3.8.3 Nutzung des stationären Stromnetzes als Sonderfall

Obwohl grundsätzlich ein Stromerzeuger der Feuerwehr zur Energieerzeugung an Einsatzstellen zu verwenden ist, kann es insbesondere bei ausgedehnten Einsatzstellen erforderlich sein, das stationäre Stromnetz (Hausinstallation) zum Betrieb der elektrischen Geräte zu nutzen. Zum Beispiel kann ein Wasserschaden in einem ausgedehnten Objekt, bei dem feuerwehrtechnische elektrische Geräte zur Schadenbekämpfung mehr als 100 m innerhalb des Gebäudes betrieben werden müssen, ein solches Szenario erzeugen.

Da aufgrund der Vorgabe gemäß FwDV 1 keine Verlängerungskabel über 100 m Länge einzusetzen sind, kann folglich nicht auf mobile Stromerzeuger der Feuerwehr zurückgegriffen werden, weil Stromerzeuger aufgrund der Abgase im Innern von Gebäuden nicht betrieben werden dürfen. Insofern kann die Nutzung des stationären Stromnetzes im Einzelfall durchaus erforderlich sein. Für diesen Sonderfall sind jedoch erhöhte Anforderungen für einen sicheren Betrieb nötig.

Ein sicherer Betrieb über das stationäre Netz kann grundsätzlich dann erreicht werden, wenn vor der feuerwehrtechnischen Verwendung des stationären 230 V-Stromnetzes des Energieversorgers die Schuko-Steckdosen[40] im Objekt gemäß DIN VDE 0100 geprüft werden. Damit wird sichergestellt, dass die verwendete Steckdoseninstallation fehlerfrei installiert ist, die Schutzleiterverdrahtung zuverlässig funktioniert und das Leitungsnetz durch diese feuerwehreinsatzbedingte Nutzung nicht geschädigt wird (vgl. Kern, 2018).

Grundsätzlich sind bei dieser Einsatzsituation nach FwDV 1 Differenzstromschalter (DI) als Schutzschalter zu verwenden, welche im stromlosen Zustand nicht eingeschaltet werden können. Auf dem Markt stehen hierfür sogenannte »Portable Residual Current Device« (PRCD) als transportable Fehlerstrom-Schutzeinrichtungen zur Verfügung, wie in Bild 73 abgebildet:

Hierbei unterscheiden die Hersteller derzeit nachfolgende Typen: PRCD-K und PRCD-S. Für einen sicheren Betrieb beider Sicherheitseinrichtungen ist eine korrekte Handhabung von essenzieller Bedeutung, weshalb nachfolgend die Unterschiede beschrieben werden:

Der **PRCD-S-Personenschutzschalter** dient als Sonderform eines DI-Schutzschalters der Fehlerstrom-, Schutzleiterbruch-, Schutzleiterspannungs- und Fremdspannungsüberwachung.

---

40 Schuko steht für »Schutz-Kontakt«.

3.3 Einsatztaktische Aspekte/Hinweise für effiziente Bewältigung

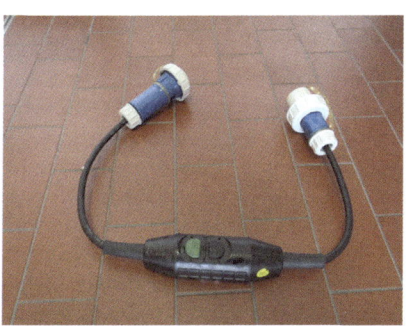

Bild 73: **PRCD-Schutzschalter erkennen Fehlerströme und sorgen für eine erhöhte Sicherheit von Einsatzkräften beim Einsatz von Pumpen und Wassersaugern.**

Achtung: Richtige Inbetriebnahme eines PRCD-S-Personenschutzschalters

Ein PRCD-S-Personenschutzschalter darf nicht mit Schutzhandschuhen eingeschaltet werden, da für die zuverlässige Prüfung ein sehr kleiner Prüfstrom beim Einschalten durch den Körper des Benutzers fließen muss! Somit ist bei unqualifiziertem Umgang eine sichere Überwachungsfunktion mit einem PRCD-S-Personenschutzschalter nicht sichergestellt, wenn diese Vorgabe nicht eingehalten wird (vgl. LFS BW, Juni 2014 und gleichartigem Sicherheitshinweis der DGUV).

Der **PRCD-K-Personenschutzschalter**, ebenfalls eine Sonderausführung eines DI-Schutzschalters, wurde speziell für den Pumpenbetrieb an Stromerzeugern bei der Feuerwehr und dem Katastrophenschutz entwickelt. Er unterbricht abweichend von einem PRCD-S-Personenschutzschalter die angeschlossenen Geräte allpolig (d. h. auch den Schutzleiter), wenn an diesem eine Fremdspannung anliegt, die größer 20 V ist (vgl. LFS BW, Juni 2014 und Spechtenhauser, 2010).

Ergänzend wird angemerkt, dass die Verwendung von PRCD-Schutzschaltern prinzipiell bei der Nutzung von elektrischen Verbrauchern an einem stationären Stromnetz (Hausinstallation) indiziert ist – unabhängig davon, ob der Einsatz im Zusammenhang mit einer Überflutung steht oder nicht!

Hinweise und Sicherheitsregeln bei elektrischen Gefahren an der Einsatzstelle

Weitergehende Informationen zu elektrischen Gefahren an der Einsatzstelle finden sich bei der Gesetzlichen Unfallversicherung in der DGUV Information 203-052. In der überarbeiteten Version werden dort zusätzlich in einem 4. Modul die elektrischen Gefährdungen bei Hochwasser erläutert.

Hinweise zum Umgang mit Batterie-Stromspeichern nach Hochwasserschäden

Vor dem Hintergrund einer zunehmenden Anzahl an stationären Batterie-Stromspeichern in Gebäuden, die häufig in Verbindung mit einer Photovoltaikanlage vorzufinden sind, ergeben sich für Feuerwehren bei Wasserschäden oder Überflutungen neue Gefahren. Neben der Gefahr der Elektrizität durch einen Wassereintritt in das Speichersystem können sich unter Umständen auch entzündliche Gase nach einem Kurzschluss im Batteriesystem bilden. Hinweise zum Umgang mit Batterie-Stromspeichern nach Überflutungen finden sich im Merkblatt des Bundesverbandes Energiespeicher Systeme. Obgleich dieses Hinweispapier in erster Linie an Anwender gerichtet ist, kann dieses auch Einsatzkräften hilfreich sein (vgl. Bundesverband Energiespeicher Systeme e. V., 2021).

3.3.8.4 Ausbildung von elektrotechnischem Fachpersonal

Um bei Einsätzen im Zusammenhang mit elektrischen Gefahren ergänzend auf fachliche Unterstützung zurückgreifen zu können, ist es von Vorteil, wenn entsprechend geschultes, elektrotechnisches Fachpersonal innerhalb der eigenen Feuerwehr zur Verfügung steht. Durch dieses Fachpersonal können die potenziellen Gefahren durch elektrischen Strom sowie die daraus resultierenden Gefahren für die Einsatzkräfte möglichst frühzeitig erkannt und dadurch Personengefährdungen vermindert oder sogar verhindert werden. ▶ Bild 75 zeigt exemplarisch einen solch »vorausgeschalteten Einsatz« bei einem unwetterbedingten Wasserschaden im Untergeschoss eines Geschäftsgebäudes.

Bild 74: Wird die Feuerwehr zu Wasserschaden-Einsätzen in Gebäuden gerufen, handelt es sich meistens um überflutete Kellerräume, in denen sich auch Technik- und Maschinenräume befinden. (Quelle: Feuerwehr Neckarsulm)

Insbesondere bei Einsätzen mit überfluteten Räumen oder nassen Wänden kann eine Vorüberprüfung der Elektroinstallation durch elektrotechnisches Fachpersonal zu einem sicheren Einsatz beitragen, wenn von der Feuerwehr die stationäre Elektro-

3.3 Einsatztaktische Aspekte/Hinweise für effiziente Bewältigung

installation als Stromspeisepunkt genutzt werden muss. Steht ein solches Fachpersonal prinzipiell zur Verfügung, so kann dieses auch von vor Ort befindlichen Kräften an eine Einsatzstelle nachgefordert werden, wenn die Gefahr der Elektrizität infolge eines Wassereintrittes (Wasserschaden) beim Einsatzverlauf erkannt wurde.

Sofern die Vorhaltung von elektrotechnischem Fachpersonal auf Gemeindeebene nicht realisierbar ist, sollte auf Kreisebene die Etablierung einer geschulten Einheit erwogen werden, damit die Möglichkeit einer überörtlichen Anforderung besteht. Als Beispiel hierfür kann die Elektrofachgruppe der Feuerwehr Neckarsulm im Landkreis Heilbronn genannt werden, die neben örtlichen Einsätzen auch zu überörtlichen oder landkreisübergreifenden Einsätzen über die Leitstelle angefordert werden kann.

Steht kein ausgebildetes Fachpersonal in den Reihen der Feuerwehr zur Verfügung, so muss bei Unsicherheiten bezüglich Spannungsfreiheit der zuständige Versorgungsnetzbetreiber für weitere Maßnahmen hinzugezogen werden (vgl. DGUV »Fachbereich Aktuell« FBFHB-002).

Bild 75: *Der vorausgeschaltete Einsatz von elektrotechnischem Fachpersonal erhöht die Sicherheit der Kräfte, indem eine Einschätzung hinsichtlich potenzieller elektrischer Gefahren erfolgt. Zu sehen ist ein Messinstrument für eine allstromsensitive Spannungsmessung mit Maximalwertspeicher bei einer Übung. (Quelle: Feuerwehr Neckarsulm)*

INFO

Portfolio der Elektrotechnik-Fachgruppe der Feuerwehr Neckarsulm:

Aufgaben
Die Aufgabe der Fachgruppe ist die schnellstmögliche Erkennung von möglichen Gefahren durch den elektrischen Strom an der Einsatzstelle. Hierfür unterstützt sie die Einsatzleitung bei der Abschätzung des elektrischen Gefahrenpotenzials für die eingesetzten Kräfte und die Geschädigten. Im Speziellen kann sie für die Spannungsfreischaltung der betroffenen Maschinen, Anlagen, Gebäudeabschnitte oder

Wohnungen in der Frühphase eines Einsatzes herangezogen werden. Ist es bei größeren Unwetterlagen erforderlich, das lokale Stromversorgungsnetz für den Betrieb von feuerwehrtechnischen Geräten zu verwenden, prüft die Fachgruppe die verfügbaren Steckdosen an der Einsatzstelle nach den gültigen DIN VDE-Richtlinien.

Ausbildung
Vorrangiges Ausbildungsziel ist es, unter den Fachkräften einen einheitlichen Wissensstand aufzubauen. Die Schwerpunkte der Ausbildung liegen auf der Begehung von Anlagen und Gebäuden, von Photovoltaikanlagen und elektrischen Energiespeichern sowie auf der Einsicht und Analyse von Elektroinstallations-, Verkabelungs- und Projektunterlagen. Zudem wird das Vorgehen bei Unwettereinsätzen und Großschadenslagen geübt.

3.3.9 Sicheres Vorgehen bei Sturmschadeneinsätzen

Neben Überflutungen von Räumen und Straßen zählen abgerissene Äste oder umgestürzte Bäume zu typischen Einsatzszenarien bei Unwetterlagen. Zur Sturmschadenbeseitigung verfügt die Feuerwehr über Motorsägen, die ein effizientes Einsatzmittel für derartige Tätigkeiten darstellen und zur Normbeladung verschiedener Einsatzfahrzeuge zählen.

Bild 76: *Umgestürzte Bäume auf Fahrzeuge stellen typische Einsätze für die Feuerwehr bei Sturmeinsätzen dar. (Quelle: Feuerwehr Heilbronn)*

3.3 Einsatztaktische Aspekte/Hinweise für effiziente Bewältigung

Dass sowohl vom Sturmschadenobjekt als auch von der Motorsäge erhebliche Gefahren ausgehen können, zeigen immer wieder schwere oder gar tödliche Unfälle bei Einsätzen im Zusammenhang mit Säge- bzw. Forstarbeiten. Ziel des vorliegenden Kapitels ist es daher, insbesondere Führungskräfte für verschiedene Gefahren bei derartigen Einsätzen zu sensibilisieren. Hierfür sollen stichpunktartig die wichtigsten Aspekte für einen sicheren Einsatz bei unwetterbedingten Säge- bzw. Forstarbeiten zusammengefasst werden, wobei der Fokus weniger auf Handwerk und Technik gelegt als vielmehr auf taktisch-organisatorische Gesichtspunkte gerichtet werden soll. Basis hierfür bilden die vorhandenen Vorschriften und Regelwerke im Zusammenhang mit Motorsägearbeiten wie z. B. die FwDV 1 oder Informationen und Regeln der Gesetzlichen Unfallversicherung (GUV-I bzw. GUV-R).

1. Sensibilisierung von Führungskräften und Feuerwehrangehörigen
- Die Arbeit und der Umgang mit Motorsägen ist gefährlich.
- Insbesondere für größere Sturmschäden (Windbrüche und Windwürfe) und unter Spannung stehende Baumteile benötigt es eine entsprechende Fachkunde sowie Erfahrung im Umgang mit Motorsägen, um Gefährdungen und Verletzungen zu vermeiden.
- Das Betreten von Gefahrenbereichen (z. B. Waldgebiete) oder das Tätigwerden im Fallbereich von (bereits beschädigten) Bäumen während eines anhaltenden Sturmes ist lebensgefährlich. Ein Tätigwerden in diesen Bereichen darf erst nach Abklingen des Windes erfolgen, da die Gefahr weiterer Windbrüche mit abstürzenden Ästen oder umstürzenden Bäumen sehr groß ist.

2. Beurteilung der Gefahrenlage vor Einsatzbeginn
- Der erste Blick aus größerer Entfernung sollte der Gesamtlage dienen: Ist nur ein Baum/Ast betroffen oder mehrere? Besteht die »Gefahr des Einsturzes/Absturzes« entsprechend der Gefahrenmatrix, also dass weitere Bäume umstürzen oder höhergelegene Äste/Baumkronen abstürzen können?
- Das Ziel der Lagebeurteilung soll vorrangig die Frage beantworten, ob mit der vorhandenen Fachkunde ein sicheres Arbeiten aufgrund der Umgebungs- und Witterungsverhältnisse möglich ist.

3. Prüfung des Tätigwerdens
- Vor Aufnahme der Tätigkeit sollte eine Prüfung hinsichtlich der Notwendigkeit des Tätigwerdens erfolgen. Im Regelfall ist eine Gefahrenbesei-

tigung entsprechend der landesspezifischen Gesetzesregelungen dann indiziert, wenn eine Rettung von Menschen (und Tieren) erforderlich ist oder eine Gefährdung der öffentlichen Sicherheit und Ordnung vorliegt. Ist beides nicht gegeben, ist kritisch zu hinterfragen, ob ein Tätigwerden der Feuerwehr notwendig ist oder ob beispielsweise Sicherungs- bzw. Absperrmaßnahmen ausreichend sind (▶ Kapitel 3.4.3).
- Eine Prüfung vor Tätigkeitsbeginn sollte auch eine Prüfung der Leistbarkeit beinhalten, also ob geeignetes Fachpersonal mit der nötigen Fachkunde für die vorliegende Lage zur Verfügung steht oder speziell ausgebildete Personen innerhalb der Feuerwehr nachgefordert werden sollten – oder die Arbeiten besser durch eine Fachfirma oder das Forstamt etc. verrichtet werden können. Dies wird hauptsächlich kompliziertere Sturmschadenslagen betreffen, die mit Druck-, Zug- und Drehspannungen einhergehen.

4. Beachtung von Sicherheitsregeln beim Tätigwerden

Sprechen vorherige Punkte nicht gegen die Aufnahme der Tätigkeit durch die Feuerwehr, so sind die allgemeinen Hinweise und Sicherheitsregeln der vorhandenen Vorschriften und Regelwerke für einen sicheren Motorsägeneinsatz zu beachten. Im Wesentlichen sind folgende Punkte zu beachten:
- Persönliche und fachliche Eignung des eingesetzten Personals,
- Schutzausrüstung des Motorsägenführers und sicherheitstechnische Ausrüstung der Motorsäge,
- sicherer Standplatz des Motorsägenführers,
- kein Aufenthalt weiterer Personen im Gefahrenbereich,
- Beachtung von Zug-, Druck- und ggf. Drehspannungen.

3.3 Einsatztaktische Aspekte/Hinweise für effiziente Bewältigung

Bild 77: *Der Einsatz von Motorsägen bei Sturmschäden birgt verschiedene Gefahren, weshalb für eine sichere Tätigkeit verschiedene Aspekte berücksichtigt werden müssen. (Quelle: Feuerwehr Neckarsulm)*

Bild 78: *Kompliziertere Sturmschadeneinsätze erfordern besondere Fachkenntnis oder Gerätschaften, für die u. U. weitere Kräfte nachgefordert werden müssen. (Quelle: Feuerwehr Neckarsulm)*

3.3.10 Sicherer Einsatz in überfluteten Straßen und schnell fließenden Gewässern

Punktuelle Starkniederschläge bei langsam ziehenden Gewittern können schnell zu einer Niederschlagsmenge von über 40 Litern pro Quadratmeter in kurzer Zeit führen, was mancherorts der Niederschlagsmenge eines ganzen Monats entspricht. Abschüssige Straßen verwandeln sich dabei in kleine Flüsse mit u. U. großen Wassermassen und Fließgeschwindigkeiten, da die Kanalisation mit solchen Regenmassen überfordert ist. Auch treten kleine Bäche über die Ufer und überfluten in kurzer Zeit angrenzende Gebiete. Neben den daraus resultierenden Hilfeleistungseinsätzen zum Auspumpen von überfluteten Räumen, führen solche Situationen auch regelmäßig zu eingeschlossenen Personen in Fahrzeugen oder Gebäuden, die aus ihrer bedrohlichen Lage gerettet werden müssen, wie Bild 79 exemplarisch zeigt.

Bild 79: *Sintflutartige Starkniederschläge führen häufig zu starken Überflutungen von Straßen und zu eingeschlossenen Personen in Fahrzeugen. (Quelle: Feuerwehr Stuttgart)*

In Abhängigkeit des Wasserstandes und der (damit verbundenen) Strömungsgeschwindigkeit können hier sehr schnell **lebensbedrohliche Situationen für Rettungskräfte** entstehen, wenn die Kraft des Wassers unterschätzt wird oder nicht erkennbare Strömungen, Strudel oder Soge bestehen. Weiterhin besteht eine unkalkulierbare Gefahr durch Treibgut sowie eine unsichtbare Gefahr durch Hindernisse unterhalb der Wasseroberfläche oder offene Kanaleinläufe, was in der Vergangenheit bereits zu Unfällen mit tödlichem Ausgang führte.

Vor diesem Hintergrund sollten keine stark überfluteten Straßen mit normalen Einsatzfahrzeugen durchfahren oder von Feuerwehrangehörigen ohne spezielle

3.3 Einsatztaktische Aspekte/Hinweise für effiziente Bewältigung

Ausbildung und Ausrüstung betreten werden! Dies gilt insbesondere für schnell fließende Gewässer bei Überschwemmungen, die aufgrund der zuvor genannten, teils nicht erkennbaren Gefahren, ein hohes Risiko bergen. Sind hier Personen in Fahrzeugen oder Gebäuden eingeschlossen, müssen Spezialeinheiten (z. B. Strömungsretter) angefordert werden, sofern diese bei Meldungseingang nicht initial von der Leitstelle parallel alarmiert wurden. Klassischer Weise kommen hier Einheiten der Deutschen Lebensrettungsgesellschaft (DLRG) oder Taucherstaffeln von Feuerwehren mit einer Zusatzausbildung als Strömungsretter in Frage. Lageabhängig kann auch der Einsatz von Hubschraubern erwogen werden.

Bild 80: *Überflutete Bereiche, deren Untergrund nicht einsehbar ist, können unbekannte Gefahren bergen und sollten weder betreten noch befahren werden. (Quelle: Lutz)*

Bild 81: *Nicht selten herrschen in überfluteten Bereichen erkennbare oder unsichtbare Strömungen. (Quelle: Lutz)*

Bild 82: *Häufig treten unsichtbare Gefahren erst bei absinkendem Wasserstand zu Tage, wenn der Untergrund eingesehen werden kann. (Quelle: Lutz)*

Sofern in der Erstphase eines Einsatzes spezielle Einsatzmittel zur Verfügung stehen, kann eine **Menschenrettung nach erfolgter Lage- und Gefährdungsbeurteilung** und in Abhängigkeit der Strömungsverhältnisse erwogen werden. Als geeignetes Einsatzmittel ist in diesem Zusammenhang ein Schlauch- oder Rettungsboot zu anzusehen, mit Hilfe dessen eine Rettung von eingeschlossenen oder festsitzenden Personen in Gebäuden oder Fahrzeugen durchgeführt werden kann. Durch den Einsatz eines Bootes lassen sich einzelne Gefahren minimieren oder ausschließen, was letztlich ein Tätigwerden rechtfertigen kann.

Bild 83: *Ein Schlauchboot kann eine Rettung von Personen aus eingeschlossenen Fahrzeugen oder Gebäuden bei überfluteten Straßen ermöglichen.*

3.3 Einsatztaktische Aspekte/Hinweise für effiziente Bewältigung

Steht in der Erstphase kein Boot für einen Rettungseinsatz zur Verfügung oder es ist der Einsatz eines Bootes aufgrund der Strömungsverhältnisse etc. nicht möglich, so wird sich ein Tätigwerden der Feuerwehr zunächst auf Sicherungsmaßnahmen mit den örtlich zur Verfügung stehenden Mitteln beschränken müssen. Dies kann z. B. durch das Zuwerfen einer Leine von einem gesicherten Standplatz aus erfolgen, mittels derer eine Person oder ein Fahrzeug mit einer eingeschlossenen Person behelfsmäßig gesichert oder ggf. sogar an den Uferbereich gezogen werden kann.

Hinweise für einen sicheren Einsatz mit Booten/Wasserrettung

Ergänzende Informationen zu Einsätzen mit Booten auf dem Wasser finden sich bei der Gesetzlichen Unfallversicherung in der DGUV Information 205-010, Kapitel C 27. Weitergehende Hinweise zu Wasserrettungseinsätzen finden sich u. a. bei der Landesfeuerwehrschule Baden-Württemberg (LFS BW, 2011).

Sofern die Gemeinde über geländegängige und watfähige Einsatzfahrzeuge verfügt, können diese u. U. eine Alternative zu Booten darstellen, um Personen zu evakuieren. Bevor diese eingesetzt werden, muss allerdings auch hier wieder eine Lage- und Gefährdungsbeurteilung durch den Einsatzleiter erfolgen. Vor dem Hintergrund einer Zunahme von Einsätzen, die im Zusammenhang mit dem Klimawandel stehen, bieten Fahrzeughersteller mittlerweile auch speziell für Extremwetterlagen konzipierte Fahrzeuge an, die eine Wattiefe von 1,20 m aufweisen und als Logistikfahrzeug ein breites Einsatzspektrum abdecken (vgl. Götz, 2018).

3.3.11 Entsendung von Führungskräften zur Besetzung eines Führungsstabes auf Kreisebene

Besonders bei flächendeckenden Unwetterlagen, die weite Teile eines Kreises betreffen, ist die Einrichtung eines Führungsstabes in der Leitstelle wahrscheinlich – ebenso einer Führungseinheit in einem Abschnittshaus, sofern ein solches konzeptionell auf Kreisebene vorgesehen ist. Hierzu werden im Wesentlichen Feuerwehrangehörige von kreisangehörigen Gemeinden mit einer Verbandführerqualifikation und einer Ausbildung in Stabsarbeit herangezogen. Nicht selten stellen dabei Feuerwehrkommandanten einen Teil der Stabsmitglieder, da diese aufgrund ihrer Qualifikation die Zugangsvoraussetzungen für eine Stabsausbildung erfüllen.

Insbesondere bei großflächigen Unwetterlagen sollte jedoch die realistisch leistbare Besetzung eines Führungsstabes hinterfragt werden. Grund hierfür ist, dass die Einrichtung eines Abschnittshauses oder eines Führungsstabes in der Leitstelle aller

Voraussicht nach erst bei einer entsprechend großen Flächenlage vorgenommen werden wird. Dies bedeutet, dass alle Feuerwehrangehörigen primär in ihren eigenen Gemeinden benötigt werden. Vor diesem Hintergrund müssen betroffene Feuerwehren größerer Gemeinden, die Personal für den Führungsstab des Kreises stellen, Überlegungen dahingehend anstellen, welche Funktionsträger für die Entsendung auf Kreisebene bei Unwetterlagen in Frage kommen oder vorrangig in unteren Führungsebenen benötigt werden.

Wie in ▶ Kapitel 3.1.6.3 erläutert wurde, kann hierfür bei objektiver Betrachtung der Thematik nicht der Feuerwehrkommandant vorgesehen werden, da dieser in seiner Gemeinde den größten Kenntnisstand der örtlichen Strukturen und der örtlichen Gefahrenabwehr hat. Außerdem bekommt dieser gemäß den länderspezifischen Feuerwehr- und Brandschutzgesetzen gewisse Aufgaben und Kompetenzen zugeschrieben und hat somit ein Alleinstellungsmerkmal inne. Somit ist der Feuerwehrkommandant in erster Linie der wichtigste Feuerwehrangehörige der Gemeinde, der sinnhafter Weise nicht für Einsatztätigkeiten außerhalb der Gemeinde verplant werden sollte.

Der in zweiter Reihe stehende Stellvertreter ist der Abwesenheitsvertreter des Feuerwehrkommandanten und kann von diesem z. B. im Führungshaus gewisse Aufgaben und Kompetenzen als Leiter der Führungsgruppe übertragen bekommen. Somit steht auch dieser nicht für den Einsatz in einem Führungsstab auf Landkreisebene bei derartigen Schadenslagen zur Verfügung.

Folglich müssen im großflächigen Unwetterfall weitere qualifizierte Feuerwehrangehörige für die Mitarbeit in einem Führungsstab auf Landkreisebene vorgesehen und ggf. qualifiziert werden, die in der eigenen Gemeinde im Bedarfsfall leichter entbehrlich sind als vergleichsweise der Feuerwehrkommandant oder dessen Stellvertreter. Dies ist normalerweise nur von Feuerwehren größerer Gemeinden leistbar.

3.3.12 Erstellung von Gefahrenabwehrplänen

Durch die zunehmende Technisierung aller Lebensbereiche erlangen eine intakte Infrastruktur sowie eine funktionierende Energieversorgung in der heutigen Gesellschaft einen immer höheren Stellenwert. Diese Tatsache wird vor allem bei einem Ausfall der Infrastruktur oder der Stromversorgung deutlich, welche schnell weitreichende Folgen nach sich ziehen können. Vor diesem Hintergrund müssen sich Gemeinden nach eigenem Ermessen bestmöglich gegen Extremereignisse wie Unwetter, Hochwasser oder einen flächendeckenden Stromausfall vorbereiten.

3.3 Einsatztaktische Aspekte/Hinweise für effiziente Bewältigung

Neben technischen Ausstattungsmitteln zur Schadensbewältigung sind gleichermaßen konzeptionelle Maßnahmen zur vorbeugenden Schadensabwehr unverzichtbar. Durch szenarienorientierte Gefahrenabwehrpläne kann bereits im Vorfeld ein positiver Beitrag dahingehend geleistet werden, dass im Ereignisfall alle Maßnahmen verlustfrei ineinandergreifen. Solche Pläne müssen in Zusammenarbeit zwischen Feuerwehr, Gemeindeverwaltung und betroffenen Akteuren (z. B. Betreiber Kritischer Infrastruktureinrichtungen) erstellt und regelmäßig aktualisiert werden. Auch kann in diesem Zusammenhang beispielsweise die Einbindung des Bauhofes der Gemeinde bei Flächenlagen geregelt werden.

Hilfestellungen finden sich u. a. beim Bundesamt für Bevölkerungsschutz und Katastrophenhilfe (BBK), das verschiedene Publikationen anbietet. Beispielhaft für die zugrundeliegende Thematik kann das Handbuch »Die unterschätzen Risiken ›Starkregen‹ und ›Sturzfluten‹« genannt werden, welches Informationen zu Wettergefahren für Bürger und Kommunen bündelt (vgl. BBK, 2015).

Unabhängig davon können Gemeinden – neben den Kreisen und kreisfreien Städten als untere Katastrophenschutzbehörden – aufgrund der jeweiligen Katastrophenschutzgesetze der Länder (z. B. LKatSG BW § 5 Abs. 2 Nr. 2) verpflichtet sein, Alarm- und Einsatzpläne für eigene Maßnahmen auszuarbeiten und regelmäßig fortzuschreiben, die im Einklang mit den Alarm- und Einsatzplänen der Katastrophenschutzbehörde stehen. Dies impliziert auch erforderliche Vorkehrungen der Gemeinden für Gefährdungslagen durch Extremwetterereignisse (Starkregen, Sturm, Hagelschlag, Schnee etc.) (vgl. Empfehlungen zur Stabsarbeit des Innenministeriums Baden-Württemberg, 2017).

3.3.13 Sensibilisierung der Einwohner zur Ergreifung von Vorsorgemaßnahmen

Bereits im Vorfeld eines flächendeckenden Schadenereignisses kann es sinnvoll sein, dass eine Sensibilisierung von Einwohnern durch die jeweilige Gemeindeverwaltung erfolgt. Als Hilfsmittel und Grundlage können beispielsweise Broschüren des BBK verwendet werden (vgl. BBK, 2019-1). Das Ziel sollte dabei sein, durch eine offene Kommunikation die Einwohner darauf hinzuweisen, dass bei flächendeckenden Schadenslagen (wie z. B. bei einem großflächigen Unwetter) zeitkritische Einsätze zur Menschen- und Tierrettung sowie zur Brandbekämpfung vorrangig bearbeitet werden müssen und unwetterbedingte (Bagatell-)Einsätze nicht oder zumindest nicht zeitnah durch die örtliche Feuerwehr bedient werden können. Teilweise finden sich diesbezüglich auch Aussagen in einzelnen Landesgesetzen (z. B. BHKG, § 1 (4)), in denen explizit aufgezeigt wird, dass die behördliche Gefahrenabwehr (Brandschutz, Hilfeleistung und Katastrophenschutz) auf der Vorsorge und der Selbsthilfefähigkeit der Bevölkerung aufbaut und staatliche und private Maßnahmen sich gegenseitig ergänzen (vgl. Schneider 2016, S. 35).

Als Selbsthilfemaßnahmen können für Unwetterlagen beispielsweise die Vorhaltung von schadenbegrenzenden Mitteln wie Planen, Sandsäcke, Latten etc. angeregt werden. Dies kann sowohl für in Eigenregie getroffene Schutzmaßnahmen sinnvoll sein als auch bei einem durch die Feuerwehr unterstützten Einsatz, da derartige Einsatzmittel nur in begrenztem Umfang zeitnah zur Verfügung stehen und im Schadenfall schnell zu einer Mangelressource werden.

3.3.14 Informationsmanagement

Im Alltag wird in unterschiedlichsten Lebensbereichen einer funktionierenden Kommunikation ein hoher Stellenwert beigemessen. Dies trifft auch auf den Bereich der Feuerwehr zu, da bei Einsätzen und Übungen regelmäßig eine nicht funktionierende Kommunikation angeführt wird, wenn Dinge daneben laufen oder vermeidbare Fehler entstehen.

In enger Beziehung zur Kommunikation stehen Informationen, die den »Kern« einer Kommunikation (zwischen Sender und Empfänger) darstellen. Beide Bereiche sollen nachfolgend vereinfacht unter dem Begriff »Informationsmanagement« zusammengefasst werden.

Ergänzend dazu lässt sich auch ein Bezug zwischen einem funktionierenden Informationsmanagement und dem Einsatzerfolg herstellen. Denn nur wenn es gelingt, dass relevante Informationen auf dem kürzesten und schnellsten Weg zum Empfänger gelangen, kann eine Aktion bei diesem ausgelöst werden und eine Reaktion erfolgen. Je größer allerdings eine Einsatzlage und das zugehörige Schadensgebiet sind und je mehr Führungsebenen und Übermittlungsstellen zwischen Sender und Empfänger existieren, desto größer wird die Herausforderung im Hinblick auf den Informationsfluss. Als klassisches Beispiel kann hier eine komplexe Einsatzlage mit eingerichtetem Führungsstab angesehen werden, wo ein vergleichsweise langer Melde- bzw. Informationsweg zwischen anordnender Funktion und operativ ausführender Einheit liegt.

Solch einer Herausforderung kann in komplexen Einsatzlagen nur mit einem funktionierenden Informationsmanagement begegnet werden, indem im Vorfeld

3.3 Einsatztaktische Aspekte/Hinweise für effiziente Bewältigung

Kommunikationsstrukturen sowie Informations- bzw. Meldewege definiert werden, die in einer Einsatzlage konsequent umgesetzt und eingehalten werden. Im Wesentlichen geht es dabei vereinfacht um die Frage: »Wie gelangen Informationen/Aufträge/Meldungen vom Sender zum Empfänger und ggf. wieder zurück?« Dies klingt zwar im ersten Moment trivial, bei größeren Einsätzen kann dies jedoch zu ernsten Problemen führen, wenn diese Frage nicht geklärt und vorab klar definiert wurde. Dies trifft insbesondere bei großen Lagen zu, wenn Einheiten involviert sind, die im Alltag nicht eingebunden sind, wie beispielsweise ein Führungsstab.

Hier steckt der Teufel oftmals im Detail und es reicht nicht alleinig aus, nur die Kommunikations- bzw. Übertragungswege (Rufgruppen, Telefon, Bote etc.) zu definieren! Erstellte Konzepte müssen zusätzlich die **Abläufe** zwischen den einzelnen Einheiten **detailliert beschreiben**, die auf Gemeindeebene eingesetzt sind. Im Falle einer flächigen Unwetterlage sind dies neben der Leitstelle und den operativen Einheiten mindestens eine Führungsgruppe, eine Verwaltungsgruppe und ggf. ein Führungsstab, wie ▶ Bild 84 schematisch veranschaulicht.

Weiterhin wird innerhalb von Führungseinheiten eine interne Organisation benötigt, die festlegt, wie Informationen und Aufträge vom Sender im Führungsstab bzw. in der Führungsgruppe zur Übermittlungsstelle (Fernmelder) gelangen und welche Führungsmittel hierzu erforderlich sind. Zum Einsatz können hier beispielsweise eine Einsatzführungssoftware, der 4-fach-Vordruck zur Stabsarbeit, E-Mail-Programme oder selbst entwickelte Formulare kommen.

Ein solches Informationsmanagement wurde in ▶ Kapitel 3.1.5 für ein Führungshaus musterhaft erstellt und beschrieben. Damit ist ein durchgängiger Informationsfluss von der Einsatzaufnahme bis zum Einsatzabschluss gewährleistet. Nicht detailliert beschrieben wurde hingegen der Informationsfluss zwischen einer eingesetzten Verwaltungsgruppe (Stufe 3) oder einem Führungsstab auf örtlicher Ebene (Stufe 4), da der Informationsfluss letztlich von den örtlichen Gegebenheiten abhängig ist und individuell definiert werden muss. Konkret wäre zu klären, wie die Verbindungsperson in der Verwaltungsgruppe oder im Führungsstab mit dem Führungshaus kommuniziert und wie die Informationen weiterverarbeitet werden. Im Wesentlichen kommen entweder eine Stabssoftware oder ein Telefon mit handschriftlichen Meldeformularen in Betracht. Für beide Varianten müssen aber im Vorfeld die technischen Voraussetzungen geschaffen und die Abläufe beschrieben werden.

3 Konzept zur Bewältigung von Unwetterlagen auf Gemeindeebene

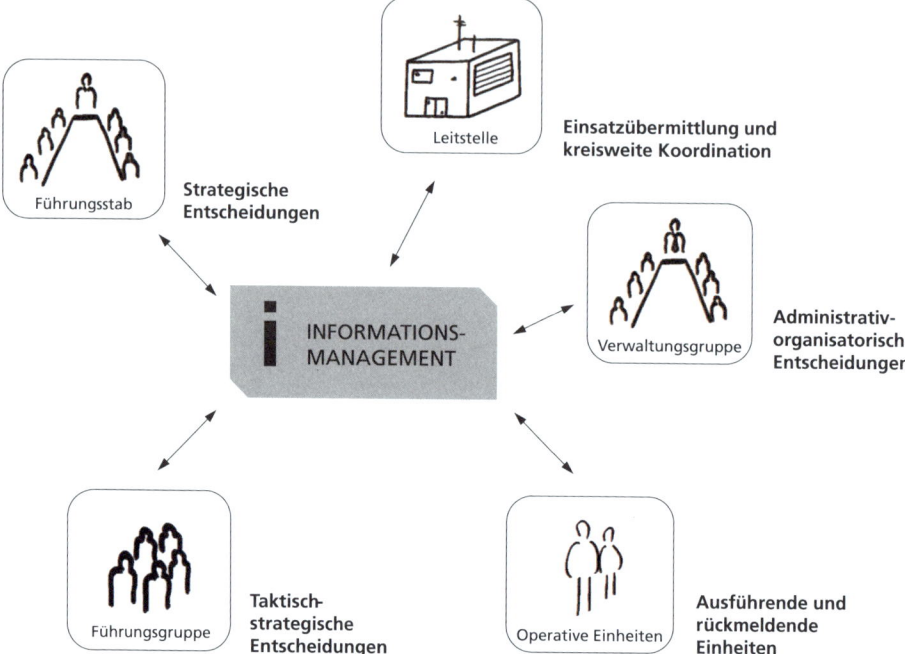

Bild 84: *Insbesondere bei größeren Einsatzlagen erfordert es ein durchdachtes Informationsmanagement, das sowohl interne Abläufe wie auch Informationsflüsse mit externen Stellen beschreibt.*

3.4 Organisatorische Aspekte und Hinweise für die operativ eingesetzten Einheiten

Neben der Führungshausorganisation gilt es gleichermaßen, den Einsatz der operativen Einheiten dahingehend zu organisieren, dass eine strukturierte Einsatzbewältigung gewährleistet ist. Hierzu bedarf es verschiedener organisatorischer Aspekte sowie einsatztaktischer und rechtlicher Hinweise, die für die operativ eingesetzten Feuerwehrangehörigen bei der Abarbeitung von Einsätzen von Relevanz sind. Nachfolgende Inhalte sollten daher auch Gegenstand der Ausbildung aller Feuerwehrangehörigen sein.

3.4 Organisatorische Aspekte/Hinweise für die Einheiten

3.4.1 Einteilung der Fahrzeugfunktionen

Wie bereits erläutert wurde, nimmt bei Flächenlagen die frühzeitige Personaleinteilung der Fahrzeugfunktionen einen hohen Stellenwert ein, da planerisch von der Besetzung aller vorhandenen Einsatzfahrzeuge innerhalb der Gemeinde ausgegangen werden muss. Daraus lässt sich im Vorfeld die insgesamt erforderliche Personal- und Funktionsanzahl voraussagen. Die Fahrzeugfunktionen werden vom Fahrzeugführer des Grundschutzfahrzeuges als verantwortliche Person für die Funktionseinteilung bei Eintreffen der Feuerwehrangehörigen im Führungshaus eingeteilt. Feuerwehrabteilungen außerhalb des Führungshauses besetzen ihre Fahrzeuge in Eigenregie funktionsgerecht und erhalten entweder einen Einsatzauftrag über Funk vom Führungshaus oder fahren dieses nach Aufforderung an, um von dort im weiteren Verlauf disponiert zu werden.

Für den rückwärtigen Bereich im Führungshaus werden nach vorliegendem Konzept acht Funktionen aus Angehörigen der Führungsgruppe plus die Fahrzeugführerfunktion des Grundschutzfahrzeuges benötigt. Die Anzahl der Funktionen zur Besetzung aller Einsatzfahrzeuge hängt individuell von der Größe der jeweiligen Feuerwehr ab und lässt sich daher nicht pauschal benennen.

3.4.2 Vorgaben für die Abarbeitung von Einsätzen

Die Bewältigung von Unwetterlagen stellt für alle Feuerwehren einer jeder Gemeinde eine Besonderheit dar. Um eine einheitliche Einsatzbearbeitung und eine gleiche organisatorische Vorgehensweise der operativ tätigen Kräfte zu gewährleisten, sollten grundlegende Standards festgelegt und im Rahmen der Ausbildung kommuniziert werden. Ergänzend dazu empfiehlt es sich, ein Merkblatt für die »Organisatorische Bewältigung von Unwetterereignissen« in jedem Einsatzfahrzeug zu hinterlegen. Dies kann dem Fahrzeugführer im Ereignisfall als Gedankenstütze dienen.

Inhaltlich sollten u. a. folgende organisatorische Abläufe geklärt werden:
- Bereitstellungsraum für Feuerwehrabteilungen,
- Personaleinteilung,
- Alarmierung,
- Kommunikation,
- Dokumentation von Einsätzen,
- Hinweisgabe zur Kostenpflicht,

- erhöhte Aufmerksamkeit gegenüber Gefahren im Zusammenhang mit unwetterspezifischen Einsätzen.

Ein Musterbeispiel für ein solches Merkblatt ist im Downloadbereich verfügbar.

3.4.3 Prüfung der Notwendigkeit eines Feuerwehreinsatzes

Die Frage, ob eine Tätigkeit für die Feuerwehr an einer Einsatzstelle gegeben ist, lässt sich im Regelfall bei Meldungseingang nicht sicher beantworten. Insofern wird mindestens eine Erkundung der jeweiligen Einsatzstelle erfolgen müssen, wenn ein Anrufer einen plausiblen Schadenfall meldet. Spätestens vor Ort muss jedoch von einer verantwortlichen Führungskraft (Einsatzleiter) die Entscheidung getroffen werden, ob die Feuerwehr tätig wird oder nicht. Dies kann zum einen durch die Frage nach der rechtlichen Grundlage (Pflicht- bzw. Kann-Aufgabe) erfolgen, wobei es hier vorrangig um die resultierende Kostenpflicht geht, was in nachfolgendem Kapitel erörtert wird. Zum anderen muss aber auch die Frage gestellt werden, ob die angeforderte Leistung genauso gut (oder gar besser bzw. professioneller) von anderen Einheiten oder einer Fachfirma übernommen werden kann.

Beispielhaft kann hier das Verschließen von Dächern genannt werden, wofür die Feuerwehr regelmäßig nach entsprechenden Sturmschäden angefordert wird. Können derartige Einsätze häufig mit wenig Aufwand mit Hilfe der Drehleiter bewältigt werden, was die Entscheidung für ein Tätigwerden durchaus rechtfertigt, so stellt sich spätestens bei aufwändigeren Maßnahmen mit einem verbundenen Einsatz von (absturzgesicherten) Feuerwehrangehörigen auf einem (Schräg-)Dach die Frage nach dem Tätigwerden. Bei derartigen Arbeiten besteht nicht selten eine Gefahr des Abrutschens der nicht in Höhenrettung professionell ausgebildeten Feuerwehrangehörigen mit u. U. schwerwiegenden Verletzungsfolgen. Unter dem Gesichtspunkt der Sicherheit ist ein Tätigwerden hier objektiv nicht zu rechtfertigen oder zu vertreten. Ferner ist fraglich, ob derartige (größere) Abdeckmaßnahmen in gleicher Qualität vorgenommen werden können wie dies vergleichsweise bei einer Fachfirma der Fall wäre.

Weiterhin können überflutete Kellerbereiche genannt werden, die nicht automatisiert zu einem Tätigwerden der Feuerwehr nach deren Eintreffen führen sollten. Neben der Prüfung des Schadenausmaßes – teilweise werden Wasserstände im einstelligen Zentimeterbereich von Einwohnern als äußerst dramatisch angesehen, die problemlos mit Hilfe von Eimern innerhalb kurzer Zeit selbst beseitigt werden

3.4 Organisatorische Aspekte/Hinweise für die Einheiten

könnten – muss das Tätigwerden bei hohen Wasserständen auch aus einsatztaktischer Sicht hinterfragt werden (vgl. LFS BW, 2020).

Führungskräfte müssen folglich im Rahmen der Ausbildung zum Thema Unwetter dahingehend sensibilisiert werden, ob ein Tätigwerden der Feuerwehr erforderlich bzw. gerechtfertigt ist oder ob zur Beseitigung des Schadens an eine Fachfirma verwiesen werden sollte oder gar muss.

3.4.4 Kostenpflicht bei Hilfeleistungen durch die Feuerwehr

3.4.4.1 Allgemeine Regelungen zur Kostenpflicht bei Unwettereinsätzen

Insbesondere im Nachgang von Einsätzen kommt es nicht selten zu Widersprüchen oder Beanstandungen, wenn erbrachte Tätigkeiten der Feuerwehr berechnet werden. Grundsätzlich ist jede Tätigkeit der Feuerwehr im Einzelfall zu beurteilen. Hierzu regeln die Feuerwehr- bzw. Brandschutzgesetze der einzelnen Länder die jeweiligen Aufgabenarten (z. B. Pflichtaufgaben und »Kann-Aufgaben« [vgl. Hildinger/Rosenauer (2017), S. 36, Rn. 54]) und leiten daraus die Kostenpflicht ab. Die Kostenhöhe regeln insbesondere länderspezifische Verordnungen zum Kostenersatz sowie Kostensatzungen der jeweiligen Gemeinden. Folglich sind zum Thema der Kostenpflicht bei Unwettereinsätzen keine allgemeingültigen Aussagen möglich, die sich auf alle Länder übertragen lassen.

Da ein Grundverständnis zur Kostenregelung für Führungskräfte wichtig ist und die Kostenpflicht auch in die Fortbildung zur Unwetterthematik einfließen sollte, werden nachfolgend exemplarisch die gesetzlichen Regelungen in Baden-Württemberg[41] und Nordrhein-Westfalen vorgestellt. Mit den dort geregelten Kostenpflichten soll eine gewisse Bandbreite abgedeckt werden, um ein Gespür für die Rechtslage der Kostenpflicht im Unwetterfall zu vermitteln. Letztlich muss aber jede Feuerwehr die für sie geltenden, landesspezifischen Gesetzesregelungen beachten und diese für die Fortbildung der Führungskräfte zugrunde legen.

---

41 Die spezielle Kostenübernahmeregelung im Katastrophenfall ist im LKatSG BW (§ 33) geregelt. Dieser Sonderfall bleibt in vorliegenden Ausführungen unberücksichtigt.

3 Konzept zur Bewältigung von Unwetterlagen auf Gemeindeebene

3.4.4.2 Kostenregelung bei Unwettereinsätzen am Beispiel Baden-Württemberg

Im Regelfall stellt die Tätigkeit der Feuerwehr bei Unwettereinsätzen eine kostenpflichtige Leistung dar, sofern weder ein Schadenfeuer noch eine lebensbedrohliche Lage für Menschen und Tiere oder ein öffentlicher Notstand vorliegt (vgl. § 2 Abs. 1 FwG BW). Im Wesentlichen sind Unwettereinsätze durch die Beseitigung von Sturmschäden oder Wasserschäden gekennzeichnet. Obgleich beide Tätigkeiten keine gesetzlichen Pflichtaufgaben sind, sofern es sich nicht um ein Schadenfeuer, eine lebensbedrohliche Lage für Menschen und Tiere oder einen öffentlichen Notstand handelt, besteht ein Unterschied hinsichtlich der Kostenpflicht, der nachfolgend erläutert werden soll.

Bild 85: *Die reine Beseitigung umgestürzter Bäume auf einem Privatgrundstück stellt im Regelfall keine gesetzliche Aufgabe der Feuerwehr dar und ist dann kostenpflichtig. (Quelle: Feuerwehr Heilbronn)*

Umgestürzte Bäume auf einer klassifizierten Straße (z. B. Kreis- oder Gemeindestraße) infolge eines Sturms oder Orkans stellen eine andere Notlage dar (vgl. § 2 Abs. 2 Nr. 1 FwG BW), woraus eine Kostenfolge nach § 34 Abs. 2 FwG BW resultiert. Grundlage für das Tätigwerden bei einer »anderen Notlage« nach FwG ist die Abwehr der jeweiligen Gefahr im öffentlichen Interesse und das Vorhandensein von speziellen Geräten oder Fähigkeiten, worüber die Feuerwehr für den Einsatz bei Notständen üblicherweise verfügt. Im konkreten Fall wäre dies z. B. eine Motorkettensäge, ohne die ein Baumstamm nicht beseitigt werden kann (vgl. Hildinger/Rosenauer (2017), S. 44, Rn. 56). Zusammengefasst muss also eine Gefahr für die öffentliche Sicherheit und Ordnung bestehen bzw. die Notlagenbeseitigung muss im

3.4 Organisatorische Aspekte/Hinweise für die Einheiten

Bild 86: *Das Auspumpen von Räumen in Privatgebäuden stellt ebenfalls keine gesetzliche Aufgabe der Feuerwehr dar, woraus ebenfalls eine Kostenpflicht resultiert. (Quelle: Feuerwehr Heilbronn)*

öffentlichen Interesse sein **und** die Feuerwehr muss über spezielle Gerätschaften und Fähigkeiten zur Beseitigung der Gefahr verfügen. Beides ist z. B. bei einer Sturmschadenbeseitigung im öffentlichen (Verkehrs-)Raum gegeben, was die Tätigkeit nach FwG rechtfertigt, sofern keine andere Behörde zuständig ist (vgl. Hildinger/Rosenauer (2017), S. 35, Rn. 40).

Anders sieht es bei überschwemmten Keller- oder Erdgeschossen aus. Im Gegensatz zu vorherigem Sturmschadenbeispiel liegt hier im Regelfall auch keine »andere Notlage« nach § 2 Abs. 2 FwG BW vor. Das »Kellerauspumpen« stellt folglich keine Aufgabe der Feuerwehr dar. Ein Tätigwerden der Feuerwehr ist somit dem Privatrecht zuzuordnen und basiert auf einem Werk- oder Dienstvertrag nach BGB. In der Konsequenz ergeht dann auch kein Gebührenbescheid, sondern eine Rechnung. Eine andere Notlage nach § 2 Abs. 2 FwG BW kann im Zusammenhang mit überschwemmten Räumen nur dann vorliegen, wenn beispielsweise wassergefährdende Stoffe wie Heizöl oder größere Mengen im Keller gelagerter Düngemittel freigesetzt werden, die ins Grundwasser gelangen können. In Abhängigkeit der Menge kann u. U. sogar ein öffentlicher Notstand gegeben sein, worauf wiederum eine Pflichtaufgabe nach § 2 Abs. 1 FwG BW resultieren würde (vgl. Hildinger/Rosenauer (2017), S. 47, Rn. 61).

3.4.4.3 Kostenregelung bei Unwettereinsätzen am Beispiel Nordrhein-Westfalen

Aus der Zieldefinition des BHKG NRW (§ 1) lassen sich Aufgaben der Feuerwehr ableiten, die im Regelfall kostenfrei sind[42]. Dies sind vorbeugende und abwehrende Maßnahmen bei Brandgefahren (Brandschutz), bei Unglücksfällen oder öffentlichen Notständen, die durch Naturereignisse, Explosionen oder ähnliche Vorkommnisse verursacht werden (Hilfeleistung) und Maßnahmen bei Großeinsatzlagen und Katastrophen (Katastrophenschutz).

Eine Kostenfreiheit bei unwetterbedingten Hilfeleistungseinsätzen ist demnach nur gegeben, wenn Unglücksfälle oder öffentliche Notstände infolge eines Naturereignisses entstehen. Als Unglücksfall wird dabei ein plötzlich eintretendes Ereignis gesehen, dass eine erhebliche Gefahr für Menschen, Tiere oder Sachen oder die Umwelt bringt oder zu bringen droht. Hierunter fällt beispielsweise auch austretendes Öl aus einem Heizöltank (vgl. Schneider 2016, S. 16ff, Rn. 51). Als öffentlicher Notstand wird eine konkrete Gefahr für eine unbestimmte Zahl von Menschen oder zahlreiche Sachen mit hohem Wert oder eine Notlage für die Allgemeinheit gesehen. Öffentlich bedeutet dabei eine Gefahr für die öffentliche Sicherheit oder Ordnung, die nicht nur für eine einzelne Person in ihrem Bereich, sondern für die Allgemeinheit besteht. Unter Naturereignisse fallen u. a. Wassergefahren, Überschwemmungen und Orkane (vgl. Schneider 2016, S. 20ff, Rn. 68, 69, 75).

Somit lässt sich auch hier auf gesetzlicher Grundlage nur in Teilen eine Kostenfreiheit ableiten. Hilfeleistungen sind nur dann kostenfrei, wenn durch diese eine Störung der öffentlichen Sicherheit und Ordnung beseitigt wird (Gefahrenbeseitigung). Hierunter kann beispielsweise eine Sturmschadenbeseitigung im öffentlichen (Verkehrs-) Raum fallen, weil daraus ein Schadeneintritt bei Nichtbeseitigung resultieren kann. Aber auch hier ist die Kostenfreiheit nur auf die unmittelbare Gefahrenbeseitigung begrenzt, wohingegen nach der Gefahrenbeseitigung keine Zuständigkeit der Feuerwehr mehr vorliegt (vgl. Schneider 2016, S. 6, Rn. 7). Keine Kostenfreiheit besteht dagegen im Regelfall bei Einsätzen, bei denen unwetterbedingte Wasserschäden beseitigt werden sollen, sofern nicht eine Gefahr oder ein öffentlicher Notstand vorliegt.

---

42 Die Möglichkeit des Kostenersatzes nach § 52 BHKG für definierte Einsätze bleibt hiervon unberührt.

3.4 Organisatorische Aspekte/Hinweise für die Einheiten

3.4.4.4 Zusammenfassende Betrachtung zur Kostenregelung bei Unwettereinsätzen

Resultierend aus den vorangegangenen Betrachtungen sollten Führungskräfte im Rahmen der internen Ausbildung dahingehend sensibilisiert werden, dass die Geschädigten generell auf die Kostenpflicht vor dem Tätigwerden der Feuerwehr bei Unwettereinsätzen hingewiesen werden. Dies trifft sowohl für die Beseitigung von Sturm- wie auch für Wasserschäden zu – unabhängig davon, ob die Tätigkeit auf einer sogenannten »Kann-Aufgabe« nach Gesetz oder auf einem möglichen Werk- oder Dienstvertrag nach BGB beruht. Abgesehen von Brandeinsätzen sowie Menschen- und Tierrettungen als Pflichtaufgabe, kann letztlich nur beim Vorliegen eines öffentlichen Notstandes eine mögliche Kostenfreiheit resultieren. Dieser wird i. d. R. aber immer erst im Nachhinein nach erfolgter juristischer Prüfung durch die Gemeinde festgestellt werden! Dieser Umstand dürfte jedoch in der Praxis sicherlich zu keinem Widerspruchs- oder Klageverfahren führen, wohl jedoch der umgekehrte Fall.

Für Hilfeleistungen der Feuerwehr außerhalb der gesetzlichen Pflichtaufgaben sollte daher immer auf eine mögliche Kostenpflicht hingewiesen werden. Dieser mündliche Vertragsabschluss ist rechtswirksam, sollte jedoch unter Zeugen erfolgen. Weiterhin hat sich bei einzelnen Feuerwehren auch die Aushändigung von sogenannten »Kostenübernahmeerklärungen« etabliert, welche vor dem Tätigwerden der Feuerwehr vom Geschädigten unterschrieben werden. Beide Maßnahmen sorgen für Klarheit beim Betroffenen vor dem Tätigwerden der Feuerwehr und können der Feuerwehr bei einem möglichen Rechtsstreit helfen. Wie dies von der jeweiligen Gemeinde bzw. Feuerwehr bei unwetterbedingten Einsätzen praktiziert werden soll, muss letztlich vom Feuerwehrkommandanten in Abstimmung mit dem Bürgermeister entschieden und geregelt werden. Ein Musterbeispiel für eine Kostenübernahmeerklärung findet sich im Downloadbereich wieder.

3.4.5 Gefahren bei Wasser- und Sturmschadeneinsätzen

Bei Unwetterlagen müssen von der Feuerwehr vorwiegend Einsätze bewältigt werden, die im Zusammenhang mit Überflutungen und Sturmschäden stehen. Für eine sichere Einsatzbearbeitung sind insbesondere die Gefahr der Elektrizität bei überfluteten Räumen, die Gefahr durch Strömungen und aufgeschwemmte Kanaldeckel bei überfluteten Straßen sowie die Gefahr des Einsturzes/Absturzes bei Sturmschäden von Relevanz. Beim Einsatz von Motorsägen ist zusätzlich noch die vom Gerät oder durch Spannungen im Holz ausgehende Gefahr selbst zu berücksichtigen.

3 Konzept zur Bewältigung von Unwetterlagen auf Gemeindeebene

Operativ eingesetzte Feuerwehrangehörige und Führungskräfte sind daher im Rahmen der Aus- und Fortbildung für diese Gefahren zu sensibilisieren. Ferner sollte daraufhin gewirkt werden, bei unklaren oder größeren Lagen übergeordnete Entscheidungsträger der Feuerwehr oder Fachexpertise von Dritten (z. B. Fachberater oder Fachkundiger) vor der Tätigkeitsaufnahme hinzuzuziehen.

Die für einen sicheren Einsatz zu berücksichtigenden Aspekte wurden in den ▶ Kapiteln 3.3.8 bis 3.3.10 ausführlich erläutert und können als Grundlage für eine Einweisung der operativ eingesetzten Feuerwehrangehörigen dienen.

Hinweise für Unwettereinsätze

Weitergehende Ausführungen für Fahrzeugführer finden sich u. a. in dem Hinweispapier »Einsatztaktik für den Fahrzeugführer – Hinweise für Unwettereinsätze« der Landesfeuerwehrschule Baden-Württemberg (LFS BW, 2023).

3.5 Die Anfertigung und Anwendung geeigneter Führungsmittel

Nachfolgend werden verschiedene Führungsmittel vorgestellt, auf die zuvor an mehreren Stellen bereits verwiesen wurde. Die Formulare stehen als Download zur Verfügung.

Einsatzstreifenblock

Den unterhalb beschriebenen Einsatzstreifen können Sie außerdem als 3-fachen Durchschreibeblock direkt beim Kohlhammer-Verlag beziehen. Weitere Informationen finden Sie unter folgendem Link oder direkt beim Vertriebsinnendienst (dgv@kohlhammer.de, 0711 7863-7355), Artikel Nr. 00/740/5454/19.
https://blog.kohlhammer.de/wp-content/uploads/00_740_Bestelluebersicht.pdf

3.5.1 Einsatzstreifen

Zur Aufnahme, Disposition und Führung von Einsätzen wurde ein sogenannter »Einsatzstreifen« konzipiert, welcher eine konventionelle Alternative zu einer IT-gestützten Einsatzführungssoftware darstellt. Da die grundlegenden Abläufe und

3.5 Die Anfertigung und Anwendung geeigneter Führungsmittel

Transportwege des Einsatzstreifens bereits in den ▶Kapiteln 3.1.5 und 3.1.6 beschrieben wurden, wird nachfolgend der Schwerpunkt auf den inhaltlichen Aufbau sowie das Ausfüllen bei der Einsatzabfrage gelegt.

Grundlage für die Entwicklung des Formulars waren hinsichtlich der Einsatzabfrage die einsatzrelevanten Daten, die in Leitstellen bei der Notrufabfrage erhoben werden. Für das längliche Streifenformat und die untereinander gereihte Auflistung der Einsätze dienten als Vorbild die in der Flugsicherung verwendeten »Kontrollstreifen« bzw. »Flugstreifen«[43]. Jene wurden zur Koordination von Flugzeugen in bestimmten Luftsektoren genutzt und gaben dem zuständigen Fluglotsen jeweils einen aktuellen Überblick über einen Flug. Auf den Kontrollstreifen waren die wichtigsten Flugdaten und Informationen abgebildet. Bei einem Sektorenwechsel wurde der Kontrollstreifen an einen anderen Fluglotsen übergeben, womit auch die Zuständigkeit der Überwachung wechselte. Hier zeigen sich Parallelen zu den Abläufen im Führungshaus, wo auch die Aufnahme, die Disposition und die Alarmierung von unterschiedlichen Positionen aus wahrgenommen werden – mit ein und demselben Führungsmittel, nämlich dem Einsatzstreifen.

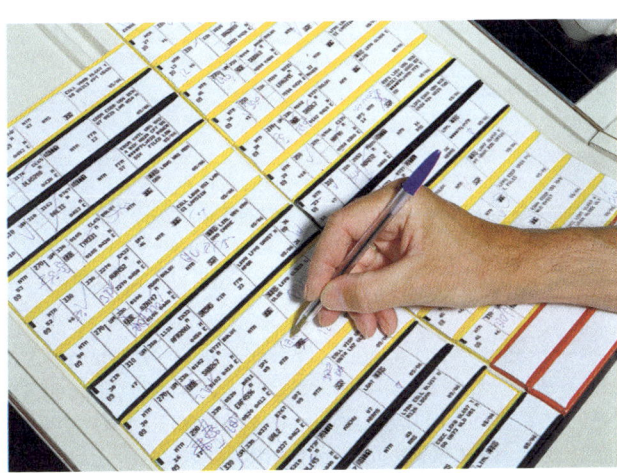

Bild 87: *Der in der Flugsicherung zur Anwendung kommende »Kontrollstreifen« diente als Grundlage für den konzipierten Einsatzstreifen. (Quelle: DFS Deutsche Flugsicherung GmbH)*

Grundlegend besteht der in ▶Bild 88 dargestellte Einsatzstreifen aus fünf Feldern und hat eine Größe von 21 × 10 cm, was in etwa der Größe von einem Drittel eines DIN A4-Blattes entspricht. Im Hinblick auf eine spätere Visualisierung der Einsätze an

---

43 Die Verwendung des analogen »Kontrollstreifens« ist in der Flugsicherung mittlerweile nicht mehr üblich.

3 Konzept zur Bewältigung von Unwetterlagen auf Gemeindeebene

einer Wandtafel und eines begrenzten Platzangebots sowie im Sinne einer besseren Handhabbarkeit wird dieses Format als wesentlich praktikabler erachtet als beispielsweise ein DIN A4- oder ein DIN A5-Blatt.

Die Felder gliedern sich folgendermaßen auf:
- Einsatzdaten,
- Stichwort,
- Priorität,
- Zeiten,
- Fahrzeugzuordnung.

Bild 88: *Der konzipierte Einsatzstreifen ist selbstdurchschreibend und verfügt über einen blauen und gelben Durchschlag.*

Das erste Feld »Einsatzdaten« befindet sich in der linken Hälfte des Streifens und orientiert sich an der Einsatzaufnahmemaske von Einsatzleitsystemen. Hier werden vom Aufnehmer die Straße mit Hausnummer und der Ort der Einsatzstelle eingetragen. Gleichzeitig sind der Name des Anrufers sowie eine mögliche Rückrufnummer festzuhalten. Ergänzend können Informationen zum Objekt (z. B. Kellergeschoss) und weitere Informationen zur Lage oder zu potenziellen Gefahren (z. B. aufschwimmender Heizöltank) ergänzt werden. Zwingend anzukreuzen ist die Information, ob es sich bei dem betreffenden Objekt um einen Betrieb, ein öffentliches Gebäude, ein Sonderobjekt oder ein Privatgebäude handelt. Diese Tatsache wird im späteren Verlauf bei der Prioritätenfestlegung von Bedeutung sein.

3.5 Die Anfertigung und Anwendung geeigneter Führungsmittel

Nach dem Erheben der Einsatzdaten ist im zweiten Schritt das »Stichwort« des Einsatzes vom Aufnehmer festzulegen. Hierfür steht eine Vorauswahl von fünf Einsatzarten zur Verfügung. Dies sind:

- Brand,
- Menschenrettung,
- Wasserschaden,
- Sturmschaden,
- Verkehrssicherung.

Zusätzlich ist ein *Freifeld* für den Eintrag eines sonstigen Stichwortes vorhanden, das nicht unmittelbar einer Priorität zugeordnet ist.

In einem dritten Schritt muss anschließend die »Priorität« des Einsatzes festgelegt werden, welche prinzipiell nur vom Aufnehmer vergeben werden kann, da nur dieser (bei einem telefonisch oder direkt eingehenden Einsatz) mit dem Meldenden gesprochen hat. Um jedoch dem Aufnehmer eine Entscheidungshilfe bezüglich der Prioritätenvergabe an die Hand zu geben, da diese Aufgabe nicht zu originären Aufgaben eines (freiwilligen) Feuerwehrangehörigen zählt, und gleichzeitig den individuellen Ermessensspielraum einzugrenzen, ist es bereits visuell vorgegeben, welches Stichwort welcher Priorität zuzuordnen ist. Demnach werden die Stichwörter mit zeitkritischem Hintergrund (Brand, Menschenrettung) der Priorität »Sehr hoch« zugeordnet, die untergeordneten Stichworte (Wasserschaden, Sturmschaden, Verkehrssicherung) mit abgestufter Priorität. Bei den nicht zeitkritischen Einsätzen kann allerdings in eine hohe und niedrige Priorität unterschieden werden. Dies hat denjenigen Hintergrund, dass ein Wasser- bzw. Sturmschaden oder eine Verkehrssicherungsmaßnahme zwar im Vergleich zu einem Schadenfeuer oder einem Verkehrsunfall ein »Bagatelleinsatz« darstellt, jedoch das betroffene Objekt und die damit verbundenen Sachwerte und/oder Folgeschäden nicht unberücksichtigt bleiben sollte. Liegt beispielsweise ein Wasserschaden in einem Betrieb vor, in dem hohe Sachwerte betroffen sind und ein potenzieller Schaden gar einen Betriebsausfall – verbunden mit einer Gefährdung von Arbeitsplätzen – mit sich bringen könnte, ist es sinnvoll, einem solchen Einsatz eine höhere Priorität einzuräumen als einem Wasserschaden in einem Keller eines Privathaushaltes. Folglich besteht für derartige Einsätze die Möglichkeit, die Priorität »Hoch« zu vergeben. Weiterhin kann einem Einsatz eine hohe Priorität zugeordnet werden, wenn durch einen Wasserschaden bzw. einen Sturmschaden eine Gefahr resultiert – oder die Lage gänzlich unklar ist, sodass eine vorrangige Erkundung erforderlich wird. Hierfür sind vom Aufnehmer konkrete Angaben im Feld »Lage/Gefahren/Zusatzinformationen« zu machen, um somit den Grund für die Einstufung in die Priorität »Hoch« zu nennen. Abschließend ist vom Aufnehmer im rechten Feld »Zeiten« die Uhrzeit der Einsatzannahme festzuhalten sowie die Kopfzeile an vorgesehener Stelle mit einem Handzeichen bzw. Namenskürzel zu versehen. Daraufhin ist der ausgefüllte Einsatzstreifen, zusammen mit den beiden Durchschriften, in die Ablage »Ausgang« zu legen, von wo aus das Formular durch einen Boten in den Führungsraum verbracht wird.[44]

Neben zuvor beschriebenem Ablauf bei telefonisch im Führungshaus eingehenden Meldungen wird der Großteil an unwetterbedingten Einsätzen per Sammelmail von der Leitstelle im Führungshaus eingehen. Nicht selten sind hier – mit Ausnahme der Einsatzadresse und dem Einsatzstichwort – keine weiteren Zusatzinformationen zum Sachverhalt bekannt, weshalb diese Einsätze prinzipiell mit einer niedrigen Priorität einzustufen sind. Eine Einstufung in die »Priorität Hoch« ist dann gerechtfertigt, wenn es sich um ein besonderes Objekt handelt, in dem der Schaden vorliegt (Betrieb/Sonderobjekt/öffentliches Gebäude).

Im Führungsraum wird jeder eingehende Einsatzstreifen initial mit einer fortlaufenden Einsatznummer versehen. Erfolgt im weiteren Verlauf eine Fahrzeugzuordnung, so werden die zugeordneten Fahrzeuge in das Feld »Fahrzeugzuordnung« mit den entsprechenden Funkrufnamen eingetragen. Anschließend findet die Abtrennung des gelben Durchschlages vom weißen Original und dem blauen Durchschlag statt. Der gelbe Durchschlag verbleibt im Führungsraum als »Merker« für einen laufenden Einsatz, das weiße Original wird mit dem blauen Durchschlag zur weiteren Bearbeitung in die Einsatzzentrale weitergeleitet.

Das weiße Original dient dort dem Fernmelder zur Disposition der Einheit(en) und zum Eintrag der Einsatzzeiten. Dies sind im Konkreten die Ausrück- und die Eintreffzeit sowie die Zeit des Einsatzendes. Der blaue Durchschlag dient als »Einsatzauftrag« für Einheiten, die vom Führungshaus abrücken. Dieser wird dem jeweiligen Fahrzeugführer persönlich vom Lagedienst überreicht. Werden mehrere Einheiten zu einem Einsatz zugeordnet, so erhält der Fahrzeugführer des ersten Fahrzeuges den blauen Durchschlag als Einsatzauftrag. Eine alternative Verwendung des blauen Durchschlags wird in ▶ Kapitel 3.5.3 erwähnt.

---

44 Die hier beschriebenen Ausführungen beziehen sich auf die Stufe 2 mit Trennung der Räumlichkeiten. In Stufe 1 entfällt der Transportweg zwischen den Räumlichkeiten, da alle Aufgaben in der Einsatzzentrale wahrgenommen werden.

3.5 Die Anfertigung und Anwendung geeigneter Führungsmittel

3.5.2 Lagedarstellung

Um die aktuelle Lage im Gemeindegebiet darzustellen und Dritten verfügbar zu machen, sollten vorhandene Informationen strukturiert und übersichtlich visualisiert werden. Die grafische Darstellung von Informationen erleichtert im Regelfall die Aufnahme von Informationen. Sie hilft, einen Überblick über die gegenwärtige Lage zu behalten und ist darüber hinaus eine wertvolle Hilfestellung bei ungeplanten, plötzlich aufwachsenden Lagen, die u. U. mit einem Übergang der Führungszuständigkeiten einhergehen. Hierfür sind entsprechende Führungsmittel und Medien wie z. B. magnetische Tafeln und Formulare dienlich.

Durch **die Anordnung der einzelnen Einsatzstreifen** im Führungsraum in die Bereiche »offene Einsätze«, »laufende Einsätze«, »abgeschlossene Einsätze« sowie »Infos/Memo«, ergänzt durch eine »Einsatzmittelübersicht«, ist das erste Ziel einer **einfachen Lagedarstellung** bereits erreicht. Durch die horizontale Einteilung in Bereiche ist jederzeit ein aktueller Überblick über den Status von Einsätzen und Fahrzeugen in den einzelnen Teilorten gegeben. Bei Bedarf kann eine weitere Untergliederung nach Stadtteilen erfolgen, indem hierfür flexible Magnetschilder vorgehalten werden. Durch die vertikale Darstellung von Einsatzabschnitten (zeitkritische Einsätze, Unwettereinsätze Priorität hoch, Unwettereinsätze Priorität niedrig) ist weiterhin erkennbar, welche Einheiten welchem Einsatzabschnitt zugeordnet sind und wie viele Einsätze aktuell mit welcher Priorität bearbeitet werden. Die Übersicht, die letztlich einer Matrix gleicht, dient dabei nicht nur für die im Führungsraum eingesetzten Feuerwehrangehörigen, sondern auch für übergeordnete Führungskräfte oder Dritte (z. B. Bürgermeister), die eine aktuelle Lageübersicht erhalten möchten.

Nachfolgende Grafik veranschaulicht zusammenfassend den Aufbau der Wandtafel im Führungsraum.

3 Konzept zur Bewältigung von Unwetterlagen auf Gemeindeebene

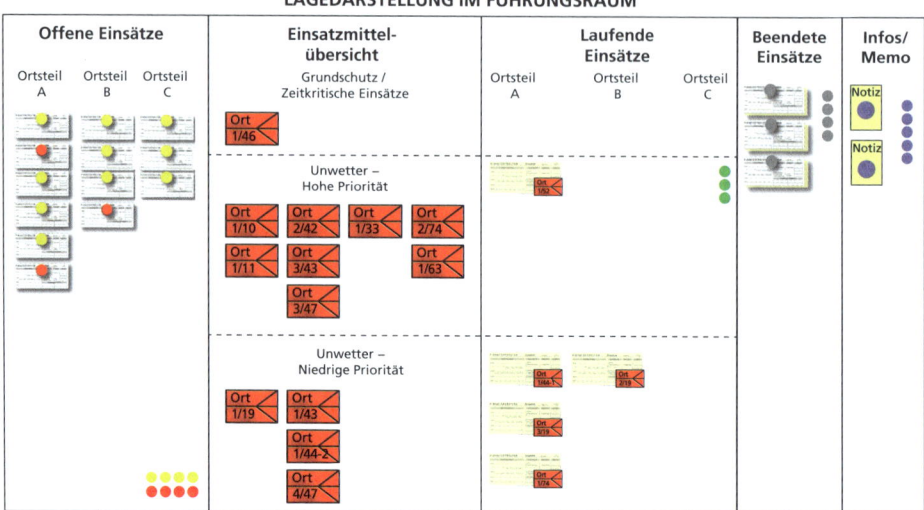

Bild 89: *Durch eine vordefinierte und strukturierte Anordnung der Einsatzstreifen wird bereits eine einfache Lagedarstellung im Führungsraum erreicht.*

Eine vereinfachte, aber ebenfalls zweckmäßige Lagedarstellung könnte in Stufe 1 (Einsatzzentrale) z. B. mittels zweier Flipchart-Tafeln realisiert werden, auf denen die wesentlichen Informationen (offene und laufende Einsätze) visualisiert werden, wie in ▶ Kapitel 3.1.7 bereits vorgestellt.

Entgegen der sonst üblichen Lagedarstellung in Form einer Lagekarte wird im Rahmen des zu Grunde liegenden Konzeptes auf die Darstellung von einzelnen Einsatzstellen auf einem Stadtplan verzichtet. Hintergrund ist zum einen die Schwierigkeit, Einsatzstellen im zwei- oder gar dreistelligen Bereich händisch mittels Magneten zu führen und auf aktuellem Stand zu halten. Dies wäre problemlos nur über eine elektronische Lageführung mit einer Einsatzführungssoftware möglich, bei welcher mit Aufnahme eines Einsatzes automatisch die Einsatzstelle grafisch gekennzeichnet wird und sich der Status des Einsatzes automatisch anpasst. Im konventionellen System wäre diese Aufgabe hingegen nur mit einer zusätzlichen Funktion leistbar, die zur Verfügung stehen muss.

Weiterhin stellt sich die Frage nach dem Nutzen, den man durch die Visualisierung von Einsatzstellen erhält. Die Anzahl an offenen und laufenden Einsätzen ist bereits über die Einsatzstreifen gegeben, welche getrennt voneinander an der Wandtafel visualisiert werden. Die grafische Darstellung von Einsatzschwerpunkten im Ge-

3.5 Die Anfertigung und Anwendung geeigneter Führungsmittel

meindegebiet kann hingegen unabhängig über eine handschriftliche Visualisierung in eine vorhandene Stadtkarte erfolgen. Hierbei kann auch ein Geoinformationssystem (GIS) hilfreich sein.

3.5.3 Erkundungsstreifen

Im Hinblick auf die in ▶ Kapitel 3.3.6 genannte Forderung, einzelne Einsatzstellen vorab erkunden zu lassen, wird nachfolgend der Aufbau und die Nutzung des sogenannten »Erkundungsstreifens« erläutert.

Geht ein aufgenommener Einsatz mittels Einsatzstreifen im Führungsraum ein, wird dieser wie üblich (nummeriert und priorisiert) an der Wandtafel als offener Einsatz angebracht. Soll an dieser Einsatzstelle eine Erkundung stattfinden, weil z. B. keine freien Kräfte verfügbar sind, die Lage unklar ist oder dies durch den Leiter der Führungsgruppe aufgrund des betroffenen (Sonder-)Objektes für sinnvoll erachtet wird, so wird im Führungsraum ein Erkundungsauftrag mittels grünem Erkundungsstreifen erstellt und anschließend zur Übermittlung bzw. Alarmierung der hierfür vorgesehenen Erkundungseinheit in die Einsatzzentrale gegeben. Den Aufbau des Erkundungsstreifens zeigt Bild 90.

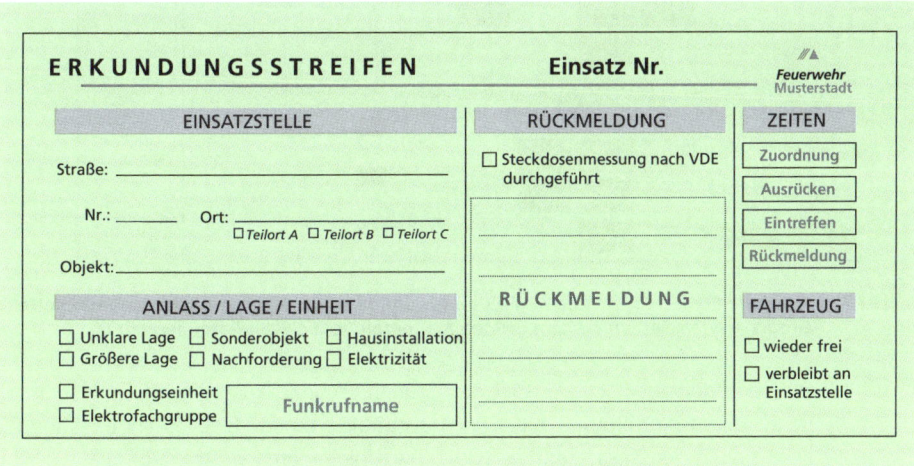

Bild 90: *Sollen Einsatzstellen vorab erkundet werden, wird der hierfür konzipierte »Erkundungsstreifen« für die Disposition der Erkundungseinheit genutzt.*

3 Konzept zur Bewältigung von Unwetterlagen auf Gemeindeebene

Zur Visualisierung eines laufenden Erkundungsauftrages verbleiben der komplette Einsatzstreifen-Satz, also das weiße Original und beide Durchschläge, zusammengeheftet im Führungsraum und werden mit einem grünen Magneten (= Erkundung) an die Wandtafel »laufende Einsätze« gepinnt, wie in nachfolgendem Bild 91 veranschaulicht.

Da an der Wandtafel normalerweise nur die gelben Durchschläge angebracht sind, ist anhand des weißen Einsatzstreifens augenscheinlich sofort erkennbar, dass dieser Einsatz gerade erkundet wird. Zusätzlich befindet sich am Einsatzstreifen das Magnetschild des Erkundungsfahrzeuges, sodass auch dieses als eingesetzte Ressource unter den »laufenden Einsätzen« geführt wird.

ERKUNDUNGSEINSÄTZE
• Darstellung im Führungsraum •

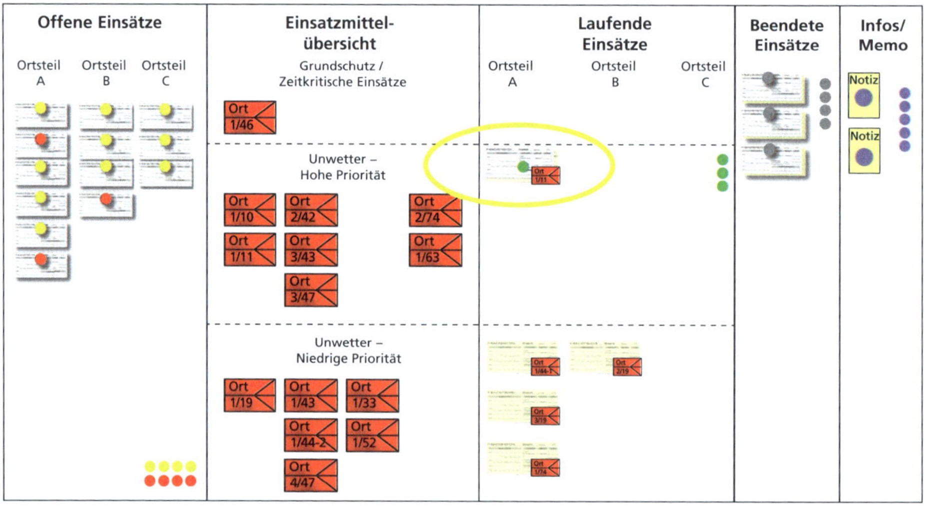

Bild 91: *Laufende Erkundungen sind im Führungsraum daran zu erkennen, dass der komplette Einsatzstreifen-Satz mit einem grünen Magneten an die Wandtafel gepinnt ist.*

Die Erkundung selbst wird über den grünen Erkundungsstreifen geführt, der sich dann zu diesem Zeitpunkt in der Einsatzzentrale befindet. Eine laufende Erkundung zeigt sich in der Einsatzzentrale wie in nachfolgendem Bild 92 dargestellt.

Nach erfolgter Rückmeldung gelangt das ausgefüllte Erkundungsformular von der Einsatzzentrale wieder zurück in den Führungsraum, von wo aus anschließend ggf. konkret angeforderte Einsatzmittel entsandt werden können. Sofern eine

3.5 Die Anfertigung und Anwendung geeigneter Führungsmittel

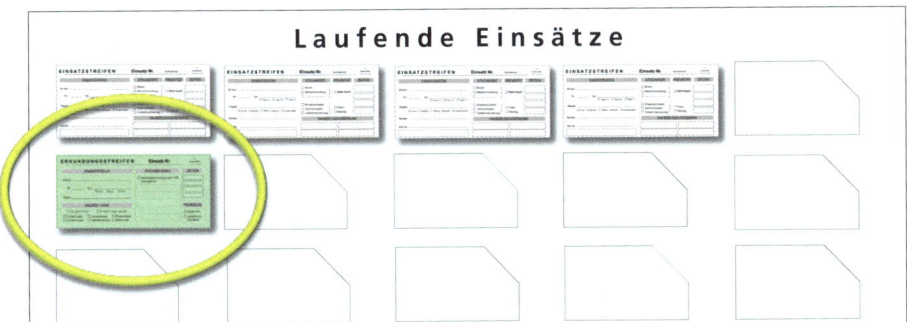

Bild 92: *Auch in der Einsatzzentrale ist erkennbar, bei welchem laufenden Einsatz es sich um eine Erkundung handelt.*

Elektrotechnik-Fachgruppe innerhalb der örtlichen Feuerwehr existiert, kann z. B. auch diese analog über den Erkundungsstreifen geführt werden, da deren Disposition häufig unabhängig von den übrigen Einheiten erfolgt und deren Tätigkeit im weitesten Sinne auch einer Erkundung gleichgesetzt werden kann.

Die Entscheidung für eine Einsatzstellenerkundung wird ausschließlich von der für die Fahrzeugzuordnung zuständigen Führungskraft (i. d. R. vom Leiter der Führungsgruppe) getroffen. Somit steht der Erkundungsstreifen auch nur im Führungsraum zur Verfügung und wird nicht vom Telefonisten oder Fernmelder angestoßen. Diese nehmen Einsätze ausschließlich auf dem Einsatzstreifen auf!

Alternative Möglichkeit zur Disposition von Erkundereinheiten
Alternativ zur genannten Möglichkeit, Erkundereinheiten mittels grünem »Erkundungsstreifen« zu disponieren, kann hierfür der blaue Durchschlag des Einsatzstreifens zur Disposition von Erkundereinheiten genutzt werden. Diese Variante findet vereinzelt bei Feuerwehren praktische Anwendung und wird daher nachfolgend vorgestellt.

Hierzu wird der Einsatzstreifen im Führungsraum im Freifeld neben dem eigentlichen Stichwort um das Stichwort »ERKUNDUNG« ergänzt und der Funkrufname der vorgesehenen Erkundereinheit eingetragen, wie in ▶ Bild 93 dargestellt. Das weiße Original des Einsatzstreifens bleibt im Führungsraum, der blaue Durchschlag des Einsatzstreifens wird der Einsatzzentrale zur Disposition weitergeleitet. An der

3 Konzept zur Bewältigung von Unwetterlagen auf Gemeindeebene

Visualisierung des laufenden Erkundungsauftrags im Führungsraum ändert sich hierbei nichts. Nach erfolgter Rückmeldung, die z. B. auf die Rückseite des blauen Durchschlags notiert wird, gelangt der blaue Durchschlag wieder in den Führungsraum, von wo aus dann die angeforderten Einheiten – analog zum üblichen Vorgehen – mit dem weißen Einsatzstreifen disponiert werden.

Vorteil bei dieser alternativen Disposition von Erkundereinheiten innerhalb des Führungshauses ist, dass kein zusätzliches Formular (grüner Erkundungsstreifen) genutzt und beschriftet werden muss.

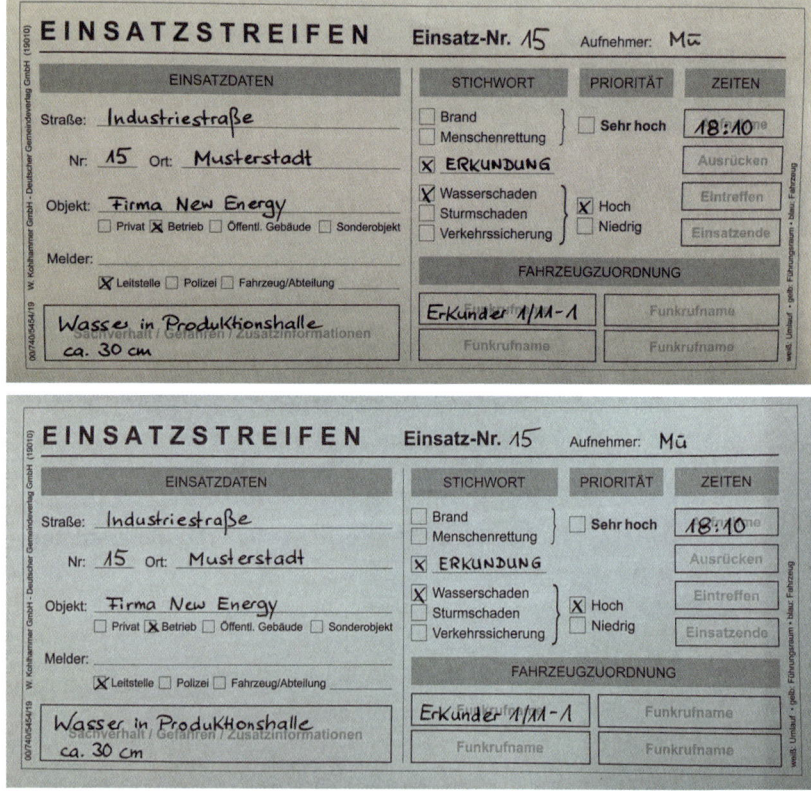

Bild 93: Alternativ zur Verwendung eines separaten (grünen) Erkundungsstreifens kann eine Disposition von Erkundereinheiten auch mit dem blauen Durchschlag des Einsatzstreifens erfolgen.

3.5 Die Anfertigung und Anwendung geeigneter Führungsmittel

Nachteil bei dieser Variante ist hingegen, dass zum einen der blaue Durchschlag nicht mehr als »Auftragszettel« den operativen Einheiten übergeben werden kann, welche vom Führungshaus aus abrücken. Zum anderen sieht der blaue Durchschlag kein eigenes Feld zum Eintragen von Rückmeldungen vor, weshalb diese auf die Rückseite geschrieben werden muss, was bei dem vorhandenen Durchschreibepapier die Vorderseite unübersichtlicher werden lässt. Dieses Problem kann durch das Verfassen der Rückmeldung auf einem separaten Beiblatt (z. B. Notizzettel, ▶ Kapitel 3.5.5) gelöst werden. Im Sinne einer praktikablen und einheitlichen Vorgehensweise sollte unbedingt im Vorfeld festgelegt werden, ob Erkundereinheiten mit dem grünen »Erkundungsstreifen« disponiert werden oder ob der blaue Durchschlag des Einsatzstreifens (ausschließlich) der Disposition von Erkundereinheiten dient – und nicht als Auftragszettel für operative Einheiten.

3.5.4 Funktionsübersicht

Als Hilfsmittel für die Funktionseinteilung in der Fahrzeughalle eignet sich z. B. ein Whiteboard in der Größe von z. B. 80 × 100 cm, das in verschiedene Bereiche unterteilt wird, wie Abbildung 94 exemplarisch veranschaulicht:

Der erste Bereich stellt eine Übersicht der vorhandenen Einsatzfahrzeuge dar, verbunden mit einer vordefinierten Mindestbesetzung an Funktionen. Die vorgegebene Mindestbesetzung bezieht sich dabei sowohl auf die Anzahl als auch auf die Qualifikation der Kräfte und ist mittels grüner Punkte gekennzeichnet, die es letztlich mit magnetischen Namensschildern zu »befüllen« gilt. Hierfür sind Magnetschilder mit den Namen aller Feuerwehrangehörigen sowie aller Einsatzfahrzeuge zu erstellen, sodass eine schnelle und flexible Einteilung des Personals erfolgen kann. Unterschieden werden die Funktionen »Zugführer« (grün), »Gruppenführer« (blau), »Maschinist« (rot), »Atemschutzgeräteträger« (gelb), »Truppführer« (grau) sowie »Truppmann« (weiß).[45] Hierfür dient die Funktionsübersicht in der rechten Spalte, welche alle Feuerwehrangehörigen mit ihrer höchsten Funktion auflistet. Die Farbgebung kann prinzipiell individuell gewählt werden, wobei auch eine Kennzeichnung der Funktion »Motorsägenführer« (z. B. in Form eines orangenen Punktes) sinnvoll ist.

---

45 Sofern für Truppführer keine separaten Funktionen/Aufgaben vorgesehen sind, kann eine Unterscheidung in »Truppführer« und »Truppmann« entfallen. Stattdessen kann z. B. »Feuerwehrangehörige« als Sammelbegriff für die verbleibende Personengruppe genutzt werden.

3   Konzept zur Bewältigung von Unwetterlagen auf Gemeindeebene

FUNKTIONSEINTEILUNG

● ... zu besetzende Funktionen

Einsatzfahrzeuge					Führungshaus					Funktionsübersicht					
FZG	GF	MA	AS	TF	TM	FUNKTION	VF	ZF	FüAss	TF	ZF	GF	MA	AS	TF	TM
LF 10	●	●	●			Leiter FüGr	●				Name	Name	Name	Name	Name	Name
			●			Lagedienst		●			Name	Name	Name	Name	Name	Name
			●			Fernmelder 1				●	Name	Name	Name	Name	Name	Name
			●			Fernmelder 2				●	Name	Name	Name	Name	Name	Name
RW	●	●		●		Telefonie				●	Name	Name	Name	Name	Name	
GW-L	●			●		Bote				●		Name	Name	Name	Name	
DLA (K)	●	●				Sichter				●		Name	Name	Name		
		●				FüAss			●			Name	Name	Name		
...	...	...	...	...	...	**Führungsfahrzeuge**						Name	Name			
						ELW 1		●	●			Name	Name			
						VRW		●	●	●			Name			
						KdoW		●					Name			
						...	...	...	...	...	...	...	...	...	...	...
						In Bereitschaft										

VF...Verbandführer | ZF...Zugführer | GF...Gruppenführer | FüAss...Führungsassistent | MA...Maschinist | AS...Atemschutzgeräteträger | TF...Truppführer | TM...Truppmann

Bild 94: *Mit einer Funktionsübersicht können Feuerwehrangehörige erfasst und entsprechend ihrer Funktion auf Einsatzfahrzeuge eingeteilt werden.*

Schematisch untergliedert sich der erste Bereich »Einsatzfahrzeuge« in sechs Spalten, wovon die erste Spalte das jeweilige Fahrzeug benennt und die restlichen Spalten die jeweiligen Funktionen kennzeichnen. Die Reihenfolge der Fahrzeugauflistung kann z. B. der Reihenfolge entsprechen, in welcher die Fahrzeuge nacheinander mit den entsprechenden Funktionen zu besetzen sind.

Der zweite Bereich zeigt die zu besetzenden Funktionen im Führungshaus an. Die Funktionseinteilung dieser Positionen findet im Regelfall vor der Funktionseinteilung der Einsatzfahrzeuge statt, sobald Mitglieder der Führungsgruppe im Führungshaus eintreffen.

Der dritte Bereich beinhaltet die Führungsfahrzeuge, die in der Regel mit Zugführen besetzt werden und im Unwetterfall als Erkundungseinheiten eingesetzt werden können.

3.5 Die Anfertigung und Anwendung geeigneter Führungsmittel

Sofern sich noch freies Personal im Führungshaus befindet, kann dieses in dem darunter liegenden Bereich erfasst werden.

Als Hilfsmittel für die anfängliche Personalerfassung hat sich in der Praxis auch eine vorgefertigte Tabelle in Papierform erwiesen, wie exemplarisch im Downloadbereich dargestellt. Feuerwehrangehörige werden dabei entsprechend ihrer (höchsten) Funktion bei Eintreffen im Führungshaus namentlich erfasst und gleichzeitig einer Funktion auf einem Fahrzeug zugeordnet. Durch eine im Vorfeld festgelegte Reihenfolge der zu besetzenden Fahrzeuge wird erreicht, dass automatisch die taktisch wichtigen Fahrzeuge entsprechend des zu erwartenden Bedarfs bei Unwetterlagen besetzt werden. Eine solche festgelegte Reihenfolge erleichtert nicht nur die Tätigkeit der Funktionseinteilung in der Fahrzeughalle, sondern dient auch den im Führungshaus eingesetzten Kräften, damit diese die Reihenfolge der Fahrzeugbesetzung bei der Disposition berücksichtigen können. Weiterhin kann eine solche Übersicht der örtlichen Feuerwehr Auskunft darüber geben, wie viele Funktionen (Anzahl Zugführer, Gruppenführer etc.) jeweils in Stufe 1 und Stufe 2 für die Besetzung aller Fahrzeuge benötigt werden.

3.5.5 Notizzettel

Da eine vorgegebene, einheitliche Struktur dazu beitragen kann, Daten schneller zu erfassen und leichter zu verarbeiten, wurde ein strukturierter Notizzettel entwickelt, welcher die Arbeit im Führungshaus erleichtern soll und mit dessen Hilfe Informationen systematisch und prägnant festgehalten werden können (▶ Bild 95). Dies ist nicht nur bei der Einsatzaufnahme von Bedeutung, sondern auch bei der Aufnahme und der Notiz sonstiger Informationen, Anfragen oder Nachforderungen, welche über Telefon oder Funk im Führungshaus eingehen. Somit ersetzt der konzipierte Notizzettel keinesfalls den im vorherigen Kapitel genannten Einsatzstreifen, sondern ergänzt diesen vielmehr. Besondere Bedeutung kann dieses Führungsmittel auch im Kontext des Informationsmanagements (▶ Kapitel 3.3.14) erlangen, bei dem die Frage im Mittelpunkt steht, wie Informationen vom Sender (z. B. Führungsraum) über einen Vermittler (z. B. Bote und Fernmelder) an den Empfänger (z. B. Fahrzeugführer an der Einsatzstelle) gelangen. Hier ist der strukturierte Notizzettel in DIN A6-Größe als notwendige Ergänzung zum Sprechfunk oder Telefon zu sehen.

Um Missverständnissen vorzubeugen, sollte bei Einsätzen – wie erwähnt – vorrangig über die örtlich vergebene Einsatznummer kommuniziert werden. Diese kann in der obersten Zeile eingetragen werden, sodass eine eindeutige Zuordnung ohne weitere Adressangaben möglich wird. Im darunter liegenden Feld kann anschließend die Art der Notiz durch Ankreuzen des entsprechenden Stichwortes erfolgen.

Zur Auswahl stehen folgende Schlagworte:

- Info/Memo,
- Anfrage,
- Nachforderung,
- Rückmeldung,
- Gesprächsnotiz,
- *Freifeld (zur individuellen Beschriftung).*

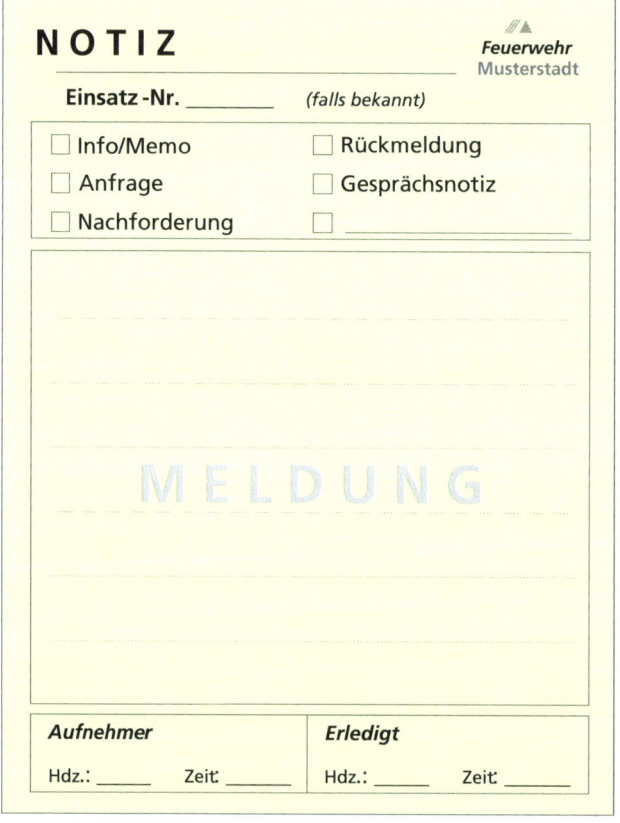

Bild 95: *Der konzipierte Notizzettel trägt dazu bei, dass Informationen schnell und strukturiert erfasst werden können.*

Durch diese eindeutige Vorauswahl bedarf es im darunter befindlichen Feld »Meldung« lediglich einzelner Stichpunkte, um zügig eine Notiz anzufertigen. Der

> 3.5   Die Anfertigung und Anwendung geeigneter Führungsmittel

Notizzettel hat die Größe DIN A6. In Analogie zu üblichen Memo-Haftnotizen wurde für diesen die Farbe Gelb gewählt.

3.5.6 Fahrzeugrapport

Die Dokumentation der Tätigkeit an einer Einsatzstelle sowie die eingesetzten Kräfte und Gerätschaften sind besonders im Nachgang eines Einsatzes von großer Bedeutung. Für eine ordnungsgemäße Berichterstellung müssen vom jeweiligen Einsatzleiter vor Ort die erforderlichen Berichtsdaten erhoben und schriftlich festgehalten werden. Auch vor dem Hintergrund einer bestehenden Kostenpflicht bei Unwettereinsätzen (▶ Kapitel 3.4.4) ist eine Mindestdokumentation über die Tätigkeit der Feuerwehr für eine spätere Rechnungsstellung oder einen Gebührenbescheid zwingend notwendig. Um den gestellten Anforderungen bezüglich der Dokumentation gerecht zu werden, wurde das in ▶ Bild 96 dargestellte Formular »Fahrzeugrapport« in der Blattgröße DIN A5 konzipiert. Analog zum Einsatzauftrag für die Fahrzeugbesatzungen (blauer Einsatzstreifendurchschlag) wurde auch hierfür die Farbe Blau für das Papier gewählt.

Auf der Vorderseite werden die wesentlichen Daten erfasst, die sowohl bei Alltags- wie auch bei Unwettereinsätzen relevant sind. So können im oberen Drittel die örtlich vergebene Einsatznummer (bei Unwetterereignissen) oder eine Rapportnummer (bei Alltagseinsätzen) eingetragen werden; ferner weitere Daten zum Einsatzort, zum Geschädigten oder die Art des Einsatzes. Im zweiten Drittel können die Namen der eingesetzten Kräfte sowie der Funkrufname des Einsatzfahrzeuges festgehalten werden. Im letzten Drittel schließlich sind die Lage, die Tätigkeit sowie die eingesetzten Gerätschaften stichwortartig als Kurzbericht zu nennen. Auf der Rückseite können detailliertere Angaben für kostenpflichtige Einsätze (Dauer der Tätigkeit, Hinweis der Kostenpflicht) sowie Angaben zum Eigentümer (oder Halter) eingetragen werden. Sollten darüber hinaus noch weitere Eintragungen erforderlich sein, so verfügt das Formular auf der Rückseite über einen freien Raum für Bemerkungen.

Um für Unwetterlagen eine gewisse Routine im Umgang mit diesem Rapportzettel zu erlangen, ist die standardmäßige Verwendung des Formulars bereits bei Alltagseinsätzen sinnvoll.

3 Konzept zur Bewältigung von Unwetterlagen auf Gemeindeebene

FAHRZEUG RAPPORT	Feuerwehr Musterstadt		Feuerwehr Musterstadt
Einsatz Nr.: _____ / Rapport – Nr.: _____			
EINSATZDATEN		**KOSTENPFLICHT**	
Einsatzstelle: _____		Beginn der Tätigkeit: _____ Uhr	
Stichwort: _____		Ende der Tätigkeit: _____ Uhr	
❑ Wasserschaden ❑ Sturmschaden ❑ Schneebruch		❑ Kostenübernahmeerklärung wurde ausgehändigt und unterschrieben	
Geschädigter: _____		❑ Hinweis auf Kostenpflicht der Hilfeleistung wurde gegeben	
Objekt: _____		❑ Nachfolgendes Material ist vor Ort verblieben (Anzahl u. Bezeichnung)	
EINGESETZTES PERSONAL		**BEMERKUNGEN**	
Fahrzeug:	Fahrzeugführer: 1.		
2.	3.		
4.	5.		
6.	7.		
8.	9.	Einsatzstelle wurde übergeben an: _____	
KURZBERICHT		**EIGENTÜMER-bzw. HALTERDATEN**	
Lage: _____		Name: _____	
		Straße: _____ Nr. _____	
Tätigkeit: _____		Ort: _____	
		Bei Einsätzen im Zusammenhang mit Kraftfahrzeugen:	
Geräte: _____		KFZ-Kennzeichen: _____	
Fahrtkilometer: _____ Unterschrift: _____		KFZ-Typ: _____	

Bild 96: *Für die Dokumentation aller relevanten Einsatzdaten wurde ein »Fahrzeugrapportzettel« konzipiert, der vom jeweiligen Fahrzeugführer für jeden Einsatz ausgefüllt werden muss.*

3.5.7 Sonstige Arbeitsmittel

Neben den bereits genannten Führungsmitteln werden für eine strukturierte Ablage der Formulare (Einsatzstreifen, Notiz, Fahrzeugrapport) in den einzelnen Räumlichkeiten insgesamt sieben Ablagefächer benötigt, die einen geordneten Ein- und Ausgang der Formulare ermöglichen. Diese sollten folgende Beschriftung aufweisen:
- Ablagefächer im Führungsraum:
  - »Ausgang« (an Einsatzzentrale),
  - »Eingang«,
  - »Eingang beendete Einsätze und Fahrzeugrapporte«.

3.5 Die Anfertigung und Anwendung geeigneter Führungsmittel

- Ablagefächer in Einsatzzentrale:
    - »Ausgang« (an Führungsraum),
    - »Eingang«,
    - »Ablage Fahrzeugrapporte« (an Führungsraum).
- Ablagefach im Anruf-Annahmeraum:
    - »Ausgang« (an Führungsraum).

Bild 97: *In jedem Raum werden Ablagefächer für ein- und ausgehende Informationen benötigt.*

Um den Boten auf einen neuen Transportauftrag aufmerksam zu machen, sollte hierzu in jedem der drei Räumlichkeiten eine »Rezeptionsglocke« oder Vergleichbares positioniert werden, mit der ein Klingelton erzeugt werden kann (▶ Bild 98).

Entsprechend der Vorgaben müssen an verschiedenen Positionen die aktuellen Uhrzeiten in die Formulare eingetragen werden. Hierzu sollte eine entsprechend große Funkuhr mit Digitalanzeige in den Räumen vorhanden sein, die von den einzelnen Arbeitsplätzen eingesehen werden kann. Dies kann z. B. eine Wanduhr im Führungsraum, eine Zeitanzeige am Funktisch in der Einsatzzentrale oder eine Tischuhr im Annahmeraum sein, wie in Bild 98 exemplarisch dargestellt.

3   Konzept zur Bewältigung von Unwetterlagen auf Gemeindeebene

Bild 98: *Jeder Raum sollte über eine Funkuhr zur Erfassung von Einsatzzeiten sowie über eine Rezeptionsglocke o. ä. verfügen.*

3.5.8 Checklisten und Arbeitsmappen

Obwohl unwetterbedingte Einsätze tendenziell eher zunehmen, wird sich bei den meisten Feuerwehren aufgrund der verhältnismäßig geringen Anzahl an Unwetterlagen in der eigenen Gemeinde keine Routine in der Bearbeitung solcher Einsätze einstellen. Daher ist es sinnvoll, für jede Funktion im Führungshaus Checklisten bzw. Merkblätter bereitzustellen, in denen nochmals die internen Abläufe veranschaulicht werden und die jeweils konkrete Tätigkeit stichwortartig zusammengefasst ist. Dadurch soll gewährleistet werden, dass auch bei seltener Besetzung des Führungshauses jeder ausgebildete Feuerwehrangehörige der Führungsgruppe zügig in der jeweiligen Funktion seine Tätigkeit aufnehmen kann und letztlich die fehlende Routine kompensiert wird. Die Checklisten können zusammen mit den erforderlichen Arbeitsmaterialien (Einsatzstreifen, Notizzettel, Stifte etc.) gebündelt in Ordnern oder Klemmbrettmappen an den jeweiligen Arbeitsplätzen für jede Funktion bereitgestellt werden. Eine solche Arbeitsmappe zeigt nachfolgendes Bild 99 exemplarisch für den Fernmelder 1 in der Einsatzzentrale. Musterchecklisten für jede Funktion sind im Downloadbereich verfügbar.

3.6 Die Vorhaltung unwetterspezifischer Einsatzmittel

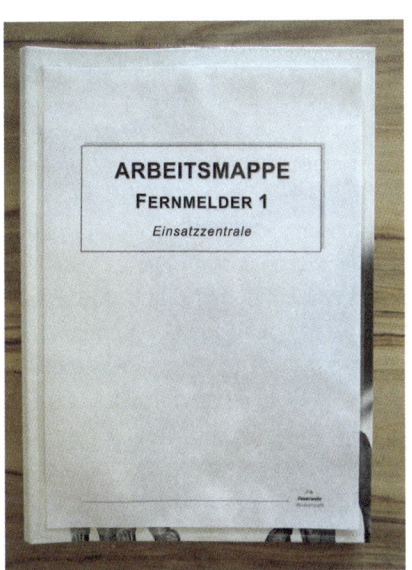

Bild 99: *Für jede Position sollten Arbeitsmappen erstellt werden, in denen notwendige Arbeitsutensilien sowie Merkblätter zur jeweiligen Tätigkeit bereitgestellt werden.*

3.6 Die Vorhaltung unwetterspezifischer Einsatzmittel

Zu einer effizienten Bewältigung von Unwetterlagen können neben einer funktionierenden Einsatz- und Führungsorganisation auch gleichermaßen spezifische Einsatzmittel zählen, die für derartige Schadenslagen vorrangig benötigt werden. Hierzu wird nachfolgend eine Auswahl solcher Einsatzmittel vorgestellt und Möglichkeiten zur praktischen Einbindung gegeben. Auf die Möglichkeit der Anforderung von teilweise landesweit beschafften Hochleistungspumpen auf Abrollbehältern »Hytrans Fire System« (AB-HFS) oder hochleistungsfähiger Schmutzwasserpumpen des THW zur Förderung großer Wassermengen bei Überflutungen wird an dieser Stelle hingewiesen, es wird jedoch nicht näher darauf eingegangen.

3.6.1 Rollwagenmodul »Unwetter«

Abteilungsfeuerwehren einer Gemeinde verfügen neben einem Löschfahrzeug teilweise auch über ein Fahrzeug zum Personentransport. Aufgrund der fehlenden Beladung zählt ein solches Fahrzeug allerdings nicht als taktisches Einsatzmittel. Damit derartige Fahrzeuge bei Unwetterlagen als taktische Einheiten sinnvoll eingebunden werden können und ein größerer Pool an disponierbaren Fahrzeugen für Bagatelleinsätze zur Verfügung steht, kann sich die vorgeplante Aufrüstung dieser Fahrzeuge mit spezifischen Gerätschaften für Unwettereinsätze als nützlich erweisen.

Da die Modularisierung von Gerätschaften auf Rollwagensystemen zunehmend bei den Feuerwehren Einzug erhält, stellt die Konzeption eines sogenannten »Unwettermoduls« eine praktikable Lösung für Feuerwehren dar, zusätzliche unwetterspezifische Gerätschaften zum Einsatz zu bringen. Diese können im Bedarfsfall auf Transportfahrzeuge verladen und zusammen mit drei bis vier Feuerwehrangehörigen eine taktische Einheit für die Bewältigung von Unwettereinsätzen bilden[46]. Mit den vorhandenen Gerätschaften eines solchen Moduls lassen sich Unwettereinsätze kleineren Umfangs eigenständig abarbeiten, ohne dass ein Großfahrzeug hierfür gebunden wird. Beispielhaft können geringfügig überschwemmte Straßen infolge von verstopften Schachteinläufen, die Beseitigung kleinerer Windbrüche oder das Absperren von gefährdeten Bereichen (Gehwege etc.) genannt werden (▶ Bilder 100 und 101).

Ein Unwetter-Modul besteht musterhaft aus folgenden Gerätschaften und ist nachfolgend in den ▶ Bildern 102 und 103 dargestellt:

- 1 Wassersauger plus Zubehör,
- 1 Tauchpumpe vom Typ TP 4 mit 400 l Fördervolumen/Minute inkl. Zubehör,
- 1 Motorkettensäge plus Zubehör (inkl. Schnittschutz),
- 2 Wasserschieber,
- 2 Schachthaken,
- Abdeckfolie,
- Absperrmaterial (Trassier-Band, 2 Triopan-Schilder, 2 Blitzleuchten).

---

46 Eine Verlastung eines solchen Rollwagens ist aufgrund seiner Größe in einem üblichen Mannschaftstransportfahrzeug nicht möglich. In diesem Fall dient der Rollwagen an sich als ordentliche Aufbewahrungsmöglichkeit der Gerätschaften im Feuerwehrhaus außerhalb eines Einsatzes. Die Einzelgeräte werden dann im Bedarfsfall im Mannschaftstransportfahrzeug verlastet, gesichert und transportiert, woraus sich letztlich – abgesehen von einer kurzen Verzögerung durch die Beladezeit – kein einsatztaktischer Nachteil ergibt.

3.6 Die Vorhaltung unwetterspezifischer Einsatzmittel

Bild 100: *Häufig führen verstopfte Schachteinläufe zu kleineren Überflutungen, die mit Gerätschaften eines Unwettermoduls wirksam beseitigt werden können. (Quelle: Feuerwehr Neckarsulm)*

Bild 101: *Neben Wasserschäden zählen Windbrüche zu typischen Einsatzszenarien bei Unwetterlagen, die überwiegend mit den Gerätschaften eines Unwettermoduls bewältigt werden können.*

3 Konzept zur Bewältigung von Unwetterlagen auf Gemeindeebene

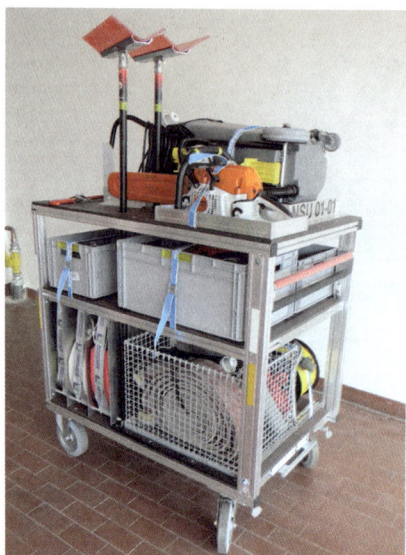

Bild 102: *Rollwagen ermöglichen eine platzsparende Aufbewahrung und einfachen Transport zusätzlich vorgehaltener Gerätschaften.*

Einzig allein eine autarke Stromversorgung ist mit dieser Leistungseinheit nicht möglich. Hierfür müsste im Bedarfsfall ein Fahrzeug mit Stromerzeuger hinzugezogen werden oder es werden zusätzliche Rollwagenmodule »Energie/Beleuchtung« vorgehalten und von einem Logistikfahrzeug zugeführt (▶ Kapitel 3.6.3). Alternativ wäre auch die Nutzung eines stationären Stromnetzes an der Einsatzstelle möglich, wenn die Installation durch Fachpersonal geprüft und für sicher nutzbar befunden wurde. Nähere Ausführungen hierzu wurden bereits in ▶ Kapitel 3.3.8.4 vorgestellt.

3.6 Die Vorhaltung unwetterspezifischer Einsatzmittel

Bild 103: *Ein »Unwettermodul« enthält typische Gerätschaften für die Bewältigung unwetterbedingter Einsätze.*

3.6.2 Abrollbehältermodul »Pumpen«

Insbesondere bei Starkregenereignissen kann schnell ein höherer Bedarf an Pumpen bestehen, als durch die normmäßige Beladung verschiedener Feuerwehrfahrzeuge auf örtlicher Ebene zur Verfügung steht. Daher kann die Vorhaltung zusätzlicher Pumpen sinnvoll sein, welche die unwetterspezifische Ausstattung auf örtlicher Ebene ergänzen, um im Unwetterfall effizientere Hilfe leisten zu können.

Neben üblichen Tauchpumpen vom Typ TP 4 kommen hier auch Pumpen in Frage, die speziell für Unwettereinsätze geeignet sind. Hierzu zählen u. a. Schmutzwasserpumpen. Diese haben den Vorteil, dass sie je nach Bauart eine größere Fördermenge aufweisen, ggf. ohne externe Stromversorgung betrieben werden und stark verunreinigtes Wasser mit u. U. bis zu Tennisball großen Bestandteilen ansaugen und pumpen können. Eine Vorhaltung kann als Rollwagenmodul oder z. B. als Beladung eines »Abrollbehälters (AB)-Pumpen« erfolgen. Nachfolgendes Beispiel zeigt einen

3 Konzept zur Bewältigung von Unwetterlagen auf Gemeindeebene

Bild 104: *Insbesondere für Unwetterlagen ist die Vorhaltung zusätzlicher Pumpen auf örtlicher Ebene sinnvoll.*

»AB-Pumpen« der Feuerwehr Neckarsulm, der zur Aufbewahrung und zum Transport zahlreicher Pumpen eigens konzipiert wurde.

Zur Beladung des »AB-Pumpen« der Feuerwehr Neckarsulm zählen beispielsweise folgende Gerätschaften:
- 24 Tauchpumpensätze vom Typ TP 4 mit 400 l Fördervolumen/Minute inkl. Zubehör,
- 4 Tauchpumpen vom Typ TP 15 mit 1 500 l Fördervolumen/Minute,
- 1 Hochleistungspumpe Modell »Chiemsee« mit 2 100 l Fördervolumen/Minute,
- 4 Schmutzwasserpumpen,
- 7 Öl-Wassersauger,
- 1 Schlammsauger,
- 2 Stromaggregate mit 8 kVA Leistung,

3.6 Die Vorhaltung unwetterspezifischer Einsatzmittel

- 1 Stromaggregat mit 3 kVA Leistung (Bordversorgung),
- Powermoon-Lampe mit 7 m langem Stativ,
- 1 Gitterbox Sandsäcke,
- Werkzeuge (u. a. Äxte, Schaufeln, Spaten, Gummischieber, Stoßbesen),
- Sonstiges Zubehör (2 Stühle, Tisch, Schreibmaterial etc.).

Bild 105: Der »AB-Pumpen« ist eine Eigenentwicklung der Feuerwehr Neckarsulm und beinhaltet insgesamt 33 Pumpen unterschiedlichen Typs.

3.6.3 Rollwagenmodul »Energie/Beleuchtung«

Feuerwehreinsätze bringen häufig aufgrund der Schadenslage und der damit verbundenen Störung an infrastrukturellen Gegebenheiten die Notwendigkeit einer autarken Stromversorgung mit sich. Zur Stromerzeugung sind in erster Linie mobile oder festeingebaute Stromerzeuger der Feuerwehr zu verwenden, wie in ▶ Kapitel 3.3.8 ausführlich erläutert wurde. Gerade an größeren Einsatzstellen oder bei

3 Konzept zur Bewältigung von Unwetterlagen auf Gemeindeebene

zahlenmäßig vielen Einsatzstellen besteht allerdings oft ein höherer Bedarf an Stromerzeugern, als auf den Einsatzfahrzeugen vorhanden ist.

Diesem Engpass kann bis zu einem bestimmten Maße durch die zusätzliche Vorhaltung von Gerätschaften zur Energieerzeugung und Weiterleitung auf Rollwagensystemen begegnet werden. Mit solchen Modulen wird eine größere Flexibilität erreicht, als vergleichsweise durch die Vorhaltung eines einzigen großen Stromaggregates auf einem AB oder auf einem Anhänger. Im Ereignisfall können solche Energie-Module auf einem Logistikfahrzeug verladen und einzelnen Einsatzstellen zielgerichtet zugeführt werden.

Die Bilder 106 und 107 veranschaulichen exemplarisch ein solches »Energie-Modul«:

Das Rollwagenmodul weist musterhaft folgende Beladung auf:
- Stromerzeuger mit 9,5 kVA,
- 3 LED-Strahler mit Teleskop-Dreibeinstativ,
- Pneumatischer Lichtmast (4 m) mit 4 LED-Strahlern,
- 2 Kabeltrommeln 230 V,
- 1 Kraftstoffkanister.

Voraussetzung für einen funktionierenden Einsatz solcher Rollwagen ist das Vorhandensein eines Logistikfahrzeuges innerhalb der Gemeinde, z. B. ein Gerätewagen-Transport (GW-L) mit einer Ladebordwand.

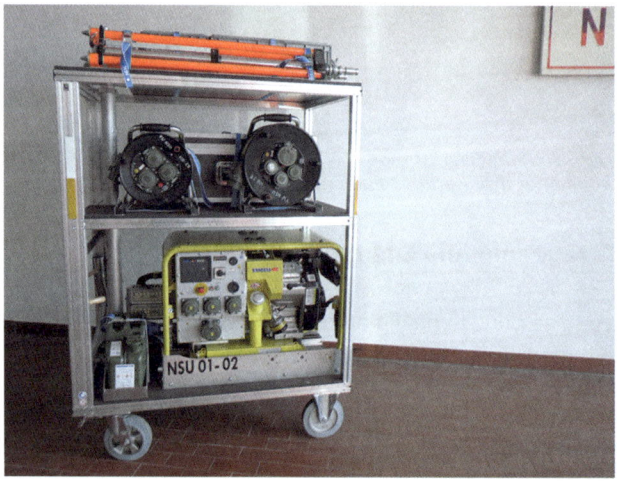

Bild 106: *Müssen bei größeren Einsatzstellen mehrere Pumpen eingesetzt werden, kann der Energiebedarf z. B. über ein solches »Energiemodul« gedeckt werden.*

3.6 Die Vorhaltung unwetterspezifischer Einsatzmittel

Bild 107: *Ein »Energie-Modul« enthält Gerätschaften zur Energieerzeugung, Energieweiterleitung und Beleuchtung.*

3.6.4 Sandsäcke

Wie extreme Hochwasserereignisse der jüngsten Vergangenheit verdeutlicht haben, ist künftig mit veränderten Hochwassergefahren zu rechnen. Entgegen den üblichen, bekannten Überflutungsgebieten im Nahbereich großer Flüsse, verwandeln sich auch zunehmend kleine, unscheinbare Bäche in reißende Ströme. Dabei ist letztere Erscheinung nicht allein durch einen Wasserpegelanstieg infolge eines mehrtägigen Dauerregens oder infolge einer Schneeschmelze begründet, sondern steht immer häufiger im Zusammenhang mit lokal extremen Starkniederschlägen bei Unwetterlagen innerhalb kürzester Zeit. Dies bedeutet im Umkehrschluss, dass sich die örtliche Gefahrenabwehr im Kontext der Thematik Unwetterlagen auch mit Möglichkeiten zum Überflutungsschutz von besonderen Objekten oder kritischer Infrastruktureinrichtungen auseinandersetzen muss.

Da für diese Fälle keine stationären Schutzsysteme wie natürliche Dämme oder einsetzbare Dammbalken existieren, kann zur Gefahrenabwehr nur auf mobile Systeme zurückgegriffen werden. In diesem Zusammenhang stellt nach wie vor der Dammbau mit Sandsäcken und Planen eine fast alternativlose Möglichkeit zum Schutz von Überflutungen dar. Diese Tatsache sollte vorausschauend bei der Vorhaltung von Sandsäcken bedacht werden, da diese sehr schnell zur Mangelressource werden können – v. a., wenn mehrere (benachbarte) Gemeinden einen zeitgleichen Bedarf haben. Auch ist eine Klärung im Vorfeld sinnvoll, von wo im Ereignisfall kurzfristig Sand für die Befüllung von Sandsäcken bezogen werden und wo konkret eine Befüllung stattfinden kann. Hierzu sollte eine Anfrage beim Bauhof der Gemeinde oder bei ortsnahen Unternehmen erfolgen.

Der Ort der Sandsackfüllung kann pauschal im Vorfeld nicht genau bestimmt werden. Je nach Schadenslage bzw. Einsatzschwerpunkt kann sich allerdings ein bestimmter Ort als taktisch günstiger erweisen. Daher ist es sinnvoll, sich im Vorfeld eines unwetterbedingten Schadenereignisses mit dem Ort einer potenziellen Sandsackfüllstelle auseinander zu setzen.

Bild 108: *Sandsäcke können bei kurzfristig eintretenden Überflutungen schnell zur Mangelressource werden und sollten daher auf örtlicher Ebene vorgehalten werden.*

3.6 Die Vorhaltung unwetterspezifischer Einsatzmittel

Im Allgemeinen kommen dabei drei mögliche Orte als Sandsackfüllstellen in Betracht:
1. In der Nähe der schwerpunktmäßigen Verwendung an einem gesicherten Standort (z. B. Einsatzstelle mit Dammbau).
2. An einer geeigneten (zentralen) Stelle innerhalb der Gemeinde (z. B. Führungshaus).
3. An der Sandlagerstelle innerhalb des Kreises (z. B. Kieswerk).

Aus logistischer Sicht muss beachtet werden, dass in ersterem Fall neben Personal für die Sandsackfüllung auch der eigentliche Sand von der Sandlagerstelle mittels eines geeigneten Logistikfahrzeuges (Tieflader etc.) zur Sandsackfüllstelle transportiert werden muss. Der Aufwand hierfür ist jedoch überschaubar, in aller Regel dürfte ein Tieflader für einen Pendelverkehr ausreichen. Ebenso muss der Standort als »sicher« hinsichtlich einer potenziellen Überflutung eingestuft werden.

In zweitem Fall müssen zusätzlich noch Logistikfahrzeuge mit ausreichender Zuladung für den Transport von Sandsäcken in Gitterboxen zu den verschiedenen Einsatzstellen vorhanden sein, ebenso ein Gabelstapler und Hubwagen. Wird die Sandsackfüllung z. B. am Führungshaus durchgeführt, so kann auf dort befindliche Feuerwehrangehörige zurückgegriffen werden, der Transport des Personals entfällt somit. Diese Variante macht vorrangig Sinn, wenn keine Schwerpunkteinsatzstelle mit vermehrtem Bedarf an Sandsäcken existiert und die Sandsäcke vereinzelt an unterschiedlichen Stellen im Stadtgebiet benötigt werden oder vorausschauend für einen potenziellen Dammbau befüllt werden sollen.

Im dritten Fall befindet sich die Sandsackfüllstelle direkt am Ort der Sandlagerstelle. Somit werden nur geeignete Logistikfahrzeuge zum Transport der Gitterboxen mit befüllten Sandsäcken benötigt. Diese Variante bietet sich vor allem dann an, wenn von einer Sandlagerstelle mehrere Gemeinden oder Ortsteile im Kreis sternförmig mit Sandsäcken versorgt werden müssen.

Auch wenn im Vorfeld pauschal kein allgemeingültiger Standort benannt werden kann, so liegt in allen drei benannten Fällen die große Herausforderung in der Logistik begründet. Der Sandsacktransport muss stabsmäßig koordiniert werden, wofür es ein bis zwei Personen in einer übergeordneten Führungseinheit bedarf – insbesondere dann, wenn kreisweit eine zentrale Abfüllstelle mit sternförmiger Verteilung erfolgt. Auch braucht es eine ausreichende Anzahl an Logistikfahrzeugen, um den notwendigen Abfluss an Sandsäcken zu ermöglichen. Eine Unterstützung kann hier beispielsweise durch das THW erfolgen, sofern dieses über freie Transportfahrzeuge verfügt. Somit werden letztlich **logistische Aspekte** ausschlaggebend für den Ort der Sandsackbefüllung sein. Generell ist die Nähe eines nutzbaren Gebäudes von

3 Konzept zur Bewältigung von Unwetterlagen auf Gemeindeebene

Vorteil, wo sanitäre Einrichtungen und trockene, warme Räumlichkeiten für die Helfer zur Verfügung stehen.

Muss eine Sandsackfüllung erfolgen, so kann diese Maßnahme aufgrund der dort erforderlichen Kapazitäten und der eingebundenen Ressourcen als eigener Einsatz- oder Untereinsatzabschnitt angesehen werden, der von einem Einsatzabschnittsleiter geführt wird.

Bild 109 a und b: *In Abhängigkeit der Lage können sich unterschiedliche Orte zur Sandsackfüllung als geeignet erweisen. (Quellen: links: Feuerwehr Neckarsulm, rechts: Feuerwehr Heilbronn)*

Bild 110: *Für eine Sandsackbefüllung müssen vor allem logistische Aspekte beachtet werden. (Quelle: Feuerwehr Neckarsulm)*

3.6 Die Vorhaltung unwetterspezifischer Einsatzmittel

Bild 111: *Bei Überflutungslagen können Sandsäcke schnell zu einer Mangelressource werden, weshalb eine vorausschauende Befüllung und Bevorratung sinnvoll sein kann. (Quelle: Feuerwehr Neckarsulm)*

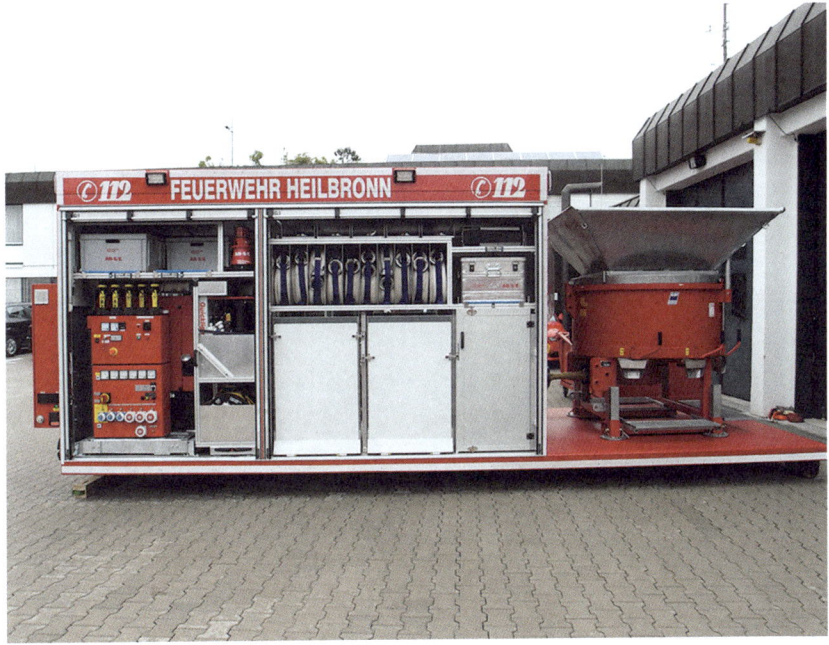

Bild 112: *Neben einer Sandsackfüllmaschine dient der Abrollbehälter auch zur Energieerzeugung.*

3 Konzept zur Bewältigung von Unwetterlagen auf Gemeindeebene

Neben behelfsmäßig herangezogenen Gerätschaften, wie z. B. als Trichter genutzte Verkehrsleitkegel, stehen für eine schnelle Befüllung von Sandsäcken mittlerweile praktikable Systeme auf dem Markt zur Verfügung. Nachfolgende Abbildungen zeigen exemplarisch einen »AB-Sandsack/Energie« der Feuerwehr Heilbronn.

Neben einer fest verbauten Sandsackfüllmaschine verfügt der AB über einen fest eingebauten Stromerzeuger mit 40 kVA Leistung sowie einen teleskopierbaren Lichtmast. Dadurch kann dieser AB auch bei anderen Einsatzlagen sinnvoll eingesetzt werden, bei denen eine autarke Stromquelle sowie eine stationäre Beleuchtung benötigt werden. Als mobile Zusatzbeladung können noch zusätzlich vier Rollwagen mit z. B. Sandsäcken, »BigPacks«, Planen oder Pumpen vorgesehen werden.

Die Bilder 114 und 115 zeigen beispielhaft eine Unterspülung eines Bahndammes mit der Folge der großflächigen Überflutung eines angrenzenden Firmenwerkes, nachdem sich extreme Wassermassen ihren Weg aus zwei sonst unscheinbaren Bächen gebahnt hatten. Hier konnte letztlich eine Schadenbegrenzung durch den mobilen Einsatz von sogenannten »BigPack«-Sandsäcken erreicht werden.

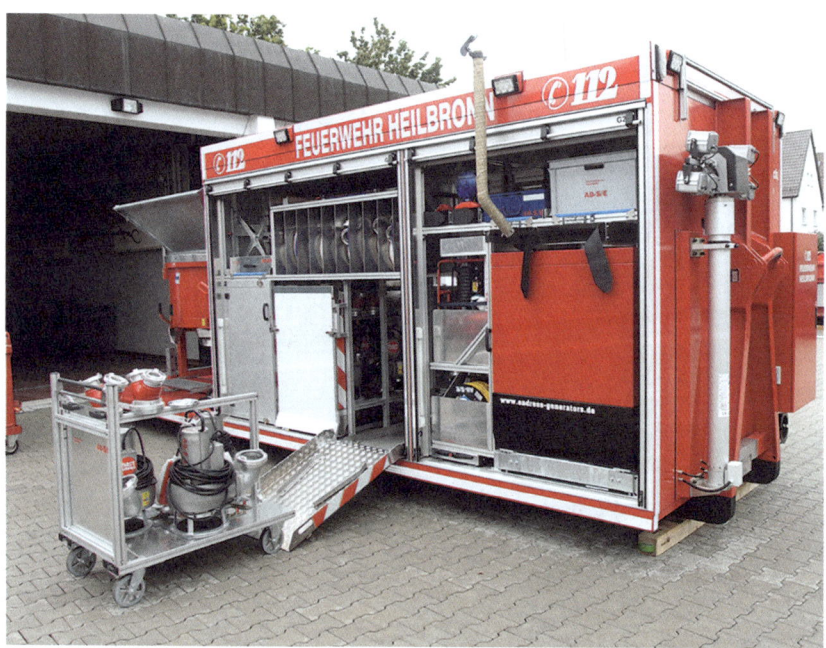

Bild 113: *Zusätzliche Gerätschaften werden auf vier Rollwagen mitgeführt, die individuell beladen werden können.*

3.6 Die Vorhaltung unwetterspezifischer Einsatzmittel

Bild 114: *Mit dem Einsatz von »BigPacks« konnte behelfsmäßig ein Damm errichtet werden, um eine angrenzende Firma vor einer weiteren Überflutung zu schützen. (Quelle: Heilbronner Stimme)*

3 Konzept zur Bewältigung von Unwetterlagen auf Gemeindeebene

Bild 115: *Die angestauten Wassermassen konnten anschließend mit Hochleistungspumpen abgepumpt werden. (Quelle: Heilbronner Stimme)*

 Grundlagen zum Einsatz von Sandsäcken

Weitergehende Hinweise zum Einsatz von Sandsäcken bei Hochwasser finden sich u. a. bei der Landesfeuerwehrschule Baden-Württemberg (LFS BW, Juli 2014).

Für einen Damm- bzw. Deichbau existieren alternativ auch mobile Systeme auf dem Markt (z. B. Quickdamm, Mobildeich oder Aquariwa). Diese fallen primär in den Bereich der Hochwasserschutzplanung, können aber auch innerstädtisch als Sandsackersatzsystem zum abschnittsweisen Objekt- bzw. Segmentschutz an Einfahrten (z. B. Tiefgaragen) eingesetzt werden. Diese Lösungen werden jedoch im Regelfall im Rahmen der Hochwasserschutzplanung angeschafft und eingesetzt und werden daher nicht weiter betrachtet.

3.6 Die Vorhaltung unwetterspezifischer Einsatzmittel

Bild 116: *Alternativ zu Sandsäcken eignen sich auch mobile Deichsysteme zum abschnittsweisen Segmentschutz. (Quelle: Feuerwehr Neckarsulm)*

Bild 117: *In der Regel werden mobile Deichsysteme für den Hochwasserschutz an vordefinierten Orten vorgehalten. (Quelle: Feuerwehr Neckarsulm)*

3.6.5 Feuerlöschkreiselpumpen und Tragkraftspritzen

Obgleich Feuerlöschkreiselpumpen und Tragkraftspritzen zur Kernausstattung von Löschfahrzeugen zählen und keine speziellen Einsatzmittel darstellen, sollen diese im Kontext der unwetterspezifischen Einsatzmittel nicht unerwähnt bleiben. Gerade wenn es um das Auspumpen großer Räume mit einem hohen Wasserstand geht, können diese als wirksames Einsatzmittel dienen, wie die Bilder 118 und 119 exemplarisch veranschaulichen:

Bild 118: *Bei größeren Überflutungen können Feuerlöschkreiselpumpen ein effizientes Einsatzmittel darstellen. (Quelle: Feuerwehr Stuttgart)*

Voraussetzung für deren Einsatz ist, dass eine Saugstelle außerhalb eines Objektes eingerichtet werden kann, von welcher aus der Überflutungsbereich mit der Saugleitung erreicht wird. Hier können sich Vorteile bei kleinen Löschfahrzeugen ergeben, da diese aufgrund ihrer geringeren Abmessungen ggf. besser in Einfahrten manövriert werden können, wie die Bilder 120 und 121 verdeutlichen.

3.6 Die Vorhaltung unwetterspezifischer Einsatzmittel

Bild 119: *Auch Tragkraftspritzen können bei Unwetterlagen zur Wasserschadensbekämpfung herangezogen werden. (Quelle: Feuerwehr Stuttgart)*

Bild 120: *Pumpen von Löschfahrzeugen können bei hohen Überflutungspegeln ggf. ein effizienteres Einsatzmittel darstellen als der standardmäßige Einsatz einer Tauchpumpe mit 400 l Fördervolumen. (Quelle: Feuerwehr Stuttgart)*

3 Konzept zur Bewältigung von Unwetterlagen auf Gemeindeebene

Bild 121: *Voraussetzung für die Nutzung der Fahrzeugpumpe als Saugeinrichtung ist eine Erreichbarkeit des überfluteten Bereiches mit der Saugleitung und ein hinreichend großer Wasserstand. (Quelle: Feuerwehr Stuttgart)*

Als ergänzendes Einsatzmittel kann in diesem Zusammenhang ein sogenannter »Kellersaugkorb« mit eingebauter Rückschlagklappe und A-Storzkupplung hilfreich sein, dessen Konstruktion ein Absaugen von überschwemmten Bereichen bis knapp über das Bodenniveau ermöglicht.

3.7 Der Bedarf einer Verwaltungsgruppe auf Gemeindeebene

Basierend auf der in ▶ Kapitel 2.2.1.4 aufgezeigten Notwendigkeit, eine Verwaltungsgruppe als administrativ-organisatorische Führungseinheit auf Gemeindeebene bei größeren Einsatz- bzw. Schadenslagen zu bilden, wird nachfolgend ein praktikabler Umsetzungsvorschlag für eine solche Verwaltungsgruppe vorgestellt, der für jede Gemeinde als leistbar angesehen wird.

Dieses Kapitel ist vor allem für diejenigen Gemeinden relevant, die noch nicht über eine administrativ-organisatorische Führungseinheit der Verwaltung verfügen. In diesem Fall ist es als Aufgabe des verantwortlichen Feuerwehrkommandanten anzusehen, dem Bürgermeister die Notwendigkeit einer Führungseinheit der Verwaltung auf Gemeindeebene zu verdeutlichen und die Ausgestaltung entsprechend der örtlichen Gemeindeverhältnisse zu erörtern. Die wesentlichen Inhalte hierfür liefern die nachfolgenden Kapitel.

3.7.1 Aufgaben der Verwaltungsgruppe

Eine Verwaltungsgruppe untersteht als administrativ-organisatorische Führungseinheit dem Bürgermeister als politischem Gesamtverantwortlichen der Gemeinde und hat die Aufgabe, die zur Bewältigung des Schadenereignisses notwendigen Verwaltungsmaßnahmen innerhalb des Verantwortungsbereiches umzusetzen (vgl. Ferch/Melioumis, 2005). Hierbei ist jedoch zu berücksichtigen, dass insbesondere die Verwaltungsmitarbeiter in kleineren oder mittelgroßen Gemeinden, die entsprechend ihrer Funktion in einer Verwaltungsgruppe eingesetzt werden sollen, i. d. R. keine Ausbildung in Stabsarbeit besitzen oder zumindest keine Routine in einer stabsmäßigen Arbeit haben. Daher wird es zunächst notwendig sein, ein gemeinsames Lageverständnis der Verwaltungsgruppenangehörigen mit klarer Aufgaben- bzw. Rollenverteilung herzustellen und darauf basierend einen Arbeits- und Entscheidungsprozess einzuleiten. Ziel hierbei ist es, die aus der Einsatzlage resultierenden Aufgaben für die Verwaltung ämterübergreifend und koordiniert bewältigen und zeitnah gemeinsame Entscheidungen treffen zu können – auch ohne vorherige Stabsausbildung. Für die notwendige Abstimmung zwischen getroffenen Entscheidungen der Verwaltung und den Einsatzmaßnahmen der operativen Gefahrenabwehr ist ein ständiger Kontakt zwischen den beiden Führungseinheiten wichtig, der über eine Verbindungsperson sichergestellt werden sollte (ähnlich eines »Informations-Koordinators (IKO)« im Verwaltungsstabsbereich, vgl. VwV Stabsarbeit BW, 2024). Da die Verwaltungsgruppe erfahrungsgemäß weniger routiniert in stabsmäßiger Arbeit bzw. stabsmäßiger Entscheidungsfindung sein wird, empfiehlt es sich, wenn die Verbindung zwischen den beiden Führungseinrichtungen durch eine höhere Führungskraft der Gefahrenabwehr (z. B. aus der Feuerwehr) hergestellt wird, welche innerhalb der Verwaltungsgruppe gleichzeitig eine Art Beraterfunktion einnehmen kann.

Als praktisches Hilfsmittel zur Arbeitsaufnahme sollen nachfolgend potenzielle Aufgaben einer Verwaltungsgruppe auf Gemeindeebene vorgestellt werden. Hierzu wird eine Übersicht an typischer Weise anfallenden Aufgaben bei größeren Schadenslagen gegeben, die aus einer Unwetterlage im Speziellen, aber auch aus anderen Großschadenslagen im Allgemeinen (wie z. B. ein flächiger Stromausfall), resultieren können. Die (nicht abschließende) Auflistung beinhaltet dabei neben allgemeinen verwaltungstypischen Aufgaben (vgl. Runderlass des Ministeriums für Inneres und Kommunales NRW, 2016 oder VwV Stabsarbeit BW, 2024) auch Erfahrungswerte, die z. B. konkret bei der Unwetterlage in Braunsbach im Landkreis Schwäbisch Hall im Frühjahr 2016 gesammelt werden konnten (vgl. Vogel/Hägele, 2018). Ergänzende Hinweise und Maßnahmen können u. a. in der Maßnahmenliste der Hinweise zur Stabsarbeit für kleine Gemeinden des Innenministeriums Baden-Württemberg entnommen werden, aus der weitere potenzielle Aufgaben einer Verwaltungsgruppe hervorgehen. Die Ausführung der Maßnahmen und Entscheidungen erfolgt dann anschließend dezentral durch die jeweils zuständigen Fachämter entsprechend der alltäglichen Verwaltungsstruktur.

Typische Aufgaben einer Verwaltungsgruppe sind beispielsweise:
- **Herstellung der eigenen Arbeitsfähigkeit** (Einrichtung von Räumen, Heranziehung/Alarmierung von Personal, Sicherstellung der Kommunikationsverbindungen, Dokumentation von Maßnahmen),
- **Evakuierung** von Objekten (z. B. Alten-/Pflegeheim) oder Gebieten,
- **Unterbringung** von Personen und Organisation von Räumlichkeiten,
- **Warnung** und (vorsorgliche) **Information der Bevölkerung**,
- **Pressearbeit** mit Einrichtung von Pressestellen (abseits des Geschehens, jedoch immer in Abstimmung mit dem operativen Bereich, um sicherzustellen, dass es nicht zu unbeabsichtigten gegensätzlichen Aussagen kommt),

3.7 Der Bedarf einer Verwaltungsgruppe auf Gemeindeebene

- **Eigentumssicherung**,
- **Gesundheitsvorsorge**,
- Organisation, Beauftragung und Koordination von **Handwerkern und Fachfirmen** inkl. einheitlicher Regelungen zu Kostenerstattungen und Abrechnungsmodalitäten für offiziell vergebene Leistungen und offiziell beauftragte Firmen (Problem »Handwerkertourismus«)[47],
- Bündelung und Koordinierung von **Spontanhelfern** aus der Bevölkerung (sofern nicht durch ein zusätzliches Sachgebiet im Führungsstab wahrgenommen),
- **Sicherung** von Schadensgebieten (absperren und ausleuchten veranlassen) sowie Zutritt in Absprache mit der Polizei regeln (Stichwort Plünderungen und »Katastrophentourismus«),
- Außerkraftsetzen **gesetzlicher Regelungen** (z. B. AZVO, StVZO),
- Freihändige **Vergabe von Leistungen** (z. B. Fachfirmen oder Handwerker) entsprechend geltenden Verwaltungsgrundsätzen,
- Einberufung von (regelmäßigen, mindestens einmal täglichen) **Besprechungen** mit zuständigen Fachämtern und Fachfirmen zur Besprechung der allgemeinen Sachstandslage und der Tagesaufgaben bzw. -planung,
- Kontakt und **Abstimmung mit der unteren Katastrophenschutzbehörde** des Kreises,
- Abgabe von **Lageberichten** an übergeordnete Behörden,
- Betreuung und Information von politischen Verantwortungs- oder Entscheidungsträgern inkl. Vorbereitung auf deren Erscheinen (Lagedarstellung und -bericht, Prognosen, weiteres Vorgehen, ggf. mit Strecken- und Personensicherung bei hochrangigen Politikern),
- Einrichtung **zentraler Anlauf- und Auskunftsstellen** für Einwohner mit unterschiedlichsten Hilfeersuchen, Fragen oder (individuellen) Bedürfnissen mit anschließender Bündelung von Aufgaben und Themen für die Verwaltungseinheit (vergleichbar einem »Notfalltreffpunkt«),
- Einrichtung eines **Bürgertelefons**,
- Koordination und Regelung des **Müll- und Schuttabtransportes**.

Hilfreich für die Aufgabenerfüllung können vorgefertigte Informationsquellen und Verzeichnisse für spezifische Lagen und Belange sein. Im Wesentlichen werden hier

---

47 Als mögliche Lösung hierfür kann z. B. der grüne Durchschlag des Vierfachvordruckes dienen, der als offizieller Auftragsschein dem Auftragnehmer ausgehändigt wird und über welchen ausschließlich erbrachte Leistungen abgerechnet werden können (vgl. Vogel/Hägele, 2018).

3 Konzept zur Bewältigung von Unwetterlagen auf Gemeindeebene

die Bereiche Energie, Transport, Unterbringung, Verpflegung, Hygiene und Entsorgung eine Rolle spielen.

Beispielhaft werden nachfolgend verschiedene Stellen bzw. Firmen aufgelistet, von denen Kontaktlisten erstellt werden und als Arbeitsmaterial der Verwaltungsgruppe zur Verfügung stehen sollten:

- örtlicher Energieversorger,
- örtlicher Wasserversorger,
- Unterbringungsräumlichkeiten (Sporthallen, Pensionen, Hotels etc.),
- Verpflegungsstellen (z. B. Bäckereien, Metzgereien, Lebensmittelgroßmärkte, Getränkevertriebe),
- Transportunternehmen (z. B. Omnibusfirmen, Brennstoff-/Mineralölfirmen),
- Straßenbaufirmen und Baumaschinenverleihfirmen,
- Mobiltoilettenvermittlung,
- Entsorgungsfirmen,
- Tankstellen.

Ergänzend dazu sollten Kontaktlisten zu den verschiedenen Hilfsorganisationen (Sanitäts-/Betreuungsdienst) oder anderen Behörden (z. B. THW) erstellt werden, die eine technische und materielle Grundausstattung bereithalten und auf Anforderung diese zuführen und in Betrieb nehmen können (z. B. Feldbetten, Verpflegungsstellen).

Handbücher des BBK zum Thema Stromausfall und Starkregenereignisse

Zum Thema Stromausfall und Starkregenereignisse existieren spezielle Handbücher von Bund oder Ländern, die auch Hinweise zum Thema Krisenkommunikation geben. Stellvertretend können hierfür die Handbücher »Die unterschätzten Risiken ›Starkregen‹ und ›Sturzfluten‹« des BBK, der »Leitfaden Kommunales Starkregenrisikomanagement in Baden-Württemberg« der Landesanstalt für Umwelt, Messungen und Naturschutz Baden-Württemberg oder die Veröffentlichung »Stromausfall – Grundlagen und Methoden zur Reduzierung des Ausfallrisikos der Stromversorgung« des BBK in Zusammenarbeit mit zahlreichenden Projektbeteiligten genannt werden, die als weiterführende Fachliteratur dienen können (vgl. BBK, 2019-2, LUBW, 2016 und BBK, 2015).

3.7 Der Bedarf einer Verwaltungsgruppe auf Gemeindeebene

3.7.2 Zusammensetzung der Verwaltungsgruppe

Die zuvor dargestellten Aufgaben, die eine Verwaltungsgruppe in Abhängigkeit eines Schadensereignisses wahrnehmen muss, erstrecken sich über ein breites Spektrum. Schwerpunktmäßig lassen sich jedoch folgende Bereiche erkennen:

- Information der Bevölkerung, Auskunft an Dritte (Presse, Behörden, Politiker etc.),
- ordnungsbehördliche Angelegenheiten,
- Rechtsfragen,
- interne Organisation,
- Lage und Dokumentation,
- technische Angelegenheiten,
- IT-Belange.

Hierbei zeigen sich große Parallelen zur ehemaligen Koordinierungsgruppe »Kommunikation«, die mittlerweile in die »Koordinierungsgruppe Stab« überführt und umbenannt wurde. Daher soll die ehemalige Koordinierungsgruppe »Kommunikation« als Basis für die Zusammensetzung einer Verwaltungsgruppe auf Gemeindeebene dienen. Ergänzt werden die vier Verwaltungsstabsbereiche um einen technischen Bereich, um bei Unwetterlagen anfallende Fragestellungen zu den Themen Bau und Wasser bearbeiten zu können. Ferner wird der Bereich Rechts- und Personalangelegenheiten dem internen Organisationsbereich zugeordnet, da rechtliche Aspekte im Sinne eines rechtskonformen und nachvollziehbaren Verwaltungshandelns auch bei großen Schadenslagen eine nicht zu vernachlässigende Rolle spielen. Sofern eine IT-Infrastruktur mit Hard- und Softwarekomponenten genutzt wird (was in überwiegender Zahl der Fälle in heutiger Zeit anzunehmen ist), sollte in der Verwaltungsgruppe mindestens im Anfangsstadium ein IT-Verantwortlicher anwesend sein. Erfahrungsgemäß muss davon ausgegangen werden, dass einzelne IT-Komponenten im Bedarfsfall nicht funktionieren – sei es wegen neuen Updates, neuer Firewall-Einstellungen, vergessener Passwörter, Netzwerkproblemen oder nicht routinierter Anwender.

Ein Vorschlag für eine mögliche Zusammensetzung der Verwaltungsgruppe auf örtlicher Ebene zeigt nachfolgendes Bild 122.

3 Konzept zur Bewältigung von Unwetterlagen auf Gemeindeebene

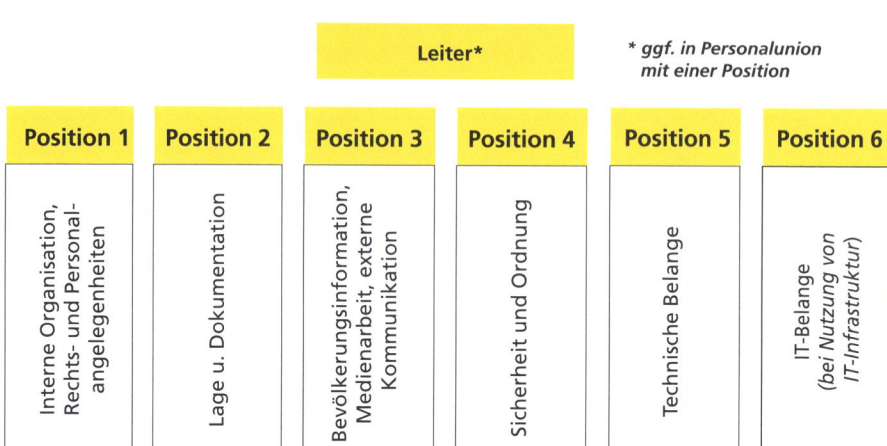

Bild 122: *Eine Verwaltungsgruppe sollte bestimmte Aufgabenbereiche abdecken, die von jeder Gemeinde gestellt werden können.*

Die Besetzung der einzelnen Positionen muss in jeder Gemeinde entsprechend der innerbetrieblichen Organisationsstrukturen und den örtlichen Möglichkeiten individuell festgelegt werden. Im Falle bestehender Verwaltungsgemeinschaften zwischen einzelnen Gemeinden ist eine gemeinsame Aufgabenwahrnehmung einzelner Positionen zu prüfen. Als Orientierungshilfe könnte die Besetzung der Verwaltungsgruppe wie folgt aussehen:

3.7 Der Bedarf einer Verwaltungsgruppe auf Gemeindeebene

Besetzung einer Verwaltungsgruppe

Leiter
▶ z.B. Bürgermeister

Position 1
Interne Organisation, Rechts- und Personalangelegenheiten
▲ z.B. Vertreter des Hauptamtes

Position 2
Lage u. Dokumentation
▲ z.B. kompetenter Mitarbeiter

Position 3
Bevölkerungsinformation, Medienarbeit, externe Kommunikation
▲ z.B. Mitarbeiter aus dem Bereich Öffentlichkeitsarbeit

Position 4
Sicherheit und Ordnung
▲ z.B. Vertreter des Ordnungsamtes

Position 5
Technische Belange
▲ z.B. Vertreter des Tiefbauamtes

Position 6
IT-Verantwortlicher
▲ z.B. Administrator

Fachberater und Verbindungspersonen nach Bedarf und Lage
(z.B. Feuerwehrkommandant, Bauhofleiter, Leiter Stadtwerke, Entscheidungsträger von Polizei und Hilfsorganisationen, Verantwortliche von örtlichen Unternehmen)

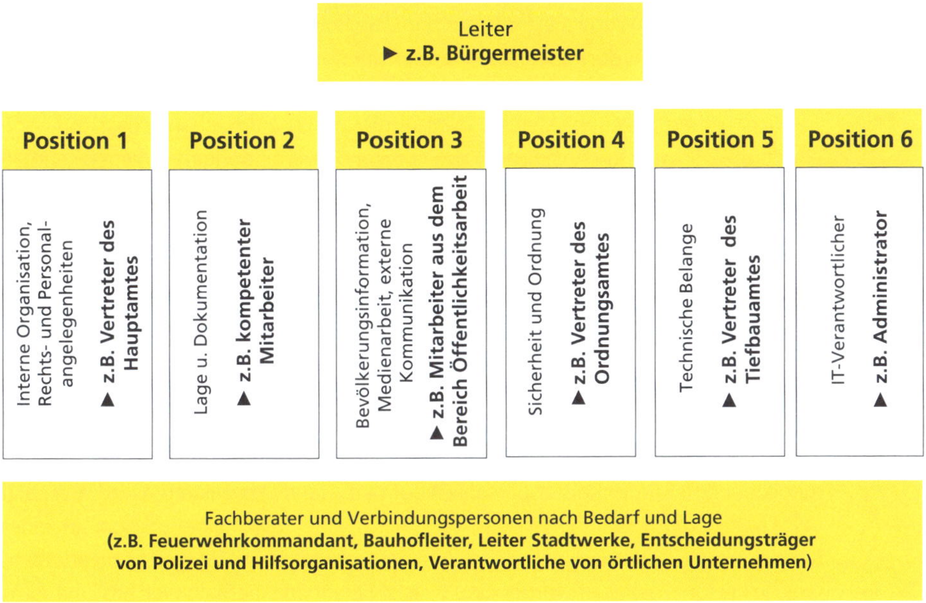

Bild 123: *Die notwendigen Aufgabenbereiche könnten durch die hier vorgeschlagenen Personen besetzt werden.*

3.7.3 Alarmierung und Einberufung der Verwaltungsgruppe

Der Einsatz einer Verwaltungsgruppe auf örtlicher Ebene setzt die Erreichbarkeit der vorgesehenen Mitglieder im Ereignisfall voraus. Bei Verwaltungsstäben werden die Erreichbarkeiten im Regelfall über Verständigungs- bzw. Alarmpläne sichergestellt. Analog dazu sollte auch auf örtlicher Ebene eine Erreichbarkeits- und Verständigungsliste für die benannten Ämtervertreter existieren, um die Verwaltungsgruppe (Stufe 3) einberufen zu können. Sofern nicht bereits existierend, sind derartige Verständigungen im Rahmen interner Abläufe der Gemeindeverwaltung zu regeln. Ebenfalls festgelegt werden sollte in diesem Zusammenhang die personelle Grundbesetzung, damit dieser Personenkreis automatisiert oder von benannter Stelle alarmiert werden kann (▶ Kapitel 3.1.3.2). Da die Verwaltungsgruppe vom Bürgermeister oder einem benannten Vertreter einberufen wird, ist es sinnvoll, dass dieser vom Feuerwehrkommandant bereits im Rahmen der Stufe 2 verständigt und über die Lage informiert wird.

Als Hilfsmittel für die Alarmierung der Verwaltungsgruppenmitglieder kann eine Verständigungs- bzw. Erreichbarkeitsliste dienen, in welcher deren Erreichbarkeiten über verschiedene Wege (Festnetztelefon, Mobiltelefon, E-Mail) aufgeführt sind. Im Zuge dessen sollten dort auch Stellvertreterfunktionen mit entsprechenden Erreichbarkeiten benannt sein.

Nicht unberücksichtigt bleiben sollte in diesem Zusammenhang, dass ggf. eine Einschränkung oder ein Ausfall der Kommunikationsverbindungen vorliegen kann. Je früher daher eine Verständigung bzw. Alarmierung des Funktionspersonals (über Alarmierungs-Apps, Telefon, E-Mailgruppen, SMS etc.) erfolgt, desto größer ist die Wahrscheinlichkeit, die entsprechenden Personen (noch) zu erreichen. Insofern kommt auch einer Vorabinformation ab einer gewissen oder drohenden Schadenslage erhöhte Bedeutung zu, was beispielsweise in Form eines automatisierten Voralarms mittels SMS o. ä. umgesetzt werden könnte. Sofern eine »Voralarm-Funktion« eingerichtet wird, muss zwingend geregelt werden, was mit dem Voralarm bezweckt werden soll und wie sich der alarmierte Personenkreis zu verhalten hat. Kontraproduktiv wäre beispielsweise, wenn alle alarmierten Verwaltungsgruppenmitglieder den Bürgermeister persönlich auf dem Handy kontaktieren und sich nach der Lage erkundigen. Besser wäre es, wenn eine Rückmeldefunktion an einer Bündelungsstelle vorgesehen wird, um sehr schnell einen Überblick zu erhalten, welche Personen erreicht wurden und welche Personen innerhalb welches Zeitraums erscheinen können.

3.7.4 Sitz der Verwaltungsgruppe

Als Ort für den Sitz der Verwaltungsgruppe können prinzipiell verschiedene kommunale Räumlichkeiten in Betracht kommen. Vielerorts existieren möglicherweise bereits vorgeplante und ausgestattete Räume, sodass in diesem Fall kein neuer Ort für den Sitz der Verwaltungsgruppe festgelegt werden muss. Existiert allerdings noch keine vorgeplante Örtlichkeit, so stellen die beiden naheliegenden Lösungen das örtliche Rathaus oder alternativ das Führungshaus der Feuerwehr dar.

Beim Sitz der Verwaltungsgruppe in **Räumlichkeiten des Führungshauses** kann sich die räumliche Nähe zur Führungsgruppe als Vorteil erweisen. Beispielsweise sind dadurch direkte Absprachen oder gemeinsame Lagebesprechungen möglich, was die Zusammenarbeit erleichtert und Informationsverluste verringert. Auch wäre der Feuerwehrkommandant, der als (Technischer) Einsatzleiter Ansprechpartner für die Führungsgruppe und gleichzeitig Verbindungsperson für die Verwaltungsgruppe ist, innerhalb von einem Gebäude besser greifbar. Voraussetzung hierfür ist aller-

3.7 Der Bedarf einer Verwaltungsgruppe auf Gemeindeebene

dings, dass erstens eine entsprechende Räumlichkeit für die Verwaltungsgruppe im Führungshaus zur Verfügung steht und zweitens dort die notwendige technische Ausstattung (Internet, Telefon, Beamer, Whiteboard etc.) vorhanden ist. Auch müssen entsprechend Sozialräumlichkeiten und Parkmöglichkeiten für die zu erwartende Personenzahl an Feuerwehrangehörigen, Verwaltungsmitarbeitern und externen Dritten (Fachberater etc.) im bzw. am Führungshaus zur Verfügung stehen.

Existiert eine solche Räumlichkeit innerhalb des Führungshauses nicht, so empfiehlt es sich, den Sitz der Verwaltungsgruppe im **örtlichen Rathaus** einzurichten. Hier verfügt jede Gemeinde über mindestens einen Sitzungssaal, der die notwendige Mindestausstattung an technischer Einrichtung aufweisen sollte. Gerade bei einer größeren Anzahl an zu erwartender Ämtervertretern und externen Dritten kann sich die räumliche Trennung zur operativen Einheit als Vorteil erweisen, da dort die baulichen Gegebenheiten allein für die administrative Einheit zur Verfügung stehen (sanitäre Einrichtungen, weitere Besprechungsräume, Parkplätze etc.). Um eine Kommunikationsverbindung zum Führungshaus der Feuerwehr zu gewährleisten, sollte mindestens ein Festnetztelefon, optimaler Weise ein Satellitentelefon, für die Verbindungsperson vorgehalten werden.

Bei der Auswahl der Räumlichkeiten sollte darauf geachtet werden, dass eine Notstromversorgung oder zumindest eine externe Einspeisemöglichkeit existiert. Teilweise finden sich diesbezügliche Empfehlungen auch in landesspezifischen Vorschriften, wie z. B. in der VwV Stabsarbeit von Baden-Württemberg.

Obgleich gemeinsame Lagebesprechungen als sinnvoll erachtet werden, wird eine Vermischung der Führungs- und Verwaltungseinheit im gleichen Raum auf dieser Ebene für nicht sinnvoll erachtet, da die Führungsgruppe im Unwetterfall überwiegend taktische Aufgaben wahrnimmt, weniger hingegen strategische. Eine Vermischung wäre im Einzelfall eher auf Ebene des Führungs- und Verwaltungsstabes denkbar, wenn es um strategische und administrativ-organisatorische Fragestellungen geht und beide Führungseinheiten am selben Ort eingerichtet sind. Hierunter könnte auch die Kombination Führungsstab und Verwaltungsgruppe auf örtlicher Ebene fallen, wenn sich administrative Fragestellungen überwiegend auf die örtliche Ebene beziehen und somit primär in den Ressortbereich örtlicher Ämter/Behörden fallen (▶ Kapitel 2.2.1.5).

4 Ausbildung und Umsetzung des Konzeptes

Für ein Funktionieren des vorgestellten Konzeptes sind ein einheitlicher Wissensstand und ein gemeinsames Führungsverständnis aller beteiligten Feuerwehrangehörigen unabdingbar. Die Kenntnis der organisatorischen Abläufe und unwetterspezifischer Besonderheiten darf daher kein Spezialwissen einzelner Feuerwehrangehöriger darstellen, sondern muss ein fester Bestandteil der Ausbildung aller Feuerwehrangehörigen sein. Hinsichtlich der Kenntnistiefe können jedoch Unterschiede in Abhängigkeit der Funktion und geplanter Einsatzverwendung zugelassen werden. Aufgrund der Behördenorganisation innerhalb der Gemeinde mit definierten Zuständigkeiten sollte die Verwaltung frühzeitig in die Planungen einbezogen werden und eine gemeinsame Übung einer Unwetterlage mit der Gemeindeverwaltung stattfinden.

4.1 Ausbildung der Feuerwehrangehörigen

Die Ausbildung der Feuerwehrangehörigen muss auf Basis des örtlich erstellten Konzeptes zur Unwetterbewältigung erfolgen und kann in vier Stufen unterteilt werden, die unterschiedliche Ausbildungsziele beinhalten:
1. Ausbildung der Führungsgruppenmitglieder in Führungshausstrukturen und -abläufen,
2. Umsetzung und Training des Führungshausbetriebs in Form einer Planübung,
3. Schulung der übrigen Feuerwehrangehörigen in den organisatorischen Abläufen und Sensibilisierung hinsichtlich rechtlicher Aspekte und Gefahren bei Unwetterlagen,
4. Beübung der ineinandergreifenden Abläufe zwischen Führungshaus und operativen Einheiten in Form einer Vollübung.

4.1 Ausbildung der Feuerwehrangehörigen

4.1.1 Führungsgruppe

4.1.1.1 Einrichtung

Im Rahmen des vorliegenden Konzeptes wird eine Führungsgruppe zur Wahrnehmung der Funktionen innerhalb des Führungshauses vorgesehen. Hintergrund ist derjenige, dass für das im Führungshaus eingesetzte Personal ein vollumfänglicher Kenntnisstand über die Gesamtabläufe notwendig ist. Hierfür ist als Personenkreis eine Führungsgruppe prädestiniert, sodass in der Konsequenz nur eine definierte Anzahl an Feuerwehrangehörigen in größerer Detailtiefe aus- und fortgebildet werden muss. Sofern auf örtlicher Ebene innerhalb der Feuerwehr noch keine Führungsgruppe existiert, sollte von der Feuerwehrführung die Gründung einer solchen für die Tätigkeit im Führungshaus angestoßen werden.

Wie in ▶ Kapitel 3.1.4 bereits erläutert wurde, muss eine Führungsgruppe nicht ausschließlich aus Führungskräften bestehen. Aus praktikabler Sicht wäre dies sogar kontraproduktiv, da bei Führungsgruppeneinsätzen automatisch auch von einem erhöhten Bedarf an Führungskräften zur Besetzung der Einsatzfahrzeuge auszugehen ist. Die FwDV 100 sieht ausdrücklich Unterstützungstätigkeiten beim sogenannten »Führungshilfspersonal« angesiedelt, welches z. B. in der Lagekartenführung, im Botendienst, in der Einsatztagebuchführung oder in der Abwicklung des Sprechfunkverkehrs eingesetzt werden kann.

Im Hinblick auf die Auswahl des Führungshilfspersonals eignen sich insbesondere diejenigen Personen, die im beruflichen Alltag eine »vergleichbare« Tätigkeit im Büro wahrnehmen und mit organisatorischen und koordinierenden Aufgaben vertraut sind. Dabei können auch Feuerwehrangehörige von Feuerwehrabteilungen zur Führungsgruppe angehören und nicht nur Personen von der Hauptabteilung, wo sich in aller Regel das Führungshaus befindet.

4.1.1.2 Ausbildung

Bei der Entwicklung des Konzeptes wurde ein großer Wert auf einfache und durchgängige Abläufe gelegt; dennoch ist eine anfängliche Ausbildung der zur Führungsgruppe gehörenden Personen erforderlich. Gute Erfahrungen konnten mit einem **mehrstufigen Verfahren** gemacht werden, das nachfolgend vorgestellt wird:

4 Ausbildung und Umsetzung des Konzeptes

In einer **ersten Stufe** werden Angehörigen der Führungsgruppe im Rahmen einer zweistündigen Theorieausbildung die einzelnen Aufgaben und die Systematik der Abläufe im Führungshaus vermittelt. Dabei werden auch die vorhandenen Arbeitsmittel (Formulare, Übersichten etc.) vorgestellt und deren Nutzung erläutert. Auch muss in diesem Zusammenhang die telefonische Abfrage und Erfassung von Einsätzen sowie die damit verbundene Priorisierung geschult werden, da dies eine verantwortungsvolle und weichenstellende Tätigkeit darstellt, in der Feuerwehrangehörige keine Erfahrungen haben. Anschließend findet ein zweistündiges Stationstraining in Kleingruppen statt, in denen funktionsbezogene Aufgaben geübt und vertieft werden.

Die Gruppen können dabei beispielsweise nach folgenden Funktionen getrennt aufgeteilt werden:

- **Gruppe A (Führungshilfspersonal):** Personen, welche in der Funktion Fernmelder, Bote, Anrufannahme oder Sichter eingesetzt werden.
- **Gruppe B (Führungskräfte):** Personen, die in einer Führungsfunktion in der Einsatzzentrale, im Führungsraum oder in der Funktionseinteilung eingesetzt werden.

Beim Führungshilfspersonal soll der Fokus primär auf den durchzuführenden Kommunikationsaufgaben, wie z. B. der Funkabwicklung, der Fahrzeugalarmierung/Einsatzauftragsübermittlung oder der Telefonabfrage, liegen – jeweils unter Zuhilfenahme der vorhandenen Formulare (Einsatzstreifen, Erkundungsstreifen, Notizzettel). Die Führungskräfte sollen hingegen schwerpunktmäßig die Organisation der Funktionseinteilung sowie die Disposition von Einheiten trainieren. Zu letzterem gehören auch die Erstellung von Erkundungseinsätzen sowie die Dispositionsreihenfolge von gleich hoch priorisierten Einsätzen.

Für den vorgesehenen Zeitansatz von vier Stunden kann z. B. ein Samstagvormittag dienen. Aufbauend auf den theoretischen Grundlagen stellt dann die **zweite Stufe** ein Training der ineinandergreifenden Abläufe in Form einer Planübung dar. Konkret wird hier die Bewältigung einer Unwetterlage im Führungshaus geübt, in welcher sich die Teilnehmer mit den zu besetzenden Funktionen vertraut machen und den sachgerechten Umgang mit den zur Verfügung stehenden Führungsmitteln (Formulare, Übersichten etc.) trainieren können. Dabei eignet sich eine solche Planübung auch dahingehend, dass die Übungsteilnehmer diejenigen Funktionen und Tätigkeiten ausfindig machen können, in denen sie ein Interesse und eine Stärke erkennen. Denn zweifelsfrei sind in den einzelnen Funktionen unterschiedliche Kompetenzen gefragt; so eignen sich manche Feuerwehrangehörige besser für den (stressigeren) Einsatz als Sprechfunker, andere wiederum sind aufgrund ihrer Erfahrung und Ortskenntnis besser für die Telefonabfrage oder den Einsatz als Sichter

4.1 Ausbildung der Feuerwehrangehörigen

geeignet. Als Zeitansatz für die Planübung und die Nachbesprechung sind ebenfalls vier Stunden einzuplanen, wofür z. B. ein Samstagnachmittag dienen kann.

Für die Organisation einer solchen Planübung ist eine Übungsleitung erforderlich, die auf Grundlage eines erstellten »Drehbuches« in definierten Abständen Einsätze per Funk, per Fax/E-Mail oder per Telefon einspielt. Als Mustervorlage für eine Einsatzeinspielung kann die Tabelle im Downloadbereich dienen. Sehr gut eignen sich jedoch auch vergangene Unwetterlagen in der eigenen Gemeinde, deren Einsätze als Drehbuch aufgearbeitet und ggf. um weitere Einsätze ergänzt werden, um eine gewisse Anzahl an Einsätzen für ein effizientes Training zu erhalten. Die Einspielung kann von einem abgetrennten Raum mit entsprechender Kommunikationsausstattung (Funk, Telefon, E-Mail) oder einem Fahrzeug (z. B. ELW 1) erfolgen. Um auch die Kommunikationsabläufe zwischen Führungshaus und operativen Einheiten üben zu können, muss die Übungsleitung auch gleichzeitig die Funkkommunikation mit den einzelnen Fahrzeugen einspielen. Hierzu kann eine lokale Rufgruppe nach vorheriger Rücksprache mit der Leitstelle genutzt werden. Aufgrund des hohen Aufgaben- und Koordinationsaufkommens sind zur Besetzung der Übungsleitung sechs Feuerwehrangehörige erforderlich. Die Aufgabenverteilung der Übungsleitung kann beispielsweise wie folgt aussehen:

Tabelle 3: *Für eine Planübung wird eine sechsköpfige Übungsleitung benötigt, die Einsätze und Funkgespräche nach einem vorgegebenen Drehbuch einspielt.*

Ein-spieler	Funktion	Aufgabe 1	Aufgabe 2	Aufenthaltsort und Kommuni-kations-Mittel
1	Übungsleiter	Koordination der Einsatzeinspielung		flexibel; keines
2	Leitstelle	Einsatzübermittlung per Funk	Einsatzübermittlung per Fax/E-Mail	z. B. ELW 1; Funkgerät
3	Telefonie	Einsatzübermittlung per Telefon		z. B. ELW 1; Telefon/Handy
4	Telefonie/Fahrzeuge	Einsatzübermittlung per Telefon	Simulation Sprechfunkverkehr mit vordefinierten Einsatzfahrzeugen (z. B. Abteilungswehrfahrzeuge)	z. B. ELW 1; Funkgerät und Telefon/Handy

4 Ausbildung und Umsetzung des Konzeptes

Tabelle 3: *Für eine Planübung wird eine sechsköpfige Übungsleitung benötigt, die Einsätze und Funkgespräche nach einem vorgegebenen Drehbuch einspielt. – Fortsetzung*

Ein-spieler	Funktion	Aufgabe 1	Aufgabe 2	Aufenthaltsort und Kommunikations-Mittel
5	Fahrzeuge	Simulation des Sprechfunkverkehrs mit vordefinierten Einsatzfahrzeugen (z. B. Löschzugfahrzeuge)		Einsatzfahrzeug 1; Funkgerät
6	Fahrzeuge	Simulation Sprechfunkverkehr mit vordefinierten Einsatzfahrzeugen (z. B. Sonderfahrzeuge)		Einsatzfahrzeug 2; Funkgerät

Als Zeitansatz für die Durchführung einer solchen Planübung werden ca. vier Stunden benötigt – bestehend aus einer Stunde Einweisung und Vorbereitung, zwei Stunden Übung und einer Stunde Abbau und Übungsnachbesprechung.

Im Sinne eines regelmäßigen Trainings im rückwärtigen Bereich sollte mindestens eine jährliche Fortbildung für die Angehörigen der Führungsgruppe stattfinden, um die allgemeinen Abläufe und die Aufgaben der einzelnen Tätigkeiten zu wiederholen. Sofern es unterjährig zu realen Einsatzlagen mit Führungshausbetrieb kommt und dadurch eine gewisse Praxis erlangt wird, kann ggf. auf eine jährliche Planübung verzichtet und es müssen nur der allgemeine Führungshausbetrieb mit seinen Abläufen und Aufgaben wiederholt werden. Dienlich ist in diesem Zusammenhang auch die Aufarbeitung vergangener Unwettereinsätze, deren Erkenntnisse in eine jährliche Fortbildung einfließen können.

4.1.2 Sonstige Feuerwehrangehörige

Nach der erfolgten Ausbildung der Führungsgruppe sind in einer **dritten Stufe** die übrigen Feuerwehrangehörigen im Unwetterkonzept zu schulen. Da diese nicht in die rückwärtige Führungshausorganisation eingebunden sind und ausschließlich eine Funktion auf einem Einsatzfahrzeug einnehmen, ist für diesen Personenkreis eine Einweisung in die organisatorischen Regelungen bei Unwettereinsätzen ausreichend.

4.1 Ausbildung der Feuerwehrangehörigen

Hierzu kann eine Einweisung z. B. im Rahmen eines regulären Übungsdienstes erfolgen.

Die Einweisung soll zum Ziel haben, dass das operativ tätige Personal aller Feuerwehrabteilungen (insbesondere die Fahrzeugführer) zu nachfolgenden Punkten unterwiesen wird, um die festgelegten Verfahren einzuhalten und anzuwenden:

- Bei flächigen Unwetterereignissen, bei denen mit zahlreichen Paralleleinsätzen zu rechnen ist, findet eine Einteilung der Fahrzeugfunktionen bei Eintreffen der Kräfte im Führungshaus statt. Ausgenommen hiervon sind zeitkritische Einsätze. Ist der erste Einsatz bei einem Unwetterereignis ein zeitkritischer Einsatz, so bedarf es folglich nur einer Einteilung derjenigen Personen, die im weiteren Verlauf im Führungshaus eintreffen bzw. bei einem Erstalarm nicht ausrücken (da die ausgerückten Fahrzeuge bereits besetzt sind). Dies gilt sowohl für Feuerwehrangehörige der Hauptabteilung, wo sich im Regelfall das Führungshaus befindet, wie auch für diejenigen einer Außenabteilung.

- Werden Feuerwehrabteilungen (Außenabteilungen) alarmiert, so rücken diese gemäß internen Vorgaben (z. B. Staffelbesatzung für Löschfahrzeuge) funktionsbesetzt aus und fahren nach Weisung des Führungshauses eine konkrete Einsatzstelle oder das zentrale Führungshaus der Feuerwehr an. Übrige Feuerwehrangehörige der Außenabteilungen finden sich – mit Ausnahme eines »Rückbleibers« – nach Rücksprache ebenfalls im zentralen Führungshaus ein und übernehmen freie Aufgaben oder besetzen bei Bedarf weitere Einsatzfahrzeuge. Die Feuerwehrhäuser von Abteilungen sollten mit mindestens einem Feuerwehrangehörigen besetzt bleiben, da diese häufig auch als direkte Anlaufstellen für hilfesuchende Einwohner dienen. Bei Eingang einer Einsatzmeldung in einer Außenabteilung erfolgt die Übermittlung des Einsatzes an das Führungshaus gemäß den organisatorischen Regelungen, z. B. per Fax/E-Mail mit entsprechendem Formular.

- Allen Feuerwehrangehörigen muss der Ablauf der Einsatzauftragserteilung (im Führungshaus oder unterwegs über Funk) bekannt sein. In diesem Zusammenhang ist insbesondere die Einsatzauftragsaushändigung (blauer Durchschlag des Einsatzstreifens) für den Fahrzeugführer relevant. Dies betrifft insbesondere nicht dringliche Einsätze, bei denen die Einsatzaufträge persönlich vom Lagedienst überreicht werden.

- Das Vorhandensein sowie die Nutzung der blauen Rapportzettel müssen jedem Feuerwehrangehörigen bekannt sein, da auch Truppführer in Truppfahrzeugen u. U. als Fahrzeugführer fungieren. Neben dem sachgemäßen Ausfüllen der einsatzrelevanten Daten und Tätigkeiten impliziert dies gleichermaßen die Kenntnis, dass die ausgefüllten Rapportzettel bei Rückkehr im Führungshaus an vorgesehener Stelle abzugeben sind (Ablagefach »Fahrzeugrapport«).

- Als Bestandteil des Gesamtsystems müssen alle Personen die definierten Kommunikationsabläufe zwischen den einzelnen Fahrzeugen und der Einsatzzentrale kennen. Wichtig hierbei ist, dass jedes Fahrzeug bei Unwettereinsätzen die lokale Rufgruppe schaltet und über diese mit dem Führungshaus kommuniziert. Besteht aufgrund technischer Probleme im Einzelfall keine Verbindung zum Führungshaus über Funk, muss bei Bedarf über Mobiltelefon eine Verbindung zum Führungshaus hergestellt werden. Ist auch darüber kein Kontakt möglich, so ist das Führungshaus nach Auftragserledigung direkt anzufahren. Als Gedankenstütze dient insbesondere den Fahrzeugführern das in den Einsatzfahrzeugen hinterlegte Merkblatt »Organisatorische Hinweise bei Unwetterlagen«, welches zu Beginn einer solchen Schadenslage kurz durchgelesen werden sollte.

- Aufgrund der vielen Funkteilnehmer sind die Fahrzeugführer auf eine erhöhte Funkdisziplin hinzuweisen, was bedeutet, dass bei »Bagatelleinsätzen« lediglich die Statusmeldungen »Eintreffen« und »Einsatzende« per Funk auf der örtlichen Rufgruppe durchzugeben sind. Die FMS-Statusmeldungen finden im Regelfall nur bei zeitkritischen Einsätzen Anwendung (Betriebsgruppe), da diese Einsätze in der Leitstelle geführt und dort Fahrzeuge konkret einem Einsatz zugeordnet werden.[48] Weiterhin sind die Feuerwehrangehörigen dahingehend zu schulen, dass Lagemeldungen nur bei zeitkritischen Einsätzen erfolgen und lediglich Nachforderungen bei unwetterbedingten Einsätzen über Funk getätigt werden sollen.

---

48 Bzgl. der Statusabgabe im Digitalfunk sind die örtlichen bzw. kreisweiten Regelungen maßgebend. Sofern eine separate Statusgruppe existiert, ist eine Statusabgabe unabhängig der Rufgruppe möglich.

4.1 Ausbildung der Feuerwehrangehörigen

- Insbesondere Führungskräfte sind auf die rechtlichen Grundlagen des Tätigwerdens nach den Feuerwehr- oder Brandschutzgesetzen der Länder hinzuweisen. Dazu zählt in erster Linie die Prüfung des Vorliegens einer »Pflichtaufgabe« oder »Kann-Aufgabe« mit der anschließenden Frage, ob die Feuerwehr überhaupt tätig werden muss/darf. Daraus leitet sich im Weiteren ggf. die resultierende Hinweisgabe einer entstehenden Kostenpflicht ab, die beim Tätigwerden der Feuerwehr bei Unwettereinsätzen in den meisten Fällen vorliegt (▶ Kapitel 3.4.4). Ebenfalls sind Führungskräfte für die besonderen Gefahren bei unwetterbedingten Einsätzen zu sensibilisieren (▶ Kapitel 3.4.5).

- Der rückwärtige Bereich im Führungshaus, welcher durch ein ineinandergreifendes System mit unterschiedlichen, wahrzunehmenden Funktionen gekennzeichnet ist, muss von allen Feuerwehrangehörigen als sensibler, abgetrennter Bereich verstanden werden, in dem sich nur diejenigen Personen aufhalten, die in die rückwärtige Führungsorganisation eingebunden sind. Somit ist im Vorfeld zu regeln, dass sich das auf den Fahrzeugen eingeteilte Personal nicht in diesem Bereich aufhält, sondern beispielsweise in der Fahrzeughalle, in welcher auch die Funktionseinteilung und Registrierung erfolgt. Sofern kein separater Aufenthaltsraum existiert, sollten dort Pausenmöglichkeiten (Bänke und Tische, Getränke etc.) geschaffen werden. Hierfür kann z. B. die Besatzung des Grundschutzfahrzeuges herangezogen werden, sofern diese noch keinen Einsatzauftrag hat.

- Die Kommunikation über die örtliche Einsatznummer beugt Missverständnissen bei der Einsatzvergabe oder bei Rückmeldungen bzw. Nachforderungen vor. Daher sollte allen Beteiligten die Bedeutung der Einsatznummer verdeutlicht werden. Folglich sind alle Feuerwehrangehörigen dahingehend auszubilden, dass Einsätze bei Unwetterereignissen über ihre Einsatznummer zu definieren sind.

Eine Zusammenfassung zuvor genannter Punkte sollte auf einem Merkblatt »Organisatorische Regelungen bei Unwettereinsätzen« festgehalten werden, das in jedem Fahrzeug hinterlegt wird. In diesem Zusammenhang ist es sinnvoll, sogenannte »Fahrzeugmappen« zu erstellen, in denen z. B. kompakt alle benötigten Utensilien (Fahrzeugrapportzettel, Hinweispapier, Stifte, Schreibmaterial) aufbewahrt werden. Eine solche Klemmbrettmappe ist musterhaft in den Bildern 124 und 125 dargestellt.

Sofern bei einzelnen Feuerwehren bereits fahrzeugbezogene Mappen oder Ordner vorhanden sind, können diese gleichermaßen zur Aufbewahrung genutzt werden. Sollen die operativen Einheiten auch im Rahmen der Ausbildung in eine Unwetterübung eingebunden werden, so stellt dies die **vierte Stufe** der Ausbildung dar. Hierzu wird die Planübung der Führungsgruppe um die operativen Einheiten zu einer Vollübung erweitert, was sich z. B. gut mit einer Funk- oder Fahrausbildung kombinieren lässt. Dabei werden die Einheiten im Feuerwehrhaus (oder später über Funk) abgerufen und fahren real die genannten »Einsatzstellen« an. Nach einer kurzen, vorgegebenen Verweildauer melden diese sich wieder frei oder tätigen eine Nachforderung, sofern von der Übungsleitung vorgegeben. Denkbar wäre für die Fahrzeugbesatzungen auch eine Kurzausbildung von Gerätschaften, die auf dem Fahrzeug verlastet sind (z. B. das Stellen von tragbaren Leitern oder die Inbetriebnahme eines Stromerzeugers). Sofern Fahrzeuge real besetzt sind und an der Übung teilnehmen, sind drei bis vier Personen zur Besetzung der Übungsleitung ausreichend, da von dieser keine Fahrzeugbewegungen über Funk eingespielt werden müssen. Der Führungshausbetrieb bleibt hiervon unberührt und läuft analog zur Planübung ab.

Bild 124: *Zur Dokumentation von einsatzrelevanten Daten sollte jedes Einsatzfahrzeug mit einer Fahrzeugmappe ausgestattet sein.*

4.1 Ausbildung der Feuerwehrangehörigen

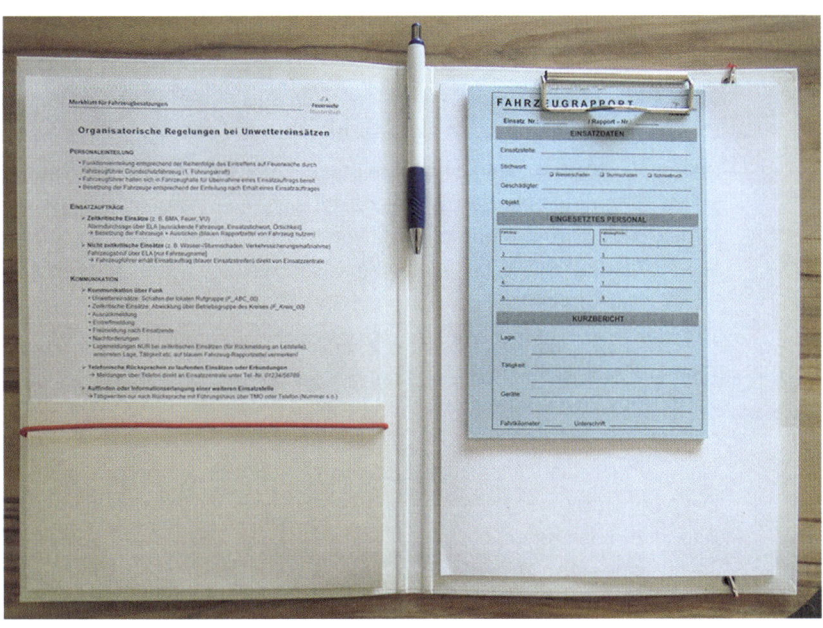

Bild 125: Neben Schreibutensilien sollte jede Fahrzeugmappe mindestens ein Block mit Fahrzeugrapportzetteln und ein Merkblatt zu organisatorischen Hinweisen bei Unwetterlagen beinhalten.

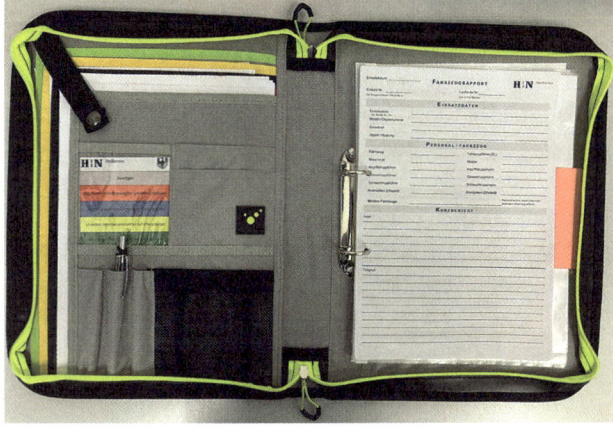

Bild 126: *Alternativ zu einer einfachen Klemmbrettmappe können auch verschließbare Schreibmappen mit Registerabteilen für die verschiedenen Dokumente genutzt werden. (Quelle: Feuerwehr Heilbronn)*

4 Ausbildung und Umsetzung des Konzeptes

4.2 Einbindung der Gemeindeverwaltung

Neben den Feuerwehrangehörigen müssen auch Entscheidungsträger der örtlichen Gemeindeverwaltung eine gewisse Routine in einer stabsmäßigen Arbeitsweise erlangen, sofern diese in einer Funktion der Verwaltungsgruppe eingesetzt werden sollen. Denn unumstritten unterscheidet sich eine stabsmäßige Arbeit mit straffer Organisationsstruktur grundlegend von der alltäglichen Arbeit in einer Verwaltung. Hierzu werden jeweils auf Landesebene verschiedene Lehrgänge für Mitglieder eines Verwaltungsstabes zur Erlangung von Grundkenntnissen angeboten[49], in denen u. a. Arbeitsweisen eines Verwaltungsstabes oder Problemdefinition und Lösungsstrategien ausgebildet werden.

Verfügen die vorgesehenen Mitglieder der Verwaltungsgruppe über keine stabsmäßige Ausbildung, so sollte diesem Personenkreis zumindest im Rahmen von Planübungen die stabsmäßige Denk- und Arbeitsweise vermittelt werden, um das Ziel einer ämterübergreifenden und koordinierten Zusammenarbeit zur Lagebewältigung zu erreichen.

Im Sinne eines effizienten Zusammenwirkens der Führungs- und der Verwaltungsgruppe ist es zielführend, über die jeweilige (nutzergruppenspezifische) Ausbildung hinausgehend eine gemeinsame Übung durchzuführen, um organisatorische und technische Abläufe zu überprüfen und Abstimmungsprozesse herauszufinden. Eine zentrale Frage ist hierbei auch immer wieder: »Wer spricht wann mit wem worüber?« Dies ist vor allem hinsichtlich der zu erwartenden komplexen Aufgabenstellungen bei einer Flächenlage bedeutend und kann Missverständnissen und einer Doppelarbeit vorbeugen. Ferner zeigen Erfahrungen immer wieder, dass die Zusammenarbeit unkomplizierter und schneller vonstattengeht, wenn sich die Hauptakteure bereits kennen oder im Vorfeld bei Übungen bereits erfolgreich zusammengearbeitet haben.

Als Übungsszenarien werden nachfolgend zwei Lagen vorgestellt, die in jeder Gemeinde eintreten und daher als realistisch betrachtet werden können. Das erste Szenario eignet sich insbesondere als (überschaubares) Einsteiger-Übungsszenario für eine Verwaltungsgruppe, die noch über keine bis wenig Routine in einer stabsähnlichen Arbeitsweise bzw. Entscheidungsfindung verfügt. Darauf aufbauend kann das zweite Szenario als Grundlage für eine gemeinsame Planübung einer

---

49 Z. B. »Grundsätze der Stabsarbeit« an der LFS BW; ebenfalls bietet u. a. das BABZ zahlreiche Seminare zum Krisenmanagement für administrativ-organisatorische und operative-taktische Komponenten an (vgl. BABZ, 2024).

4.2 Einbindung der Gemeindeverwaltung

Führungs- und Verwaltungsgruppe auf örtlicher Ebene dienen und bis zur Stufe 4 des Konzeptes (stabsmäßige Führung der Einsatzlage mit überörtlichen Kräften und eingerichtetem Führungsstab oder gemischtem Stab) eskaliert werden.

> **Szenario 1:**
>
> Aufgrund eines Wassereintrittes in einer Trafostation infolge eines punktuellen Starkniederschlages kommt es an einem Mittwochvormittag gegen 10:30 Uhr zu einem Stromausfall in einem Ortsteil. Nach ersten Erkenntnissen ist der gesamte Ortsteil vom Stromausfall betroffen. Neben 1 800 gemeldeten Einwohnern befindet sich in diesem ein Kindergarten mit 45 Kindern im Alter zwischen drei und sechs Jahren, eine Grundschule mit insgesamt vier Klassen (Klassstufe 1-4) sowie ein Alten- und Pflegeheim mit 80 Pflegeplätzen. Bedingt durch den Stromausfall sind auch die Ampelanlagen ausgefallen, wovon auch Fußgängerampeln betroffen sind. Aufgrund von Engpässen in Produktion und Lieferung verfügt der örtliche Energieversorger derzeit über keine Ersatzteile, sodass nach dessen Ersteinschätzung eine zeitnahe Wiederherstellung der Stromversorgung erst am nächsten Werktag wahrscheinlich ist.
>
> **Szenario 2:**
>
> An einem Sonntagabend kommt es infolge eines Unwetterereignisses mit punktuellen Starkniederschlägen und orkanartigen Windböen zu einer Überschwemmung eines Gemeindeteils, begleitet von sturm- und wasserbedingten Schäden im ganzen Gemeindegebiet. Der Starkniederschlag hat zu punktuellen Wassermengen von über 100 l/m² innerhalb weniger Stunden geführt, wodurch sich zwei kleinere Bäche zu einem reißenden Fluss zusammengeschlossen haben, der sich hangabwärts seinen Weg durch einen Straßenzug bahnt. In dessen Verlauf sind ca. hundert Gebäude beschädigt worden, bei ca. zehn Gebäuden besteht Einsturzgefahr. Personenschäden sind nicht bekannt, es sind jedoch rund dreißig Häuser unbewohnbar. Aufgrund punktueller Überschwemmung wird die Evakuierung eines Altenheimes notwendig. Die infrastrukturelle Anbindung der Gemeinde ist durch zahlreiche Sturmschäden auf den Hauptzufahrtsstraßen beeinträchtigt. Das Stromnetz ist im betroffenen Gemeindegebiet teilweise ausgefallen, ebenfalls ist das Abwassersystem beschädigt. Von Einwohnern gehen zahlreiche Meldungen über vollgelaufenen Keller, überflutete Straßen, umgestürzte Bäume sowie sturmbedingte Schäden an Gebäuden über die Leitstelle und im örtlichen Feuerwehrhaus ein.

Unabhängig von zuvor genannter Notwendigkeit von gemeinsamen Übungen mit der Gemeindeverwaltung sehen auch die »Empfehlungen zur Umsetzung der VwV Stabsarbeit in der Gefahrenabwehr und zur Krisenbewältigung in kleineren Gemeinden« die regelmäßige Übung der Alarmierung, der Abläufe und der Ausübung

4 Ausbildung und Umsetzung des Konzeptes

der Funktionen in einem Verwaltungsstab vor, sodass das Erfordernis einer Übung der Verwaltung auch von dieser Seite gegeben ist.

Seminarangebot für Stabsübungen:
Alternativ zur eigenen Konzipierung einer Übung kann bei Bedarf auch auf angebotene Seminare auf Landesebene zurückgegriffen werden, bei denen die organisatorisch-administrative und die operativ-taktische Komponente einer Gebietskörperschaft gemeinsam üben können. Beispiele hierfür sind z. B. das Seminar »S Üb Krisenstab und Einsatzleitung – Gemeinsame Übung des Krisenstabes und der Einsatzleitung einer Gebietskörperschaft« des IdF NRW; ebenfalls bietet u. a. das BABZ Seminare zur Vorbereitung von Stabsübungen an (vgl. BABZ, 2024).

4.3 Umsetzung in die Praxis

Nach einer Ausbildung aller Feuerwehrangehörigen unter Berücksichtigung der in ▶ Kapitel 4.1 genannten, unterschiedlichen Detailtiefe, kann das vorgestellte Konzept nahtlos in die Praxis umgesetzt werden. Die hierfür notwendigen Arbeits- und Führungsmittel sind zusammen mit den Checklisten bzw. Merkblättern an den jeweiligen Arbeitsplätzen bereitzustellen, sodass im konkreten Einsatzfall unverzüglich mit der Aufnahme der Arbeit im Führungshaus begonnen werden kann.

Obgleich der Zeitpunkt von Unwetterereignissen nicht vorausgesagt werden kann, ist davon auszugehen, dass vor allem in den Frühjahres- und Sommermonaten eine Häufung von Gewittern mit Starkniederschlägen auftritt. Jüngstes Beispiel war u. a. die Schwergewitterlage im August 2023 im Rhein-Main bzw. Main-Taunus-Gebiet, die zu Überflutungen ganzer Stadtbezirke sowie des Frankfurter Flughafens infolge extremer Starkniederschläge binnen kürzester Zeit geführt hat. Im Herbst und Winter hingegen muss mit Sturmtiefs gerechnet werden. Jüngstes Beispiel hierfür war das Sturmtief »Zoltan« im Dezember 2023, das den Fernverkehr in einigen Ländern Deutschlands zum Erliegen brachte, erhebliche Sachschäden in Millionenhöhe verursachte und eine schwere Sturmflut mit anschließendem Hochwasser zur Folge hatte.

Vor dem Hintergrund regelmäßig auftretender und teils auch zunehmender Extremwetterereignisse ist es anzunehmen, dass eine Besetzung des Führungshauses je nach regionaler Lage mindestens einmal pro Jahr erfolgen wird und die örtliche Führungsgruppe dabei zum Einsatz kommt.

Damit auch die notwendige Einbindung der Gemeindeverwaltung in der Praxis funktioniert, sollte diese von Seiten der Feuerwehrführung für die Thematik »Un-

4.3 Umsetzung in die Praxis

wetterbewältigung auf örtlicher Ebene« sensibilisiert werden. Als Aufhänger hierfür kann auf das vorliegende Fachbuch verwiesen werden, welches der Verwaltung als Grundlage für die Aufstellung und Arbeit einer Verwaltungsgruppe auf örtlicher Ebene dienen kann. Dabei kann auch der Nutzen einer solchen Verwaltungsgruppe für andere Lagen, wie beispielsweise einem flächendeckenden Stromausfall, argumentativ vorgebracht werden.

5 Fazit

Die ganzheitliche Auseinandersetzung mit dem vorliegenden Thema zeigt, dass in der Gesamtheit verschiedene Aspekte zu einer effizienten Bewältigung von Unwetterlagen beitragen. Die für die Einsatzpraxis wesentlichen Erkenntnisse sind nachfolgend in Form von **fünf Kernbotschaften** in Verbindung mit einem **10-Punkte-Plan** zusammengefasst:

- **Der Schlüssel zum Erfolg liegt in der konzeptionellen Vorbereitung**
  Der erste Schritt einer effizienten Einsatzbewältigung liegt in einer systematischen Vorbereitung im Vorfeld eines Schadensereignisses begründet. Hierfür ist ein ganzheitliches Unwetterkonzept auf Gemeindeebene notwendig, das in einem 10-Punkte-Plan zusammengefasst ist.

- **Die große Herausforderung liegt in der Organisation und Koordination der Gesamtlage, welche im Führungshaus der Gemeinde stattfindet**
  Im Gegensatz zu alltäglichen Einsatzlagen liegt die große Herausforderung bei flächigen Unwetterlagen in der Organisation und Führung der Gesamtlage begründet und weniger in der handwerklich-technischen Bewältigung von einzelnen Einsatzstellen. Die Weichen für eine erfolgreiche Einsatzbewältigung werden im Führungshaus der Gemeinde gestellt, das örtliche Befehlsstelle mit Sitz der Einsatzleitung ist.

- **Eine Wetterbeobachtung bei Risikowetterlagen hilft, »vor der Lage« zu sein**
  Bei angekündigten »Risikowetterlagen« sollte eine Beobachtung der Wetterentwicklung nicht nur auf Kreisebene in Leitstellen, sondern auch auf Gemeindeebene durch Verantwortungsträger in Feuerwehren stattfinden. Die rechtzeitige Besetzung des Führungshauses ermöglicht es, »vor der (Unwetter-)Lage« zu sein und frühzeitig eine strukturierte und systematische Erfassung, Priorisierung und Abarbeitung der gemeldeten Einsatzstellen zu gewährleisten.

5 Fazit

- **Klar vordefinierte Strukturen erleichtern die Arbeit in großen und dynamischen Einsatzlagen**
  Flächige Unwetterlagen können ab einer gewissen Dimension nicht mehr beherrscht, sondern höchstens strukturiert bewältigt werden. Dies trifft sowohl auf die Disposition von Einheiten in der anfänglichen Chaosphase wie auch auf die Abarbeitung zahlreicher Einsatzstellen im weiteren Einsatzverlauf zu. Hierfür sind definierte Strukturen wichtig, die im Vorfeld geschaffen und im Ereignisfall konsequent umgesetzt werden.

- **Die anfängliche Chaosphase kann mit drei Grundregeln erfolgreich strukturiert werden**
  Unabhängig vom Ausmaß einer Unwetterlage können drei Grundregeln als Hilfsmittel dienen, um insbesondere in der anfänglichen Chaosphase die Einsatzlage in strukturierte Bahnen zu lenken und einen nachhaltigen Einsatzerfolg zu erreichen:

  a) Beschicke nur zeitkritische Einsätze mit sehr hoher Priorität sofort, d. h. Menschenleben in Gefahr und Schadenfeuer! Halte hierfür jederzeit eine Grundschutzeinheit zurück.

  b) Sammle zunächst alle unwetterbedingten Einsätze! Filtere Unwettereinsätze mit hoher Priorität aus der Masse der Bagatelleinsätze mit niedriger Priorität heraus und beschicke diese zeitnah mit eigenen oder überörtlich angeforderten Einheiten.

  c) Stelle Bagatelleinsätze mit niedriger Priorität zurück, bis sich die Chaosphase entspannt und plane dann strukturiert deren Abarbeitung!
  Arbeite Unwettereinsätze mit niedriger Priorität erst dann im weiteren Einsatzverlauf strukturiert und nach logistischen Gesichtspunkten ab, wenn die Dynamik der Einsatzlage abgenommen hat. Hierzu macht eine vorherige Erkundung Sinn, ebenso die Zusammenstellung von Unwettereinheiten oder -zügen.

5   Fazit

10-Punkte-Plan zur effizienten Bewältigung von Unwetterlagen auf Gemeindeebene

1. Einrichtung, Ausstattung und Organisation des Führungshauses (z. B. Räumlichkeiten, Kommunikationstechnik)

2. Definition von **Kommunikationsstrukturen und Meldewegen** (innerhalb des Führungshauses und mit externen Stellen, wie z. B. Leitstelle, Verwaltungsgruppe, Führungsstab)

3. Anfertigung und Einbindung von geeigneten **Führungsmitteln** (z. B. Tafeln, Magnete, Formulare und Vordrucke)

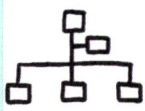
4. Erstellung einer **Führungsstruktur** für unwetterbedingte Flächenlagen (mit Einsatzabschnittsbildung und initialer Ressourcenzuweisung)

5. Einrichtung und Ausbildung einer **Führungsgruppe** zur Wahrnehmung der Führungshausfunktionen

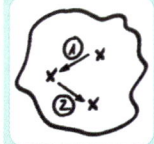
6. Berücksichtigung **taktischer und organisatorischer Aspekte** für Unwetterlagen (z. B. Grundschutzeinheit, Erkundungseinheit, Prioritätensetzung)

10-Punkte-Plan zur effizienten Bewältigung von Unwetterlagen

7. Vorhaltung ergänzender, **unwetterspezifischer Einsatzmittel** (z. B. Pumpen, Sandsäcke, Logistikmodule)

8. Unterweisung der **(operativen) Feuerwehrangehörigen** (zu organisatorischen Abläufen, besonderen Gefahren und Rechtsgrundlagen bei Unwettereinsätzen)

9. Einbindung der Gemeindeverwaltung und Einrichtung einer **Verwaltungsgruppe**

10. Abstimmung der Gesamtheit der Maßnahmen auf die **örtlichen Verhältnisse**

Abkürzungsverzeichnis

AAO	Alarm- und Ausrückeordnung
AB	Abrollbehälter
AFüSt	Abschnittsführungsstelle
AGBF	Arbeitsgemeinschaft der Leiterinnen und Leiter von Berufsfeuerwehren
AZVO	Arbeitszeitverordnung
BABZ	Bundesakademie für Bevölkerungsschutz und Zivile Verteidigung
BayKSG	Bayerisches Katastrophenschutzgesetz
BHKG	Gesetz über den Brandschutz, die Hilfeleistung und den Katastrophenschutz
BOS	Behörden und Organisationen mit Sicherheitsaufgaben
BW	Baden-Württemberg
DFV	Deutscher Feuerwehrverband
DLAK	Vollautomatische Drehleiter mit Korb
DWD	Deutscher Wetterdienst
EA	Einsatzabschnitt
EAL	Einsatzabschnittsleiter oder -leitung
EL	Einsatzleiter oder -leitung
ELA	Elektrische Lautsprecheranlage
ELW	Einsatzleitwagen
FB	Fachberater
Fm	Fernmelder
FMS	Funkmeldesystem
FRT	Fixed Radio Terminal
FüAss	Führungsassistent
FüGr	Führungsgruppe
FüStab	Führungsstab
FwG	Feuerwehrgesetz
G/U	Gegensprechen/Unterband (im analogen 4 m-Sprechfunk)
GIS	Geoinformationssystem
GUV	Gesetzliche Unfallversicherung
GW-L	Gerätewagen Logistik
HLF	Hilfeleistungslöschfahrzeug
ILS	Integrierte Leitstelle

Abkürzungsverzeichnis

IRLS	Integrierte Regionalleitstelle
IT	Informationstechnologie
KBM	Kreisbrandmeister
KdoW	Kommandowagen
LaDi	Lagedienst
LF	Löschfahrzeug
LFS	Landesfeuerwehrschule
MoWas	Modulares Warnsystem
MTW	Mannschaftstransportwagen
NINA	Notfall-Information- und Nachrichten-App
NRW	Nordrhein-Westfalen
PDF	Portable Document Format
PRCD	Portable Residual Current Device
RW	Rüstwagen
SAE	Stab für außergewöhnliche Ereignisse
StVZO	Straßenverkehrs-Zulassungs-Ordnung
STW	Schlauchtransportwagen
SW	Schlauchwagen
UEAL	Unterabschnittsleiter oder -leitung
Vb	Verwaltungsstabsbereich
VDE	Verband der Elektrotechnik, Elektronik und Informationstechnik
VP	Verbindungsperson
VRW	Vorausrüstwagen
VwV	Verwaltungsvorschrift
WLF	Wechselladerfahrzeug
W/O	Wechselsprechen-Oberband (im analogen 4 m-Sprechfunk)

Literatur- und Quellenverzeichnis

Anordnung des Umweltministeriums Baden-Württemberg über die Durchführung des Hochwassermeldedienstes (Hochwassermeldeordnung – HMO) vom 10. März 2023 – Az.: UM55-8960-53/2.

Baden-Württemberg. Ministerium für Inneres, Digitalisierung und Migration: Empfehlungen zur Umsetzung der VwV Stabsarbeit in der Gefahrenabwehr und zur Krisenbewältigung in kleineren Gemeinden (Empfehlungen Stabsarbeit) vom 01. Februar 2017 (Az.: 6-1441/107). Online abrufbar unter: https://im.baden-wuerttemberg.de/fileadmin/redaktion/m-im/intern/dateien/pdf/20170201_Empfehlungen_Stabsarbeit_Gemeinden.pdf, letzter Zugriff: 05.01.2024.

Bayerisches Katastrophenschutzgesetz (BayKSG) vom 24. Juli 1996 (GVBl. S. 282), zuletzt geändert am 26. März 2019 (GVBl. S. 98).

Bayrisches Feuerwehrgesetz (BayFwG) vom 23. Dezember 1981 (BayRS III S. 630), zuletzt geändert am 24. Juli 2020 (GVBl. S. 350).

Bayrisches Staatsministerium des Innern und für Integration: Aufgaben und Organisation des Katastrophenschutzes in Bayern, 2024. Online abrufbar unter: https://www.stmi.bayern.de/sus/katastrophenschutz/aufgabenundorganisation/index.php, letzter Zugriff: 17.07.2024.

Blum, Harald: Starkregen – eine Analyse aus Sicht der Akademie Hochwasserschutz. Webseminar des Leiters der Akademie für Hochwasserschutz in Wiesbaden, Landesfeuerwehrschule Baden-Württemberg, 22.09.2021.

Bundesakademie für Bevölkerungsschutz und Zivile Verteidigung (BABZ): Jahresprogramm 2024. Online abrufbar unter: https://www.bbk.bund.de/SharedDocs/Downloads/DE/BABZ/babz-jahresprogramm-2024.pdf?__blob=publicationFile&v=2, letzter Zugriff: 17.07.2024.

Bundesamt für Bevölkerungsschutz und Katastrophenhilfe (BBK): Glossar. Online abrufbar unter: https://www.bbk.bund.de/DE/Infothek/Glossar/glossar_node.html, letzter Zugriff: 17.07.2024.

Bundesamt für Bevölkerungsschutz und Katastrophenhilfe (BBK): Handbuch Die unterschätzten Risiken »Starkregen« und »Sturzfluten«, 2015. Online abrufbar unter: https://www.bbk.bund.de/SharedDocs/Downloads/DE/Mediathek/Publikationen/Risikomanagement/unterschaetzte-risiken-starkregen-sturzfluten.pdf?__blob=publicationFile&v=14, letzter Zugriff: 17.07.2024.

Bundesamt für Bevölkerungsschutz und Katastrophenhilfe (BBK): Stromausfall – Grundlagen und Methoden zur Reduzierung des Ausfallrisikos der Stromversorgung, 2011. Online abrufbar unter: https://www.bbk.bund.de/SharedDocs/Downloads/DE/Mediathek/Publikationen/WF/WF-12-stromausfall.pdf?__blob=publicationFile&v=7, letzter Zugriff: 17.07.2024.

Bundesamt für Bevölkerungsschutz und Katastrophenhilfe [BBK] (2019-1): Ratgeber für Notfallvorsorge und richtiges Handeln in Notsituationen. 4. Auflage. Bonn, 2017. Online abrufbar unter: https://www.bbk.bund.de/SharedDocs/Downloads/DE/Mediathek/Publikationen/Buergerinformationen/Ratgeber/ratgeber-notfallvorsorge.pdf?__blob=publicationFile&v=15, letzter Zugriff: 17.07.2024.

Bundesverband Energiespeicher Systeme e. V. (2021): Sicherheitshinweise für Anwender von Batteriespeichern bei Wasserschäden und Hochwasser, Berlin, 2021. Online abrufbar unter: https://www.bves.de/wp-content/uploads/2023/08/BVES_Sicherheitshinweis_Wasserschaeden_v1.pdf, letzter Zugriff: 17.07.2024.

Deutsche Flugsicherung GmbH [DFS]: [Bild 87], 2018.

Deutscher Feuerwehrverband (DFV): Schnittstelle Leitstelle und Befehlsstelle(n) – Fachempfehlung zur Rollenverteilung. Fachempfehlung Nr. DFV-FE-79-2024 vom 22. Januar 2014.

Deutscher Wetterdienst (2024): FeWIS – Feuerwehr-Wetter-Informations-System. Online abrufbar unter: http://www.fewis.dwd.de, letzter Zugriff: 05.01.2024. [Bilder 29 und 30 wurden zur Verfügung gestellt mit freundlicher Genehmigung des Deutschen Wetterdienstes].

Deutscher Wetterdienst: Aktuelle Warnungen. Online abrufbar unter: https://www.dwd.de/DE/wetter/warnungen_gemeinden/warnWetter_node.html;jsessio

Literatur- und Quellenverzeichnis

nid=5A1CA4FC7E53011D6A17BF508EFD87E8.live11042, letzter Zugriff: 17.07.2024. (Bild 28 wurde zur Verfügung gestellt mit freundlicher Genehmigung des Deutschen Wetterdienstes).

DGUV Fachbereich AKTUELL FBFHB-002: Spannungswarner für überflutete Bereiche. Stand 07.06.2021.

DGUV Information 203-052 (bisher: BGI/GUV-I 8677): Elektrische Gefahren an der Einsatzstelle. Deutsche Gesetzliche Unfallversicherung. Ausgabe Juli 2011. *[Anm.: Stand 10/2023 befindet sich in Überarbeitung, aktualisierte Fassung 2024 nach Redaktionsschluss noch nicht veröffentlicht]*

DGUV Information 205-010 (bisher BGI/GUV-I 8651): Sicherheit im Feuerwehrdienst. Arbeitshilfen für Sicherheit und Gesundheitsschutz. Deutsche Gesetzliche Unfallversicherung. Ausgabe Januar 2006, aktualisierte Fassung Juli 2011.

DGUV Information 214-046 (bisher GUV-I 8556): Sichere Waldarbeiten. Deutsche Gesetzliche Unfallversicherung. Ausgabe Mai 2014.

DGUV Information 214-059 (bisher GUV-I 8624): Ausbildung für Arbeiten mit der Motorsäge und die Durchführung von Baumarbeiten. Bundesverband der Unfallkassen. Ausgabe November 2018.

DGUV Regel 105-049: Feuerwehren. Deutsche Gesetzliche Unfallversicherung. Ausgabe Juni 2018.

DGUV Regel 114-018 (bisher BGR/GUV-R 2114): Waldarbeiten. Deutsche Gesetzliche Unfallversicherung. Ausgabe Juni 2009, aktualisierte Fassung Februar 2011.

DGUV Vorschrift 49 (bisher GUV-V C 53): Unfallverhütungsvorschrift Feuerwehren. Deutsche Gesetzliche Unfallversicherung. Ausgabe Juni 2018.

DGUV: Wichtiger Sicherheitshinweis zur Verwendung von ortsveränderlichen Personenschutzeinrichtungen mit erweiterten Schutzfunktionen (PRCD-S). O. J. Online abrufbar unter: https://sifw.rms2cdn.de/files/pdf_files/wichtiger-sicherheitshinweis-zur-verwendung-von-ortsveranderlichen-personenschutzeinrichtungen-mit-erweiterten-schutzfunktionen-prcd-s-prcds-2.pdf, letzter Zugriff: 18.07.2024.

DIN ISO 22320: Sicherheit und Resilienz – Gefahrenabwehr – Leitfaden für die Organisation der Gefahrenabwehr bei Schadensereignissen (ISO 22320:2018). DIN-Normenausschuss Feuerwehrwesen (FNFW). Ausgabe Juli 2019.

DIN VDE 0100-420:2022-06: Errichten von Niederspannungsanlagen – Teil 4-42: Schutzmaßnahmen – Schutz gegen thermische Auswirkungen

DIN-Normenausschuss Feuerwehrwesen (FNFW) – Fachbereich 6 Fachbereichsrat ›Elektrische Betriebsmittel‹ (NA 031-06 FBR): Konkretisierung zum Schreiben vom 2022-01-20, Spannungswarngeräte für Einsatzkräfte zum Einsatz in überschwemmten Bereichen' an die Innenminister der Länder vom 02.06.2022. Online abrufbar unter: https://bks-portal.rlp.de/sites/default/files/og-group/10680/dokumente/Brief_Spannungsprüfer_an_Innenbehörden (003).pdf, letzter Zugriff: 17.07.2024

Ferch, Herbert, Melioumis, Michael: Führungsstrategie – Großschadenlagen beherrschen. Verlag W. Kohlhammer, Stuttgart, 2005.

Feuerwehrgesetz Baden-Württemberg (FWG BW) vom März 2010, zuletzt geändert durch Artikel 12 des Gesetzes vom 21. Mai 2019 (GBl. S. 161, 185).

FwDV 1: Feuerwehr-Dienstvorschrift 1: Grundtätigkeiten. Lösch- und Hilfeleistungseinsatz. Ausgabe 2007.

FwDV 100: Feuerwehr-Dienstvorschrift 100: Führung und Leitung im Einsatz – Führungssystem. Ausgabe 10. März 1999

FwDV 3: Feuerwehr-Dienstvorschrift 3: Einheiten im Lösch- und Hilfeleistungseinsatz. Stand Februar 2008.

Gesetz über den Brandschutz, die Hilfeleistung und den Katastrophenschutz Nordrhein-Westfalen (BHKG NRW) vom 17. Dezember 2015, zuletzt geändert am 23. Juni 2021 (GV. NRW. S. 762).

Gesetz über den Katastrophenschutz (Landeskatastrophenschutzgesetz – LKatSG) [LKatSG BW] in der Fassung vom November 1999, zuletzt geändert am 17. Dezember 2020 (GBl. S. 1268).

Götz, Werner: Neues Fahrzeugkonzept für Waldbrand und Extremwetterlagen. In: BRAND- Schutz/ Deutsche Feuerwehrzeitung 6/2018, S. 492-496. Verlag W. Kohlhammer GmbH, Stuttgart.

Grebner, Nico: Erkundung und Informationsmanagement bei Großschadenereignissen. In: BRAND-Schutz/Deutsche Feuerwehrzeitung 10/2021, S. 842-846. Verlag W. Kohlhammer, Stuttgart.

Literatur- und Quellenverzeichnis

Hildinger, Gerhard, Rosenauer, Andrea: Kommentar zum Feuerwehrgesetz Baden-Württemberg. 4., überarbeitete Auflage, Verlag W. Kohlhammer, Stuttgart, 2017.

Innenministerium und Landesfeuerwehrverband Baden-Württemberg: Hinweise zur Leistungsfähigkeit der Feuerwehr. In: Brandhilfe 1/2008. Neckar Verlag, Villingen-Schwenningen, 2008.

Institut der Feuerwehr Nordrhein-Westfalen [IdF NRW]: Konzept für die »Mobile Führungsunterstützung von Stäben im Land Nordrhein-Westfalen (MoFüSt NRW)«. Stand: November 2018. Online abrufbar unter: https://www.idf.nrw.de/service/downloads/pdf/2018/2018-11-30_mofuest-landeskonzeptv1.pdf, letzter Zugriff: 18.07.2024.

Junger, Marc: [Bilder 26 und 27] 72213 Altensteig, 2018.

Kern, Siegfried: Persönliches Gespräch mit dem Leiter der Fachgruppe Elektrotechnik der Feuerwehr Neckarsulm am 26.03.2018 in Neckarsulm.

Kirschstein, Gisela: Flutkatastrophe Ahrtal. Chronik eines Staatsversagens. 1. Auflage. Frankfurter Allgemeine Buch. Frankfurt am Main, 2023.

Landesanstalt für Umwelt, Messungen und Naturschutz Baden-Württemberg [LUBW] (2016): Leitfaden Kommunales Starkregenrisikomanagement in Baden-Württemberg, Karlsruhe 2016. Online abrufbar unter: https://pudi.lubw.de/detailseite/-/publication/47871, letzter Zugriff: 18.07.2024.

Landesfeuerwehrschule Baden-Württemberg [LFS BW]: Einsatzleiter der Führungsstufe C (Verbandsführer). Lehrgangsskript Lehrgang F 5-I. Landesfeuerwehrschule Baden-Württemberg, Bruchsal, Oktober 2021.

Landesfeuerwehrschule Baden-Württemberg [LFS BW]: Einsatztaktik für die Feuerwehr – Hinweise zur Wasserrettung. Landesfeuerwehrschule Baden-Württemberg, Bruchsal, Juni 2011.

Landesfeuerwehrschule Baden-Württemberg [LFS BW]: Einsatztaktik für die Feuerwehr – Hinweise zum Einsatz von Sandsäcken bei Hochwasser. Landesfeuerwehrschule Baden-Württemberg, Bruchsal, Juli 2020.

Landesfeuerwehrschule Baden-Württemberg [LFS BW]: Einsatztaktik für den Fahrzeugführer – Hinweise für Unwettereinsätze, Bruchsal, Mai 2023.

Landesfeuerwehrschule Baden-Württemberg [LFS BW]: Wichtige Informationen zum Einsatz von Personenschutzeinrichtungen (PRCD und PRCD-S). Landesfeuerwehrschule Baden-Württemberg, Bruchsal, Juli 2014.

Linnarz, Frank (2021): Online-Vortrag des stv. Brand- und Katastrophenschutzinspekteurs des Landkreises Ahrweiler zur Hochwasserkatastrophe im Ahrtal (zur Lage und der operativen Tätigkeit) am 11.11.2021.

Lutz, Frank (2016): [Bilder Nr. 80, 81, 82]. Online abrufbar unter: https://www.lutzfrank.de/galerie/kuenunwe.html, letzter Zugriff: 08.08.2024. Die Bilder sind urheberechtlich geschützt.

Melioumis, Michael: Aufbauorganisation für Großschadenlagen (Landkreis Kiefenberg). Lernunterlage der Landesfeuerwehrschule Baden-Württemberg, o. A.

Ministerium des Inneren, für Digitalisierung und Kommunen Baden-Württemberg: Rahmenempfehlung für die Planung und den Betrieb von Notfalltreffpunkten für die Bevölkerung in Baden-Württemberg (Rahmenempfehlung Notfalltreffpunkte) vom 9. September 2022 (Az.: IM6-1402-40/3/4). Online abrufbar unter: https://www.lfs-bw.de/fileadmin/LFS-BW/themen/kats/gemeinde/dokumente/Notfalltreffpunkte.pdf, letzter Zugriff: 18.07.2024.

Pfaffenzeller, Andreas: Persönliches Gespräch mit dem Meteorologen vom Deutschen Wetterdienst am 22.02.2018 in Stuttgart.

Polizeigesetz (PolG) Baden-Württemberg in der Fassung vom 13. Januar 1992, zuletzt geändert am 6. Oktober 2020 (GBl. 2020 S. 1092).

Runderlass des Ministeriums für Inneres und Kommunales Nordrhein-Westfalen vom 26. September 2016: Krisenmanagement durch Krisenstäbe im Lande Nordrhein-Westfalen bei Großeinsatzlagen, Krisen, Katastrophen.

Schneider, Klaus: Kommentar zum Brandschutz-, Hilfeleistungs-, Katastrophenschutzgesetz Nordrhein-Westfalen. 9., erweiterte und überarbeitete Auflage. Kohlhammer Deutscher Gemeindeverlag, Stuttgart, 2016.

Literatur- und Quellenverzeichnis

Schulte-Zurhausen; Manfred: Organisation. Verlag Franz Vahlen GmbH, München, 2005.

Spechtenhauser Hochwasser- und Gewässerschutz GmbH: Informationen zu Personenschutzschaltern. 2010. Online abrufbar unter: https://www.gfd-katalog.com/master/media/media/26/265014_INFORMATION.PDF?MediandoWEB_gfd_murer_feuerschutz=456ca9dd18d3314, letzter Zugriff: 18.07.2024.

Sprint Sanierung GmbH: Betriebsausfälle in Folge eines Brand- oder Wasserschadens. Online abrufbar unter: https://silo.tips/download/sprin-gestatten-sprint, letzter Zugriff: 18.07.2024.

Stadt Heilbronn: [Bild 64], Bevölkerungsschutz, Was tun im Notfall? Notfallmeldestellen und Notfalltreffpunkte in Heilbronn. Online verfügbar unter: https://www.heilbronn.de/rathaus/kontakt/was-tun-im-notfall.html, letzter Zugriff: 25.10.2024

Ständige Konferenz für Katastrophenvorsorge und Katastrophenschutz: Empfehlungen für Taktische Zeichen im Bevölkerungsschutz. Köln, Januar 2012. [Anmerkung: Auszugsweise Verwendung in einzelnen Bilddarstellungen]

SWR: Rekonstruktion einer Katastrophe. Was ist in der Flutnacht passiert? – Ein Protokoll. 2023. Online abrufbar unter: https://www.swr.de/swraktuell/rheinland-pfalz/flut-rekonstruktion-ahrtal-protokoll-100.htm#VIII, letzter Zugriff: 18.07.2024.

Verwaltungsvorschrift der Landesregierung und der Ministerien zur Bildung von Stäben bei Außergewöhnlichen Einsatzlagen und Katastrophen (VwV Stabsarbeit [Baden-Württemberg]) vom 07. Mai 2024 – Az.: IM6-1441-46.

Vogel, W., Hägele, J.: Persönliches Gespräch am 11.01.2018 im Landratsamt Schwäbisch Hall mit dem KBM des Landkreises Schwäbisch Hall und dem Leiter des Führungsstabes der Unwetterlage in Braunsbach im Mai/Juni 2016.

Ziegler, Maximilian: [Titelbild sowie Bild 31], 2017. Online abrufbar unter: www.maxiblick.de, letzter Zugriff: 18.07.2024. Die Bilder sind urheberrechtlich geschützt.

Björn Liedtke

Hubrettungsfahrzeuge im technischen Hilfeleistungseinsatz

*2021. 113 Seiten mit 46 Abb. und 3 Tab.
Kart.
€ 22,–
ISBN 978-3-17-031515-0
Fahrzeuge und Technik*

Hubrettungsfahrzeuge können nicht nur zur Menschenrettung und im Brandeinsatz eingesetzt werden, sondern auch im technischen Hilfeleistungseinsatz. Das Buch beschreibt die Grundlagen des Einsatzes von Drehleitern und Hubarbeitsbühnen sowie deren Verwendungsmöglichkeiten bei Verkehrsunfällen, beim Motorsägenbetrieb, bei der Absturzsicherung, dem Ausleuchten von Einsatzstellen sowie die Verwendung im Lasthebeeinsatz. Zudem wird auf spezielle Gefahren, wie etwa dem Leiterbetrieb bei markanten Wetterlagen oder in der Nähe von Stromleitungen, eingegangen.

Digital-Ausgabe erhältlich in der BRANDSchutz-App und als E-Book.
Leseproben und weitere Informationen:
www.kohlhammer-feuerwehr.de

Karsten/Voßschmidt/Becker (Hrsg.)

Resilienz und Schockereignisse

2025. 267 Seiten mit 18 Abb. Kart.
€ 44,–
ISBN 978-3-17-043720-3

Ereignisse, die schnell, mit einer großen Wucht und immensen Auswirkungen auf Mensch und Umwelt einwirken, nennt man Schockereignisse. Ausgehend von zwei Schockereignissen aus der jüngsten Zeit werden verschiedene Bereiche des Katastrophenschutzes beleuchtet und deren Erkenntnisse analysiert.
Die Autorinnen und Autoren erörtern beispielsweise Themen wie das Risikomanagement einer Kommune oder die Vorgehensweise bei der Warnung der Bevölkerung. Auch eine Betrachtung aus wissenschaftlich-technischer Sicht und ein Exkurs in politische Fragestellungen eines Schockereignisses finden statt und liefern Handlungsempfehlungen für den zukünftigen Umgang mit Schockereignissen.

Digital-Ausgabe erhältlich in der BRANDSchutz-App und als E-Book.
Leseproben und weitere Informationen:
www.kohlhammer-feuerwehr.de

Robin Piper/Patrick Kaminsky/Irakli West

Tiefbauunfälle

Physik, Technik, Taktik

2., aktual. Auflage 2024
200 Seiten mit 164 Abb. und 10 Tab. Kart.
€ 34,–
ISBN 978-3-17-042680-1

Unfälle im Bereich von Baugruben und Gräben bedeuten für Einsatzkräfte eine Vielzahl von Herausforderungen bei zugleich fehlender Routine und Erfahrung. Die Autoren erörtern Hintergründe und Besonderheiten und zeigen der Leserschaft technische und taktische Lösungsansätze zum Befreien von verschütteten Personen auf. Leicht verständlich werden Rettungskräfte auf die unterschiedlichen Szenarien eines Tiefbauunfalls vorbereitet. Zahlreiche Abbildungen sowie Tipps aus der Praxis helfen bei der Umsetzung im eigenen Einsatzbereich; in der zweiten Auflage dieses Buches erfolgt zudem erstmalig auch eine ingenieurstechnische Betrachtung des Rettungsverbaus als Stand der Technik zur Menschenrettung.

Digital-Ausgabe erhältlich in der BRANDSchutz-App und als E-Book. Leseproben und weitere Informationen:
www.kohlhammer-feuerwehr.de